热分层水库的
水质影响机理
及缓解技术研究

刘晓波 刘畅 张士杰 等 著

中国水利水电出版社

www.waterpub.com.cn

·北京·

内 容 提 要

本书围绕水库在热分层期间由缺氧区导致的水质污染问题,以引滦入津源头水库——大黑汀水库为研究对象,通过多年实测水质数据,识别了水库热分层及缺氧区的时空演化规律,定量分析了水库热分层及缺氧区的主要驱动因素,明晰了库区水质对缺氧区的响应关系。通过构建水库三维水动力学水质模型,反演水库缺氧区的形成演化过程,提出了抑制水库缺氧区的定量化调度过程及调度流量阈值条件。本书还对研究团队自行研制的水库滞温层缺氧区定点曝气增氧装置及其运行效果进行了介绍。

本书主要面向从事大型湖库水环境研究及管理的从业人员,环境科学、环境化学、环境工程、环境水力学、环境水文学及环境生态学等相关专业的从业人员,也可供高等院校相关专业本科生及研究生学习参考。

图书在版编目(CIP)数据

热分层水库的水质影响机理及缓解技术研究 / 刘晓波等著. -- 北京 : 中国水利水电出版社, 2021.9
ISBN 978-7-5170-9968-0

Ⅰ. ①热… Ⅱ. ①刘… Ⅲ. ①水质-层流传热-水质-影响-研究②水质-层流传热-水质控制-研究 Ⅳ. ①TV697.1

中国版本图书馆CIP数据核字(2021)第192639号

书 名	热分层水库的水质影响机理及缓解技术研究 REFENCENG SHUIKU DE SHUIZHI YINGXIANG JILI JI HUANJIE JISHU YANJIU
作 者	刘晓波 刘畅 张士杰 等 著
出版发行	中国水利水电出版社 (北京市海淀区玉渊潭南路1号D座 100038) 网址:www. waterpub. com. cn E-mail: sales@mwr. gov. cn 电话:(010) 68545888 (营销中心)
经 售	北京科水图书销售有限公司 电话:(010) 68545874、63202643 全国各地新华书店和相关出版物销售网点
排 版	中国水利水电出版社微机排版中心
印 刷	北京市密东印刷有限公司
规 格	184mm×260mm 16开本 14.25印张 347千字
版 次	2021年9月第1版 2021年9月第1次印刷
定 价	**86.00元**

Preface

前　言

　　水体热分层广泛存在于自然界中，在热分层期间，水体由表层至底层可分为混合层（epilimnion）、温跃层（thermocline 或 metalimnion）及滞温层（hypolimnion），这种稳定的热分层结构会引起水体在物理、化学性质及水生生物特征和分布上出现较为明显的变化。其中，溶解氧（DO）作为影响湖库水生态系统健康的重要指标之一，其浓度的时空分布受热分层影响极为明显。温跃层抑制了湖库表层与底层水体的垂向掺混，阻碍了上层水体的大气复氧及光合作用产氧作用对下层水体的补充，滞温层水体的溶解氧在有机质分解和底部沉积物耗氧反应的共同作用下逐渐消耗，最终在湖库下层水体形成稳定的缺氧区域。美国环境保护局认为当水体溶解氧浓度低于 2mg/L 时，许多水生生物都会出现死亡，因此一般将 2mg/L 的溶解氧浓度水平作为水体出现缺氧区的阈值条件。

　　在全世界范围内，水体缺氧现象发展迅速且日趋严重，同时已经开始对水体内部水质环境、生物环境等造成明显不利影响。自 20 世纪中叶以来，对世界各地站点的直接测量结果的分析表明，公海中的缺氧区域已扩大了数百万平方千米。这些缺氧区域的氧气浓度已低到足以限制动物种群的分布和数量的程度，缺氧区的扩大改变了水体内容重要营养元素的循环，同时全球范围内的溶解氧浓度下降，还导致水体内水生生物生产力、生物多样性和生物地球化学循环发生了重大变化。在内陆淡水水域，深水湖库在夏季的热分层期间，其滞温层出现缺氧区（anoxic zone）也成为十分常见的现象。湖泊水体（特别是滞温层水体）内的氧气耗尽，是湖泊学家研究的重要湖泊特征之一。虽然大多数湖库的表层水体都充分氧化，但在热分层时期水体滞温层在有机物分解及底质耗氧的影响下，会消耗大量的氧气，导致湖库底部缺氧。湖库缺氧区中发生的一系列生物化学反应会导致其底部水体的水质恶化，对水体水质造成明显影响。

　　在我国，大部分的水库都具备城镇饮用水的供水功能，而水库供水的取水口一般均位于坝前的中下层位置，正处在热分层期间的水体缺氧区范围内，此时缺氧现象造成的局部水体水质恶化将对水库供水功能造成严重影响。水库下泄水体变色、发臭、产生刺激性异味的现象也时有发生；在极端条件下还有可能在短时间内出现较为强烈的"翻库"现象，此时滞温层内的大量污染物及低氧水体进入水库中上层，快速消耗水体内的溶解氧，从而造成库区局部区域大面积水质快速下降，严重影响水体水质及水生态系统健康，同时对水库供水安全造成严重影响。因此，无论是湖泊或水库管理者，还是水环境相关专业的从业者，均应熟悉并掌握湖库热分层和缺氧区形成过程以及演化机理，同时了解常用的缺氧改善技术，以便维护湖库良好的水环境和水生态状态。

本书撰写情况如下：第1章，刘晓波、刘畅、王世岩、张士杰、李步东；第2章，刘晓波、刘畅、李步东、赵恩灵、王晓璐；第3章，刘畅、李步东、王世岩、刘晓波；第4章，王世岩、李步东、王晓璐、赵恩灵、刘晓波、姚嘉伟；第5章，刘畅、刘晓波、李步东、赵恩灵；第6章，张士杰、刘晓波、姚嘉伟、李步东。全书由刘晓波、刘畅、李步东负责统稿。

本书出版获得了国家重点研发计划项目（2016YFC0401701，2018YFC0407601），国家自然科学基金项目（51679256），重大水利工程水生态安全保障及调控技术研究创新团队项目（WE0145B592017），中国水利水电科学研究院科技项目（WE0163A052018，WE0163A042018，WE0145B422019，HTWE0202A242016）的资助；在写作过程中得到了中国水利水电科学研究院水生态环境研究所、水利部海河水利委员会引滦工程管理局领导和同行们的悉心指导和帮助；广泛听取了众多专家、学者和管理人员的宝贵建议。在此一并表示衷心的感谢！

由于时间及对该领域的研究认识水平有限，书中可能存在一些不足之处，敬请广大读者批评指正。

作者

2021年6月

Contents

目　录

第1章 概　　述

1.1　背景与意义

1.1.1　热分层条件下缺氧及相关水质问题

1.1.1.1　水库及其存在的相关问题

水是人类生产生活中最为关键的基础性资源，也是地球上包括人类在内的所有生物赖以生存的基础。我国是一个人均水资源严重缺乏的国家，目前我国人均水资源量约为 2200m³/人，仅为世界平均水平的 1/4 左右[1]、美国的 1/5 左右，在世界上名列 121 位，是全球 13 个人均水资源最为贫乏的国家之一。随着我国工业化、城镇化的不断深入发展，水资源短缺与水生态环境恶化已经成为制约我国水资源利用的两大主要问题[2]，同时，日益严重的水体污染问题进一步加剧了我国水资源短缺的矛盾[3]。

我国幅员辽阔，气候气象、地形地貌、土壤植被等条件差异较大，水资源分布在空间和时间上也很不均衡，整体上具有南多北少、年内年际变化较大、时空分布不均衡的特征，我国目前约有 1/4 的省份面临严重缺水问题。从空间上来看，我国的水资源主要集中在西南和东南地区，相比之下，西北和北方地区的水资源严重贫乏，如 2017 年宁夏回族自治区的水资源总量仅为 10.8 亿 m³，还不到西藏地区的 1/40。

鉴于我国水资源的上述现状和特点（人均水资源量短缺、水资源分配时空不均衡等），水库就成为我国水资源利用的重要手段之一，是国民经济基础设施的重要组成部分，也是我国国民经济和社会发展的重要物质基础。水库具有防洪、发电、供水、灌溉等功能，是保障人民生命财产安全和经济发展的必然选择。在中华人民共和国成立之前，我国仅有各类水库 23 座，中华人民共和国成立以后，国家开始着力利用和开发水资源，目前我国已拥有水库 9.8 万余座，是世界上拥有水库大坝最多的国家。中国水库大坝的设计与建设已处于世界领先水平[4]。

然而，近年来我国部分地区经济发展、城市建设规划不合理，地方政府环保意识不强，导致社会生产生活中产生的污废水未经严格处理就排放到受纳水体中，致使河流、湖泊、水库等水体污染日益严重[5]，根据生态环境部发布的《中国生态环境状况公报》[6]，2017 年，112 个重要湖泊（水库）中，Ⅰ类水质的湖泊（水库）6 个，占 5.4%；Ⅱ类 27 个，占 24.1%；Ⅲ类 37 个，占 33.0%；Ⅳ类 22 个，占 19.6%；Ⅴ类 8 个，占 7.1%；劣Ⅴ类 12 个，占 10.7%。主要污染指标为总磷、化学需氧量和高锰酸盐指数。我国主要湖库的富营养化问题也较为严重，在水利部发布的《中国水资源公报 2017》[7]中对全国 351 座大型水库、566 座中型水库及 147 座小型水库进行的营养化评价中，贫营养水库占 0.3%、中营养水库占 72.6%、富营养水库占 27.1%。在富营养水库中，轻度富营养水库占 86.1%、中度富营养水库占 13.5%，重度富营养水库占 0.4%。相关文献显示，截至目前，国内几乎所有水库都存在或多或少的水质污染或富营养化问题，其中严重的已经丧失了作为供水水源的功能。近年来，全国众多城市的水源水库相继发生了严重的水质污染和藻类暴发事件[8]。

在受到污染的湖泊、水库中，尤以我国北方地区的污染状况更为严重。我国北方地区水资源量严重匮乏，地表水体（河流）的径流量主要以降水补给为主，而北方地区总体降水量远小于南方地区，导致北方地区地表水体径流量总量较小。同时，受北方降水量季节性变化影响，河流径流量的季节性变化较大：在夏秋季节，区域雨量丰沛，相应径流量较大；而在冬春季节降水则较少，河道径流量明显减小甚至出现断流[9]。在此来水径流条件下，北方地区水体的水环境容量及纳污能力就会明显低于我国南方地区，且由于来水量年内分配不均匀，水质的年内变化差异也相应较大。具体到水库而言，北方地区水库水深相对较浅，蓄水量相对少，多属浅型水库，库区水体相应的水质调节能力较差，并且北方冬、春季（非汛期）降水少，入库径流量较小，水库对污染物的稀释能力相对较低。

北方地区水库水质问题较为突出的地区主要集中在人口密集、经济与社会相对发达和农业生产条件较好的区域。在这些区域内，流域工业废水（处理过和未处理过）常年向水库排放（即使是非直接排放，水库也往往是这些废污水的最终受纳对象），不断向水库输送污染负荷。而流域内大量的人口及高强度的农业生产活动产生的生活污水和面源污染则向水库输送了大量的碳、氮、磷等营养元素。在内源污染方面，流域人类社会经济活动，特别是汇水区植被破坏和耕作农业的发展，加大了水库流域内上游及周边丘陵地区的水土流失强度，入库径流携带大量泥沙，这些泥沙沉积在库区底部（加之北方地区水库较小的入库径流过程，无法对库区淤积形成定期、明显的冲刷），会造成严峻的水库淤积及底质污染问题。造成水库存在较严重内源污染的另外一个原因是网箱养殖。20 世纪 70 年代，我国开始出现了网箱养殖，由于网箱养殖具有投资较小、产量高、经济效益见效快等特点，在短短的几十年间，在全国各地的湖泊及水库中蓬勃发展[10]，而网箱养殖的方式也从主要依靠天然饵料的大网箱粗放式养殖转变为人工投喂配合饵料的网箱精养。由此，投入湖泊（水库）的饲料和养殖过程中的未食鱼饵便会与鱼类粪便一起，沉积在水体养殖区的底部，严重加剧了水库内源污染负荷并造成了一系列严重的水质污染问题。近年来，网箱养殖带来的湖库水体水质问题已引起了各方面的关注，各级地方政府已开始着手清理辖区内的网箱养殖活动，如丹江口、潘家口、大黑汀、东武仕、高坝洲等水库。

总体而言，我国北方地区水库所在流域/区域普遍存在着水资源匮乏、入库径流量较低，同时流域/区域内人类社会经济活动强度较大、水库周边地区污染负荷较重等问题。库区水体在外源和内源污染的共同作用下，水体水质普遍较差，富营养化情况较为严重，在特定的环境条件下，易发生较为严重的水体污染事件。上述状况已对水库（特别是水源地水库）水质安全造成了一定威胁，应引起足够的重视。

1.1.1.2 水库热分层现象普遍存在，底部缺氧现象明显

水库水体在外源和内源污染负荷较重、库区水体换水周期较长的情况下，将会在特定的条件下发生较为严重的水质污染问题。而水库热分层就是诱发水库水质问题的重要条件之一。

水体热分层广泛存在于自然界中，其形成主要受湖库水体深度、水体流动性以及湖库所在区域气象气候条件等因素影响[11]。从库区水温结构来说，总体可以分为混合型和分层型两个主要类型（就湖库的热分层而言，会有更为细致和科学的类型区分，将在后续章节详细描述）。对于分层型湖库而言，从每年春季开始，随着气温的逐渐升高，来自太阳的辐射作用不断加强，致使湖库表层水体升温显著，而太阳辐射被表层水体吸收后，其辐射通量将随水体深度的增加呈指数衰减，从而使水体呈现由上至下的同样呈指数衰减的垂直温度梯度和密度梯度（图1.1-1）。湖库的上层水体在风力扰动下，在垂向上水温逐渐趋于均匀混合，形成表层混合层；湖库底部水体受到的扰动较少，温度较低同时密度较大，温度和密度的变化梯度较小，形成底层滞温层；而湖库中部水体是连接混合层与滞温层的过渡区域，具有较大的温度和密度梯度，在这一区域水体温度和密度随水深的变化十分明显和剧烈，形成了温跃层。

在湖库热分层结构形成后，温跃层将出现明显的水体密度梯度，同时产生抵制水体垂向掺混的相对热抵抗力（relative thermal resistance，RTR），维持水体的热分层状态。当夏季结束时，随着大气温度的降低，湖库水体表层开始丧失热量，水体表面与水体底部的密度差异逐渐减小，相对热抵抗力逐渐降低。水体在风等外力作用及密度差异缩小的影响下，上下水体逐渐掺混，温度分层消失，湖库水体重新呈现等温状态。湖库水体这种周而复始的温度分层与混合现象在四季分明、年内气温变化明显的我国北方地

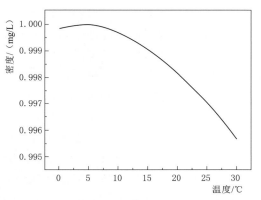

图1.1-1 水体温度-密度函数关系图

区水库、湖泊中十分普遍。有研究认为，深度超过7m的湖泊、水库就可能形成热分层现象[12]。

湖库的这种稳定的热分层结构将会使原有水体在物理、化学性质及水生生物特征及分布上出现较为明显的变化[13]。其中溶解氧是受到影响最为明显且最为重要的指标之一。在水库热分层期间，温跃层阻止了湖库表层与底层水体的上下掺混，同时也将滞温层与上层水体的大气复氧及光合作用产氧作用隔离开来，滞温层水体内部的溶解氧在有机质分解和底部沉积物耗氧反应的共同作用下逐渐消耗，最终在湖库下层水体形成稳定的缺氧区域（anoxic zone）。在夏季，深水水库在滞温层出现缺氧区是十分常见的现象[14]。我国北方地区水库普遍存在水体富营养化、库区底部沉积物污染较严重的问题，而水体的有机质含量及沉积物的污染状态是导致水体在分层期底部溶解氧消耗的重要主导因素，也是北方地区水库普遍存在库底稳定缺氧区的主要原因。

1.1.1.3 缺氧区将对湖库水体水质造成明显不利影响

据分析，我国大部分深水型水库均会出现季节性热分层现象，同时在年内呈现规律性的"混合—分层—混合"的循环特征。当水库外部外源污染负荷及内部沉积物污染负荷均较重时（这也是我国北方地区水库的普遍特征），在库区形成稳定的热分层后一段时间内，

将有很大可能在库区底部的局部区域形成较为稳定的缺氧区。库区的热分层为水体缺氧创造了重要的前置条件，库区内部的污染物状况是导致水体缺氧的必要条件，而当水库局部水体出现缺氧后，又会反过来加重缺氧区水体水环境质量的下降，同时影响水体内水生生物的生存环境。

缺氧区内一系列的生物化学过程将导致库区底部水体的水质下降[14]，沉积物在缺氧状态下将释放氨及磷酸盐（内部污染负荷释放），加重湖泊的富营养化[15]-[16]。对于磷元素而言，溶解氧对沉积物中磷元素释放的影响途径主要通过影响铁（Fe）、锰（Mn）、硫（S）以及微生物新陈代谢来实现。在水体溶解氧含量充足的情况下，铁、锰等元素的氧化物易被氧化，使得化合物的溶解度下降，磷元素在这一过程中被吸附、沉淀，同时好氧微生物的新陈代谢吸收水体磷元素。上述过程将有效地抑制水体内部磷的释放。而在缺氧环境下，铁、锰化合物将被大量还原，化合物的溶解度增大，在原好氧条件下被吸附和沉淀的磷将被释放进入水体，导致沉积物中的磷向水体内部扩散。对于水体中的氮元素，在水体溶解氧含量充足的情况下，硝化作用将占据主导地位，有效地降低水体内部氨氮浓度水平。而当水体进入厌氧环境后，硝化作用将受到明显的抑制，反硝化作用将占据主导地位：一方面水体内的氨氮向硝酸盐的转化反应受阻；另一方面，原硝化作用形成的硝酸盐（NO_3^-）在反硝化形成 N_2O 和 N_2 的同时，还会在硝酸盐异化还原成铵（dissimilatory nitrate reduction to ammonium，DNRA）及有机氮的氨化作用下继续生成氨氮，增加水体内氨氮浓度。沉积物在缺氧环境下还可以释放金属类元素（例如铁和锰）和其他还原化合物（例如硫化物），这些化合物将明显降低水体环境质量[17]。铁、锰均为典型的对氧化还原十分敏感的元素，还原条件下很容易由沉积物释放进入到上覆水体中。在水体溶解氧充足的情况下，好氧环境将在一定程度上抑制铁、锰元素的释放量。对于铁元素，在好氧条件下 Fe^{3+} 可以形成大量难溶性的氧化物和过氧化物并沉淀至沉积物中；而在缺氧条件下，则会被还原为可溶的 Fe^{2+}，从沉积物中释放进入水体。对于锰元素也存在相同的过程，Mn^{3+} 和 Mn^{5+} 主要是在高于铁元素的氧化还原电位上被还原为可溶性的 Mn^{2+}。因此，缺氧条件将加速底部沉积物中相关金属类元素的释放，影响水体水环境质量。在缺氧区造成局部水体水质下降的情况下，水体内的水生生物环境将受到较大影响。我国北方地区水库大部分均具备供水功能，而水库供水的取水口一般均位于坝前的中下层位置，因此缺氧条件造成的局部水体水质恶化将对水库供水功能造成严重影响。

而当水库水体形成稳定的温度分层及缺氧区后，在热分层稳定期，库区底部水体将会聚集大量的污染物质和缺氧水体。在夏秋过渡期间，气温逐渐下降，水体表层混合层水温下降，与滞温层水体的密度差异逐渐缩小。当这一时期温度下降过快或库区水位变动过快时，就会在短时间内出现较为强烈的"翻库"现象，此时滞温层内的大量污染物进入水体中上层，大量消耗水体内的溶解氧，从而造成库区局部区域大面积水质快速下降，严重影响水体水质及水生态系统健康。

总之，由水库稳定热分层引起的水体缺氧现象将对水体水质造成明显的不利影响，影响工程正常功能的发挥，同时还会给分层—混合过渡期的水体水质带来较大的水环境恶化风险。

1.1.2 热分层水库缺氧区演化机理及驱动因素研究的意义

综上，我国北方地区水库普遍存在入库径流量低、水体滞留时间长的特点，不利于水库中污染物的降解；加之流域内高强度人类活动带来的入库污染负荷，使众多水库面临了较为严峻的水质问题。而水库热分层普遍存在于我国北方地区的深水型水库中，热分层在高污染负荷背景下引起的水体缺氧现象及相应产生的一系列水质问题已经成为影响水库水质安全的一类重要问题；其与水库营养盐累积造成的富营养化、热分层引起的低温水下泄等问题有所区别，既表现出累积性，也有突发性；不仅会直接影响水库供水功能的正常发挥，影响下游河道水质，还会造成水库水体性状的剧烈改变，进而影响到库区内水生生物生存环境，在极端情况下甚至会造成鱼类的大面积死亡。在这一过程中，缺氧区的形成、发展是连接热分层和水质演化的关键环节，也是识别水质响应时空分布的关键要素。因此有必要针对热分层水库缺氧区演化机理及驱动因素开展相应的研究，提出相应的缓解措施和手段，保障水源地水库的水质安全。

本书以建设生态友好型的水利工程为目标，围绕缓解水库的环境影响、保障水库型水源地水质安全的重要需求，选取位于北方地区、周边地区污染负荷较高、存在一定的重污染底质、具有明显热分层及缺氧区且具备重要供水功能的大黑汀水库为研究对象，对水库热分层及缺氧区的时空演化特征展开分析，在对水库水体热分层、缺氧区形成与演化机理、库区水质响应机理和过程形成创新性科学认识的基础上，提出一系列水库缺氧区评价与分析的技术方法。在水库缺氧区形成与演化模拟技术的基础上，探究水库缺氧区的主要影响因素，提出抑制大黑汀水库缺氧区的调度技术与方案，自主设计并研发了原位定点曝气增氧装置，可快速有效地改善滞温层缺氧现象。本书研究成果将在热分层水库缺氧区的演化机理及驱动因素方面形成更为深刻的认识，所提出的缓解技术及方案将为同类水库水质安全保障提供强有力的技术支撑，并为当前水利工程"补短板"和生态水利工程建设提供一定的研究基础。

1.2 国内外研究情况概述

1.2.1 湖库热分层演变特征、驱动因素及缓解技术

热分层是湖库水生态系统的重要特征之一，它在影响湖库水体水质、改变湖库水体性状方面扮演着十分重要的角色。热分层形成于水体上层与下层之间的温度差异，这一现象在湖库水体中广泛存在[18]。

湖库水体表面温度在一年中显示出明显的温度循环，这是湖库表层水体与大气的热交换和气象参数季节性变化（如太阳辐射）的结果。湖库水体表面的热交换过程主要包括太阳辐射、长波辐射的热损失、水面蒸发、大气与水的热量交换等。而湖库深层区域的水体温度仅会在每年秋、冬季（一般为11月至次年4月）跟随湖面温度变化，在其他时间则表现出从水体底部至顶部水温各不相同的明显特征。这主要是由于湖库底部水体能够接收到的太阳辐射能量远小于表层，而当湖库水体水深较大时，由风力引起的扰动扩散作用也不能够到达下层水体，上层高温水体无法通过这种途径进入下层，而分子水平下的热扩散速率更是极为有限（据相关研究，分子水平上的扩散热传递非常缓慢并且需要约一个月的时

间来在 1m 的垂直距离上传输热量[18]）。因此，湖库下层水体的水温年内变化幅度远小于表层。当湖库表层与底层的温度差异达到一定程度时，在水体温度与密度的关系（图 1.1 -1）影响下就会出现表层水体密度较小而底层水体密度较大的情况，这样就在整个湖库垂向上形成了稳定的分层结构。由于破坏这种稳定的结构需要较大的能量，因此热分层在没有明显外力因素（温度骤变、大流量来水冲击）的作用下将十分稳定并能够保持相当长的一段时间（通常是整个夏季）直到秋季气温下降、水体上层水温下降并与底层水体密度差异缩小后，水体在垂向上的分层现象才会逐渐消失。在热分层期间，水体温暖的表层称为混合层；水体底部较冷的水层，在分层期间不会混入混合层且水温保持相对稳定，基本不受气象条件影响，称为滞温层；在两层之间的接触区域中会形成尖锐的温度梯度区域，这一层被称为温跃层。湖库出现热分层的现象十分常见，如 Dokulil 等[19]根据实测数据给出了奥地利 Mondsee 湖年内典型时段的水温垂向结构图（图 1.2 -1）。

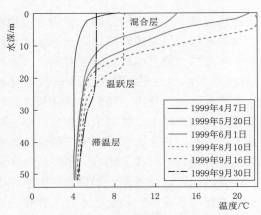

图 1.2 -1　1999 年奥地利 Mondsee 湖
分层季节水温垂向结构[19]

热分层是湖库的物理分层机制之一。湖库在热分层期间由于稳定的阻隔作用，将显著改变湖泊（尤其是富营养化湖泊）的垂直水质分布[20]，进而影响水体内水生生物的生存环境。因此，热分层是湖库夏季水质垂向差异化的主要驱动因素和诱因，国内外相关学者在热分层方面开展了大量的研究工作。

国内外对于湖库热分层的研究主要集中在湖库热分层的规律认识，热分层的机理、驱动因素与成因，热分层的定量化评价，以及热分层的缓解及破坏等几个主要方面。1928 年，Schmidt 发表了关于温度分层稳定度等的定义和相关计算方法，首次从水动力学的角度对湖泊温度分层状态进行了定量描述[21]。自 19 世纪后期以来，湖泊的分层及其产生机理一直是湖泊学家关注的焦点：一方面，学者们希望能够通过其分层机制对湖泊进行分类；另一方面，这也体现出了温度和季节变化对于湖泊重要性的认识[22]。Lewis 根据湖泊的热分层/混合情况，提出了修订的湖泊分类方案[23]。湖库热分层的三层划分在早期并没有明确的定义，Hutchinson 在 1957 年提出利用 $1km^{-1}$ 温度梯度作为温度分层区的划分界限[24]。Han 等对西班牙 SAU 水库热分层结构展开了相关研究，认为水库热分层主要受外部作用力及内部变量共同影响，外部作用力主要包括热量输入、风等，内部变量主要包括湖库形态、水中的光衰减系数等[25]。Boehrer 等[18]对德国 Goitsche 湖水温结构变化的研究表明，气温是驱动热分层形成的重要因子之一。Chapman 等认为，在夏季，湖库上层水体由于受到较强的来自大气及太阳辐射的物质与能量交换，使得水体上下层产生明显温差。这一温差导致了水体垂向密度的差异，进而导致水体垂向剖面水温结构自表层至下层形成变温层、温跃层和滞温层[26]。相对于湖泊，水库有着更为特殊的特征，Thornton 认为，与相同形态的湖相比，水库的入流和泄水导致了库区水体停留时间的减少[27]。水库被认为是介于河流和湖泊之间的一种水体类型。部分学者通过研究认为，水库水温分层的程度受库区入流的水体温度影响较大[28-32]。在湖库热分层稳定性方面，国外学者提出了多种指数来开展定量化评价，Horne 等提出 TSI 指数，因其计算简便而得到了广泛的应用[33]；Imberger 等提出用 Wedderburn 指数来定量化评价混合稳定性[34]；Imberger 提出 Lake 指数，Hondzo 等用其描述了湖泊的动态稳定性[35-36]；理查森数和弗劳德数被 Imberger 等用来评价水体稳定性[35]；其他相关指数，如 Schmidt 稳定性指数及 Hutchinson 稳定性指数也有广泛的应用[21,24,37]。这些指标对于评估湖库分层强度、讨论湖泊的物理状态和特征具有十分重要的意义。湖库在热分层期间的温跃层厚度是维持分层的重要区域，国外学者在这方面也有许多研究成果。如 Gorham 等认为湖库季节性温跃层深度主要受湖泊大小和水体透明度的影响[38-40]；Arai 等认为，随着湖泊面积的增加，风力增加后季节性温跃层也会随之加深[41-43]；Schindler 等认为，气候条件的变化也会影响湖泊的温跃层深度[44-46]。

我国大约从 20 世纪 50 年代中期开始尝试对水库水温进行观测研究，其中，丰满水库在 1954 年进行了水温观测，随后官厅水库、上犹江水库、佛子岭水库也相继开始水温观测，大中型水库的水温观测大约在 20 世纪 60 年代后才逐渐展开[47-48]。近年来，我国学者也在湖库热分层方面开展了较多的研究工作。张士杰等对二滩水库水温结构及其影响因素展开研究，发现该水库水温垂向分布呈现单温跃层和双温跃层两种型式[49]。王琳杰等对抚仙湖夏季热分层时期水温及水质分布特征进行了分析，探究了高原深水湖泊夏季热分层时期水温水质空间特征及昼间变化规律[50]。王雨春等对西南云贵高原乌江流域的百花湖水库开展了连续 13 个月的水温、水质观测，认为夏季出现的水体温度分层现象导致了显著的水体水化学（如溶解氧）分层，进而影响了水库水环境质量[51]。易仲强等针对三峡水库香溪河库湾水温结构进行了分析，研究了其对春季水华的影响[52]。在水库水温分层结构破坏及缓解下泄低温水影响方面，我国学者也开展了大量的工作。王煜等在对大型水库水温结构及影响分析的基础上，提出应积极开展水库水温结构及下泄水温计算和研究，采取有效措施减缓下泄低温水的影响[13]。高志芹等对糯扎渡水电站进水口叠梁门分层取水展开了研究[53]，陈栋为等对贵州光照水电站叠梁门分层取水效果进行了监测与评估[54]，练继建等提出利用隔水幕布缓解深水水库下泄低温水影响[55]。

1.2.2 热分层湖库缺氧区形成过程及演化机理

水体中的溶解氧是重要的水质参数，也是维持水体中生态系统健康发展的关键因子。近年来，随着人类活动影响的不断加强，大量的污染物质排入湖库和近岸海域，造成了相关水体环境富营养化程度的逐步加剧，在这种情况下，水体内部的缺氧现象也逐渐增多。一般将水体中的溶解氧浓度小于 2.0mg/L 的状态定义为缺氧[56]。国内外对于水体缺氧区的研究领域主要可以分为海洋和内陆湖库两个主要类型。

在海洋方面，发现在开阔的大洋中层水中存在缺氧的现象[57]。随后，相关研究人员陆续发现了在大陆架近岸海域以及主要河口区的底层海域内也存在缺氧现象，其中以密西西比河河口及墨西哥湾北部区域的缺氧现象最为严重[58-59]。随着人类社会经济的不断发展，发生缺氧的海域数量以大约每年 5.5% 的速率在迅速增长[60]，如在墨西哥湾北部和密西西比河河口地区（大西洋最大的缺氧区），1993—2009 年缺氧区年均面积约为 1.6 万 km^2[61]。波罗的海地区的缺氧区最早出现在 20 世纪 60 年代，1991—2000 年缺氧区年均面积已达到 4.9 万 km²[62]。地中海地区从 1987 年开始出现缺氧现象[63]，近几年来缺氧问题越来越严重，已出现大量海洋生物的死亡现象[64]。目前，在秘鲁近岸海域，美国新泽西州沿海区域、切萨皮克湾、卡罗来纳州沿岸区域，韩国南部海区均发现了程度不同的缺氧现象[65-69]。在我国沿海地区也存在相应的缺氧问题，相关学者针对这一问题也展开了相应的研究，主要的研究区域包括长江口及其邻近水域、浙江近海、黄海、南海及东海的典型海域[70-76]。

在湖库方面，观察和分析湖库水体在热分层过程中的滞温层溶解氧消耗问题及其对水生生态系统的不利影响已有 100 多年的历史[77]。湖泊水体（特别是滞温层水体）内的氧气耗尽，是早期湖泊学家研究的重要湖泊特征之一[78]。氧气是湖泊中的一个重要参数。虽然大多数湖库的表层水体都充分氧化，但在热分层时期湖泊滞温层的有机物分解会消耗大量的氧气，导致湖库底部缺氧[79]。在光合作用下，湖泊的上层水中产生了氧气和有机物质，一些有机物沉入深层水体中，在分解过程中导致消耗氧气。在分层季节期间，热稳定性限制了滞温层区域内部所消耗氧气的补充，使得这一区域溶解氧的浓度持续稳定地降低[80]，通常将溶解氧低于 2mg/L 作为缺氧区的阈值[81]。

为定量化表达湖库水体缺氧区中氧气的消耗率和水体的缺氧程度，国外学者提出了多种指标和计算方法。Thienemann[82-83]假定湖泊地表水的生产力（营养状态）和湖泊滞温层的形态都影响了滞温层的氧气浓度。他认为当有机物落入较厚的滞温层时会被稀释，因此，在较厚的滞温层分解有机物质产生的单位体积氧消耗率（volumetric hypolimnetic oxygen depletion rate，VHOD）要低于具有薄的滞温层的湖泊。由于早期的学者一直致力于将湖泊的初级生产力水平与湖泊耗氧联系在一起，因此 Thienemann 提出的这种湖泊滞温层形态影响很明显会干扰任何试图建立初级生产力与滞温层氧消耗率之间关系的尝试[84]。因此 Strøm 和 Hutchinson 提出通过单位面积滞温层氧消耗率（areal hypolimnetic oxygen depletion rate，AHOD）来消除湖泊滞温层形态的影响[85-86]。通过对四个湖泊的研究，Hutchinson 似乎证明了 AHOD 在比较湖泊表层水初级生产力和营养状况方面的应用前景[86]，然而，随后的研究未能证实他的结果[87-88]。后续的研究并不总是支持 Hutchinson 的研究结果[89-92]。Cornett 和 Rigler 认为，氧消耗的面积率并不独立于湖泊形态[79]。这表明 AHOD 指示的营养状态指数是有一定偏差的。尽管在 Hutchinson 的理论体系中 AHOD 作为湖泊营养状态指标存在一定的争议，但后续的学者们依然认可 AHOD 在湖泊问题分析中的重要地位，目前 AHOD 已广泛应用在分层湖泊间的生产力比较方面[14,93-94]。与此同时，大量的学者针对 AHOD 的计算提出了多种改进方案，Gliwicz 考虑了温跃层内垂直密度梯度差异的影响[94]，Brezonik 考虑了异地有机物输入的贡献[95]；Cornett 等考虑了 AHOD 与水体磷滞留率的关系[79,84]；Charlton 考虑了滞温层厚度的影响[80]；Stauffer 考虑了 DO 垂直混合对滞温层氧气通量的输入[96]；Vollenwelder 等考虑了叶绿素 a 浓度与 AHOD 的关系[97]。目前 AHOD 这一概念经过多年的完善与发展，已成为在湖泊科学领域定量化研究水体初级生产力及营养化状态的一项重要指标。

我国在水体缺氧区方面的研究起步相对较晚，主要聚焦在三个大的方向，分别是海洋缺氧区的研究、养殖水体缺氧区的研究及普通湖库水体缺氧区的研究。王颖等研究了东印度洋中部缺氧区的季节变化特征[98]、龚松柏等研究了中国部分河口及其近海水域的缺氧现象[99]、郑静静等总结了海洋缺氧现象的研究进展[100]。吴宜东分析了水库养殖水体低溶氧的原因与防范措施[101]，柳幼花等分析了街面水库大田库区网箱养殖鱼类大面积缺氧死亡的原因[102]。范林君等分析了养殖鱼类缺氧的原因分析及对策[103]。赵海超等根据1992—2009 年洱海水体溶解氧浓度变化，分析了洱海水体溶解氧及其与环境因子的关系[104]，柏钦玺等以荷兰 Valkea - Kotinen 湖为对象，分析了封冻期高纬度湖泊底层溶解氧浓度的变化特征[105]，袁琳娜等以云南阳宗海为例，分析了高原深水湖泊水温日成层对溶解氧、酸碱度、总磷浓度和藻类密度的影响[106]。张运林总结了气候变暖对湖泊热力及溶解氧分层影响的研究进展[107]，殷燕等分析了千岛湖溶解氧的动态分布特征及其影响因素[108]。

1.2.3　湖库缺氧对水质的影响特征及机理

在湖库热分层期间，由于湖库区表层与底层水体间的垂向交换受到抑制，滞温层水体无法得到表层复氧的补充，这一区域在还原物质氧化、微生物的呼吸作用影响下，水体溶解氧浓度逐步降低，最终出现缺氧状态和缺氧区。这种状态会造成湖库底层沉积物中的氮、磷、有机质、铁和锰等元素在厌氧条件下加速释放，严重影响湖库底层水体水质，同时破坏底层水体生物栖息环境，使底栖鱼类等水生动物难以生存，将对水生生态系统造成严重破坏。在每年热分层结束时，底层污染物还会进入湖库中表层水体，导致湖库水质下降。事实上，湖库水体的水质与溶解氧浓度呈相互作用的关系，在热分层期，当温跃层隔绝湖库上下层水体时，正是库区滞温层水体内部的有机质及底部沉积物的耗氧反应导致了滞温层缺氧区的产生，而缺氧区产生后又会反过来加速底质污染物的释放，最终影响湖库底层水体水质。

湖库热分层及下层缺氧导致的水质问题已引起了国内外学者的广泛关注。Wetzel 认为，溶解氧是湖泊的基本资源，对湖泊化学和生物学都将产生深远的影响[109]。在缺氧状态下，水生呼吸依次以硝酸盐、锰、铁的（氢）氧化物、硫化物为基础进行，从而改变关键的生物地球化学循环[110]，此外，水体缺氧条件还将有助于形成强温室气体——甲烷（CH_4）[111]，而缺氧导致的最为显著的局部效应就是改变水体内贝类、底栖无脊椎动物等水生生物群落的生存行为、生长和繁殖反应[112-116]。国外学者通过研究认为，不论滞温层中的溶解氧是处于缺氧、富氧还是介于中间状态，都会对水体内的大型无脊椎动物、鱼类习性、磷的内部负荷及再循环、铁锰元素含量产生显著的影响[117-120]。

湖库水体在热分层季节会出现水质的垂直分布，这种现象被称为"化学分层"（chemical stratification），物质发生快速变化的层被称为"chemocline"[121]，在讨论水质状况及其形成机制时，化学分层与热分层同样重要[122]。目前国外一些学者正在致力于研究湖泊和湿地的热分层和化学分层[123-127]。

从国内外大量的研究成果可以看出，若湖库热分层期间滞温层处于厌氧状态，则会有大量的还原性物质（如铁、锰、硫化物）和营养盐物质（如氮、磷等）在厌氧条件下释放并在滞温层产生积累，造成湖库水体的水质恶化和富营养化[128]。Elçi 对土耳其 Tahtali 水库的研究表明，该水库的水体热分层导致了滞温层溶解氧含量的大幅度下降，从而引起库区水质的恶化[127]。Kraemer 研究表明，湖库水体的热分层会加剧水体缺氧，并导致水体内部营养负荷发生显著变化从而影响水体生产力[129]。Lee 等研究了韩国某水库影响热分层及化学分层的主要环境因子及水库分层水质的季节性变化规律[130]。贺冉冉等研究了天目湖溶解氧变化特征及对内源氮释放的影响，认为夏季底层水体缺氧，导致了沉积物中氨氮向底层水体的释放，并使得同期表层内水体的氨氮浓度也有所升高[131]。杨艳等以滇池为对象，研究了溶解氧对滇池沉积物氮磷释放特征影响，结果表明水体内溶解氧浓度梯度是沉积物释放氨氮与磷酸盐的主要动力之一，而好氧状态能够有效抑制氨氮与正磷酸盐向水体内的释放[132]。徐毓荣等以贵阳市阿哈水库为例，研究了季节性缺氧水库中铁、锰垂直分布规律，结果表明库区的水温结构呈现明显的垂直分布规律，高浓度铁、锰主要出现在热分层时期库区的中、下层，热分层与滞温层缺氧、pH 的下降以及沉积物中的铁、锰释放造成的二次污染等密切相关[133]。范成新等以日本霞浦湖为对象，研究了好氧和厌氧条件对湖区沉积物-水界面氮磷交换的影响[134]。杨赵对湖泊沉积物中氮磷源-汇转换的影响因素研究进展进行了总结，认为水体溶解氧浓度及氧化还原电位是决定有机质分解速度快慢和营养元素存在形态的关键因素，认为溶解氧和氧化还原电位是控制沉积物营养元素释放的重要因素[135]。

1.2.4 湖库热分层及缺氧区的模拟

1.2.4.1 热分层模拟

湖库在每年夏季出现的热分层现象会对水体水质、下游河道生态系统及农业灌溉（水库下游）、周边人群生产生活用水带来一定的不利影响，而对湖库热分层的定量化模拟和预测是分析上述影响的重要基础。欧美等国家在湖库热分层的数学模拟方面研究开展较早，开展了大量湖库水温在基础理论方面的研究及工程实践。

美国的研究发展大致分为三个阶段，分别为 20 世纪 30 年代、40—50 年代及 60—70 年代。20 世纪 30 年代，美国为了解决湖库富营养化问题和水库下泄低温水的影响问题（农业灌溉、河道水生生态系统等），开始有计划、有目的、系统地开展了相关的水温监测工作。20 世纪 40—50 年代，在前期大量实际监测工作总结的基础上，开始逐步构建水温与湖库水动力学的关系（径流条件、工程调度等）、水温与气象条件的关系等。至 20 世纪 60—70 年代，美国的湖库水温研究工作开始进入大发展时期，关于水温的数学模型大量出现；同时针对工程的低温水影响，实际的工程缓解措施开始出现（如水库下泄的分层取水工程措施等）。直至目前，美国在湖库水温的定量化分析及模拟的技术手段方面仍居世界领先地位。

日本在湖库水温方面的研究主要源自水利水电工程下泄低温水对下游农业灌溉（水稻种植）方面的影响，主要的发展方向是湖库水温结构、下泄低温水特征、低温水缓解措施、水温与农作物生长的关系等。

苏联与北欧地区的低温水研究主要源自寒冷地区湖库的冰冻影响方面，与美国的时间类似，在 20 世纪 40—50 年代开展了大量的现场监测工作，在 70 年代后开始在水温、水动力学监测、气象监测的基础上，总结相关影响要素间的内在关系，提出了相关的定量化计算公式及计算方法，随后开始向低温水影响缓解措施研究、湖库富营养化、水温计算模型等方向发展。

我国在湖库水温方面的研究稍落后于欧美国家，但总体的进度过程与国外基本类似。

我国主要在 20 世纪 50—60 年代开始在部分湖泊、水库开展了相关的水温监测与水温结构分析工作。在进入 70 年代后，相关学者和研究机构在国外实测水温数据及计算方法基础上，总结推出了大量的用于估算湖库垂向水温结构的经验性公式。20 世纪 80 年代后，我国开始逐渐引进国外先进的数学模型和商业软件，同时在对国外模型进行引进和吸收的基础上，进一步发展我国的水温模拟技术并在国内的大型水利水电工程设计及影响评估中广泛应用，取得了较多的工程实践成果。在影响研究的同时，我国的水利水电工程建设也逐渐加入了大量低温水影响缓解措施的工程设计内容（分层取水、叠梁门等）[136]。

1. 垂向一维水温模型

水温数学模型方面的研究最早开始于 20 世纪 60 年代的美国，Raphae 将水库在垂向方面进行了分层处理，同时将水体动力学条件与水温结构联系在一起，提出了相应的水温预测数学模型。60 年代末期，两个对后续数学模型发展产生巨大影响的垂向一维水温模型开始出现，分别为 Orlob 和 Selna 提出的 WRE 数学模型[137-138] 以及麻省理工学院 Huber、Harleman 提出的 MIT 模型[139-140]。在此基础上，为了描述大气中风对表层水温掺混的影响效果及在风力影响下混合层内水温的垂向变化情况，Stefan 和 Ford 提出了 MLTM 模型[141]，随后 Jirka 等在前人研究工作的基础上，提出了 MITTEMP 模型[142-143]。

我国的垂向一维水温模型主要来自对国外模型的吸收与改进，20 世纪 80 年代，水利水电科学研究院在 MITTEMP 模型的基础上，对原模型进行了扩展与修正，提出了"湖温一号"数学模型[144]；李怀恩等以黑河水库为研究对象，提出了包括泥沙影响的垂向水温预测模型[145]；李怀恩以冯家山、丹江口、新安江等 5 座水库为验证对象，提出了一种新的垂向水温分布计算公式[146]。陈永灿等利用一维数学模型对密云水库垂向水温结构开展了模拟研究[147]；李勇等应用一维模型对龙滩水电站库区蓄水后库区的垂向水温分布情况开展了预测[148]，戚琪等[149]利用改进后的一维模型，对丹江口水库垂向水温结构展开了模拟。

2. 立面二维水温模型

二维水温模型的研发是在紊流理论及模拟技术发展基础上展开的，最早的立面二维水温模型是 1975 年由 Edinger 研发的 LARM（laterally average reservoir model）模型[150]。1986 年，美国陆军工兵团（USACE）基于 LARM 模型开发出立面二维水质、水温模型软件 CE - QUAL - W2[151]，目前这一模型还在不断完善和发展之中[152-154]。1990 年 Karpik 在 LARM 的基础上去除了静水压力假定，给出了更适用于水库的水温算法，提出了 LAHM 模型[155]。1994 年 Huang 在一维模型的基础上，提出了基于风力混合的 LA - WATERS 模型[156]。

我国则于 20 世纪 90 年代才开始有关立面二维水温模型的研发，1991 年陈小红将水温方程与水动力学方程耦合，采用紊流模型构建了模型并在贵州省红枫湖水库进行了实际应用[157-158]。周志军在 1997 年又对上述模型进行了完善[159]。此后，立面二维水温模型在我国取得了长足的发展，大量学者采用这一方法对湖库垂向水温结构展开了研究。张仙娥建立了纵竖向二维水动力学、水温、水质耦合模型，对糯扎渡水库 3 种典型年的水库水温结构展开了模拟[160]；张文平构建了垂向一维和立面二维水温模型，对嘉陵江亭子口水库垂向水温结构进行了模拟[161]；邓云等采用立面二维 k-ε 水温模型对四川紫坪铺水库进行了水温预测[162]。目前立面二维水温模型已成为我国湖库水温预测的主要技术手段。

3. 三维水温模型

在实际情况下，湖库区的水体流动是呈现出三维变化特征的，因此相应的水体水温结构也具有明显的三维特征。特别是当湖库的形态特征复杂，局部区域有入流、泄水影响时，水动力学和水温的三维变化特征就更为明显，因此需要应用三维水动力学水质模型对上述变化情况进行描述。

20世纪90年代以来，国外陆续开发了多种基于紊流的通用计算流体力学软件，并逐渐走向商业化，如DELFT-3D、EFDC、FLUENT、MIKE等，这些软件均可以对紊流模型、计算方法及模型网格系统进行自主选择。国外自2000年后陆续开始应用三维水温模型开展相应的研究工作，Politano等[163]利用非稳态三维模型对哥伦比亚河McNary大坝水温结构进行了模拟，取得了良好的效果。Papadimitrakis等采用三维水动力学水质模型对希腊中部Mornos水库的三维水动力循环及水质状况进行了模拟分析[164]。Yang采用三维模型对澳大利亚北部McArthur湖展开了模拟研究[165]。

国内基于三维的水温结构模拟开始于2003年，李亚农采用构建了水库三维水温模型，同时利用物理模型试验结果对模型进行了验证[166]。此后，三维水温的研究和应用成果开始逐渐增多。邓云等比较了三维Spalart模型、RSM雷诺应力模型与$k-\varepsilon$模型对水体中温差异重流潜入的模拟效果[167]，马方凯等基于三维不可压缩流动的N-S方程建立了水流水温模型，对三峡近坝区的三维流场与温度场进行了模拟[168]，马腾等采用MIKE3软件对伊利喀什河上游的梯级水库对水温的影响进行了模拟研究[169]，Lu等利用MIKE3软件研究了加拿大Simcoe湖的热分层结构及湖区的水质变化过程[170]，刘兰芬等对云南漫湾水电站库区开展了垂向水温监测并采用数学模型对水温结构进行了模拟[171]。

1.2.4.2　缺氧区模拟

对于缺氧区的模拟，是指采用数学方法（解析解公式、经验公式、数值解模型等），以一定的水体溶解氧补充及消耗机理为基础，在其他重要水环境参数的计算背景条件下，对水体中溶解氧指标进行模拟和计算，然后在模型的计算结果中以一定的溶解氧浓度水平（一般为溶解氧浓度不大于2mg/L）为标准，判定水体中缺氧区的分布范围（平面分布、垂直分布）、形成时间、持续时间及消亡时间。在此基础上，还可以对缺氧区的驱动因素、限制性条件、生消机理及产生的影响等进行分析。溶解氧指标在水环境体系中既是受影响对象，又是水质的施加影响者，因此对水体溶解氧指标的模拟均是放在一个总体的水质模型中进行的（部分经验性公式和回归模型除外）；而作为一个水质体系中的重要指标，基本所有的系统性水质模型均会将溶解氧纳入其中并将其放置在模型体系的核心地位上。缺氧区模拟技术的进展介绍可以从水质模型的进展情况方面进行说明。

水质模型是指用于描述水体的水质要素在各种因素作用下随时间、空间及控制条件变化的数学表达式[172]。在国际上，水质模型的发展主要可以分为三个阶段，分别为初级阶段、发展阶段及完善和成熟阶段。

（1）初级阶段。这一阶段主要是在20世纪20—80年代，此时的水质模型是简单的氧平衡模型，其主要目的是对水体的溶解氧平衡变化关系展开研究，属于线性系统模型。这一阶段出现了最早的氧平衡模型（即 S-P 模型）。1925 年，美国工程师 Streeter 和 Phelps 在开展了对 Ohio 河流中溶解氧与生化需氧量（BOD）的关系研究后，提出了氧平衡模型的最初模式，即 S-P 模型[173]。该模型建立后被广泛应用到水体自净作用的研究工作中。20 世纪 50 年代前后，众多学者对 S-P 模型进行了修改与完善，在模型中考虑了更多的水质指标，如有机氮、氨氮、硝酸盐等。污染物迁移的维度也由一维稳态发展到多维动态，水质模型考虑的情况更加接近于实际情况。随后，生态动力学模型概念被提出。与之前的模型相比，生态动力学模型考虑的因素更为全面，它全面考虑到了大气、水、底质、水生植被以及氮磷等污染物质的相互作用；最早的两个综合水质模型是 Qual -I 及 Qual -II[174]。

（2）发展阶段。20 世纪 80 年代后，随着计算机技术的发展，水质模型的研究工作得到了长足的发展。在这一阶段，更多的底质要素及流域面源要素被考虑进来，水质模型也向着多维度、非稳态及多参数方向发展。这一阶段比较有代表性的模型包括 MIKE、WASP 等。

（3）完善和成熟阶段。20 世纪 90 年代后期，大气污染沉降等因素也逐渐被考虑到模型输入条件中，各类重金属、有毒和难降解化合物等也被考虑到模型的计算指标中。同时水质模型继续向着多维度、多介质方向逐步完善。这一阶段比较有代表性的模型为 QUAL2K、QUAL2E、QUASAR 等；更多的新技术和新方法也开始与水质模型相结合，如专家系统、模糊数学、随机数学、人工神经网络和 3S 技术等。

目前在水环境研究领域，应用较多的水质模型主要有 S-P 模型、QUAL 模型、WASP 模型、EFDC 模型、Delft3D 模型、MIKE 模型等。从上述这些模型的应用成果来看，溶解氧在其中均扮演了十分重要的角色，但溶解氧指标在更多的时候主要是作为众多水质指标中的一个过程变量进行分析和讨论，即使研究的对象是水体溶解氧状况，也仅是停留在对该指标计算结果及变化情况的判断上，并未在此基础上进一步延伸至水体缺氧区的分析和评价。

相比于上述水质模型中对溶解氧指标在全计算水域进行考虑的情况，国外学者专门针对滞温层内的溶解氧及缺氧区的演化过程也探讨性地提出了一些计算方法和计算模式。Cornett 开发了一个统计模型，该模型通过水温、磷元素沉降速率、滞温层水体体积等来计算水库热分层季节不同时间点上的溶解氧-深度剖面关系曲线[175]。Molot 等开发了一个经验模型来预测湖库夏季结束时的氧气浓度-深度剖面曲线[176]，Clark 等在安大略湖评估了该模型更广泛的应用[177]。Nürnberg 引入了缺氧因子的概念，总结了湖泊中氧气迁移转化行为，同时开发了一个统计模型利用缺氧因子来预测湖泊缺氧状况[178]。Livingstone 等开发了预测滞温层中溶解氧垂向曲线的模型[179]，Rippey 等对该模型进行了修正[180]。此外，部分学者还针对水体溶解氧的模拟计算提出了部分微分方程模型，Patterson 等扩展了伊利湖溶解氧需求预测模型，利用实测数据来模拟湖区温度与溶解氧垂直分布状况[181]。Kemp 等对美国东海岸溶解氧浓度与饱和度的长期变化情况进行了相关模拟，并分析了其影响因素[182]，Stefan 等建立了一维溶解氧微分方程模型，利用此方程模拟了北美中部大部分湖泊在夏季的溶解氧状态，同时讨论了气候变化对湖泊溶解氧的影响[183]。

相对于国外的研究成果，我国学者对于缺氧区方面的定量研究相对较少，主要的研究方向集中在海洋缺氧区及高纬度湖泊冰封季节的水下溶解氧状况方面；而在中纬度内陆湖库方面，主要的研究内容还是在计算湖库水质特征时，将溶解氧作为其中的一个指标进行了计算，并未单独讨论湖库水体缺氧区的演化特征。郑静静等以长江口为研究对象，以数值模拟为手段讨论了风力及径流过程对长江口缺氧区的影响[184]。张恒等利用 RAC 三维水质模型对珠江口区域浮游植物、营养盐及溶解氧进行了数值模拟[185]。白乙拉等根据芬兰 Valken - Kotinen 湖监测数据，对该湖 2011 年 1—4 月冰下的溶解氧状况进行了模拟[186]。肖志强应用 DYRESM - CAEDYM 耦合模型，对 2016 年千岛湖湖区垂向水温及溶解氧状况进行了模拟研究[187]。周红玉等基于 MIKE21 模型对密云水库水体溶解氧进行了模拟计算[188]。

1.2.5 湖库缺氧区改善技术

水库在热分层期间滞温层水体缺氧区控制下，会出现较为严重的水质问题，因此，通过改善热分层期间水库底部水体溶解氧环境状况，提高溶解氧浓度，就成为了解决热分层期间水库水质问题最为直接的手段。通过部分学者研究成果可以看出，溶解氧浓度是湖库底质污染物释放的重要控制条件。代政等对滨海水库底质氮磷释放研究成果表明，好氧条件下上覆水氨氮、总氮浓度及其释放通量大幅降低，上覆水总磷浓度和释放通量分别降低 85.6% 和 92.1%[189]。袁文权等研究认为提高底部水体的溶解氧水平，能有效抑制底泥氮磷释放[190]。

目前国际和国内较为常见的缺氧区改善技术（或称之为混合充氧技术）主要包括扬水曝气技术、扬水混合技术、空气管混合技术、机械混合技术及深层曝气技术。

1.2.5.1 扬水曝气技术

扬水曝气技术的主要作用是利用曝气和扬水两种主要手段，实现水库水体上层与下层的直接混合。通过设备的运行，可以直接提高滞温层水体的溶解氧含量，破坏水库热分层，改善水库下层水体水生生物生存栖息环境，抑制底质污染物释放，抑制藻类的生长繁殖，最终达到改善库区水质的目的。扬水曝气器一般由空气压缩机、曝气装备、气室、回流室、水密仓、供气管道、上升筒、水底固定设备等组成。扬水曝气设备在我国多个水库开展了实际运用，取得了良好的效果。黄廷林等在金盆水库的研究表明，扬水曝气系统的运行能够有效降低水体分层稳定性，破坏热分层结构，促进水体混合[191]。史健超通过对周村水库扬水曝气系统运行效果的研究表明，扬水曝气系统有效逆转了底部水体的厌氧/缺氧环境，抑制了底泥中的污染物释放[192]。

1.2.5.2 扬水混合技术

扬水混合技术的主要设备是扬水筒，运行时将扬水筒垂直放置在水体中，利用压缩空气或氧气间歇性的在扬水筒中释放高压气弹，从而促使下层水体向上层运动，达到上下层水体混合的目的，最终破坏水库热分层。扬水混合技术为间歇式运行，其作用范围较大，但本身不具备向水体充氧的功能。对于扬水混合技术，国外学者也开展了一些关于机理方面的研究，如在水动力学模型、溶解氧模型等方面[193-194]，Seo 等在韩国 Daechung 湖对扬水混合技术的运行效果展开了研究[195]，希望通过该技术能够抑制湖泊浮游植物生长[193-195]。目前这一技术在实际的应用和效果分析方面的文献较少。

1.2.5.3　空气管混合技术

空气管混合技术又称气泡羽流混合技术。该技术是在湖库水体的底部横向放置开孔的气管，压缩空气通过气管上的微孔以小气泡的形式释放至湖库底层水体。当气泡被释放到水体后，开始携带下层水体运动到湖库表层；下层水体到达表面后与上层高温水体进行掺混，随后开始下沉，到达混合水体密度相同的水层。而气泡在上升的过程中通过传质作用于缺氧区水体，进行氧气交换，增加水体内溶解氧的浓度。该设备运行后可以达到破坏热分层与增氧的目的。但空气管混合技术普遍存在施工难度大、成本较高的问题。国外学者针对空气管混合技术开展了相关的研究工作。Visser 等通过在德国及荷兰的湖泊研究认为，该技术抑制了人工混合湖泊中蓝藻的生长[196]，Simmons 通过对英国 Hanningfield 水库空气管混合技术的实施效果进行研究，认为该技术有效降低了水体内浮游生物的生物量[197]。Chipofya 等对 Mudi 水库应用空气管技术的效果进行了研究，表明水库滞温层水体溶解氧含量得到了提高，水体内锰浓度明显下降[198]。

1.2.5.4　机械混合技术

机械混合技术主要包括射流混合、利用轴流泵混合、水体表面螺旋桨混合等。其中利用轴流泵混合的应用相对较多。该技术是利用轴流泵的叶轮运动将底层水体引到表层或反向将表层水体引到底层，从而达到水体上下混合、破坏水体热分层的目的。该技术本身也不具备主动充氧功能，而是利用水体的上下掺混而间接充氧。机械混合技术设备结构较为简单，运行成本也较低，同时混合效果相对较好，但对于水体溶解氧的增氧效果相对较差，因此对于底部污染物释放的抑制效果较小。Upadhyay 等对 Falling Creek 水库机械混合技术的应用效果展开了研究，认为该设备的运行有效缓解了水库热分层并抑制了水体中藻类的生长[199]。

1.2.5.5　深层曝气技术（滞温层曝气技术）

在湖库热分层时期，底部滞温层往往严重缺氧，导致了相关的水质恶化问题，因此直接对滞温层进行曝气的深层曝气技术应运而生。深水曝气主要用于提高湖库底部缺氧区的溶解氧含量，同时在一定程度上改变水库分层状况。深层曝气装置通常由内外两部分组成，压缩空气或纯氧由内筒底部以微小气泡的形式在内筒释放，气泡上升过程中与水体接触同时将氧气释放到水体中，同时气泡在内部上升的过程中还会带动水流同时上升，当富氧水体上升至装置顶端后将沿内、外筒中间的空间下降至底层，对底层水体的溶解氧进行补充。深层曝气技术特别适用于水库深度较大、热分层稳定而滞温层严重厌氧的湖库。国外学者对深层曝气技术的研究相对较多，Little 对滞温层内气泡运动的动力学进行了研究，构建了滞温层曝气设备充氧效率和扩散的数学模型[200]。Burris 等对美国 Prince 湖和 Western Branch 湖应用深层曝气技术的效果展开了研究，认为该设备对湖泊水体的溶解氧浓度增加明显[201]。Imteazl 等研究了深层曝气破坏分层后对藻类的影响以及曝气量与藻类生长的关系，结果表明，深层曝气会明显降低水体中叶绿素 a 的含量[202]。

1.3　本书主要内容

通过对上述国内外研究进展的总结可以看出，热分层是湖库水生态系统的重要特征之一，而热分层会限制湖库水体溶解氧在垂向上的混合与补充。在耗氧反应的作用下，湖库底部水体溶解氧的浓度将持续稳定降低，最终导致水体缺氧区的形成。近年来，随着人类活动的不断加强，不论是在海洋还是内陆湖库，水体缺氧程度均呈不断上升趋势。从国内外大量的研究成果可以看出，缺氧区的存在将严重影响湖库底层水体水质，同时破坏底层水生生物栖息环境，导致湖库整体水质及生态环境质量的下降。缺氧区的形成、发展已成为影响水体水质时空分布的关键要素和重要环节。

本书在水库热分层、缺氧区形成过程及演化机理、缺氧区对水体水质影响等理论研究的基础上，以引滦入津源头水库——大黑汀水库为研究对象，通过现场实测的库区水温、溶解氧、水质数据，系统地研究了大黑汀水库热分层的形成机理、时空变化特征、垂向水温结构特征及热分层的主要驱动因素。在此基础上结合溶解氧实测数据，分析了大黑汀水库缺氧区的生消机理、时空分布情况，对缺氧区开展定量化评价，分析了缺氧区的发展趋势和主要驱动因素。本书构建了大黑汀水库DO及缺氧区数学模型，讨论了强对流条件对水库缺氧区稳定性的影响；分析并给出了抑制大黑汀水库缺氧区的调度阈值条件，介绍了自主设计并研发的滞温层定点曝气增氧装置及参数优化过程。

1.3.1　大黑汀水库热分层时空变化特征及形成机理

根据大黑汀水库2017—2018年现场实测的全库区垂向水温监测数据，以库区坝前水温结构特征、库区水温分布状况、水库热分层特征参数（如热分层稳定性、温跃层厚度、滞温层厚度）变化等为基础，研究大黑汀水库热分层的时空演化特征；结合水库周边区域气象条件、水库地形条件、水库运行调度条件等，分析水库热分层的主要驱动和影响因素，总结大黑汀水库热分层的形成演化机理。

1.3.2　大黑汀水库缺氧区形成、演化机理

根据大黑汀水库实测溶解氧数据，结合缺氧指数（Anoxic Index，AI）概念，分析水库缺氧区的时间演化规律、空间分布特征、形成及消亡时间、主要影响区域、年际变化特征等；结合水库热分层状况、区域气象条件、水库地形条件、水库调度运行条件、库区水体水质污染特征等，分析水库缺氧区的形成机理、主要驱动因素；提出分层面积均化水体溶解氧消耗率（stratified areal hypolimnetic oxygen depletion rate，S－AHOD）的概念，对传统的单位面积氧消耗率计算方法进行修正，定量化研究大黑汀水库滞氧层内溶解氧消耗因素的影响比例。

1.3.3　大黑汀水库缺氧区水质响应特征

根据大黑汀水库长系列水质监测数据，分析库区主要水质因子（主要包括叶绿素、磷酸盐、氨氮、pH）等在年内、年际的变化特征及空间分布特征（水平、垂向）。结合水库热分层及缺氧区基本情况，分析水库缺氧对库区主要污染物浓度在时间及空间分布方面的影响，明晰了大黑汀水库缺氧区水质响应特征。

1.3.4　强对流条件对水库缺氧区稳定性的影响

构建大黑汀水库三维水动力学水质模型，根据实测数据对模型进行率定。通过模型手段分析大黑汀水库缺氧区的形成、演化及消亡的时间、空间连续过程。结合水库调度条件，定量分析强对流条件对水库缺氧区稳定性的影响，判断不同强度等级条件下，水库缺氧区的响应状态。在此基础上，分析并提出了抑制大黑汀水库缺氧区的阈值条件。

1.3.5 缺氧区曝气改善效果评估与优化设计

对自主设计并研发的水库缺氧区原位曝气装置进行详细介绍，主要包括利用该装置进行的大黑汀水库缺氧区原位曝气增氧试验研究定点曝气的增氧效果分析，以及曝气参数优化的数值模拟研究等。

第 2 章 大黑汀水库热分层演变
特征及驱动因素

2.1 热分层相关理论

自开展对湖泊的研究以来，湖沼学家就对湖泊的热分层给予了高度关注。通过对湖泊垂向的水温数据监测发现，湖泊垂向水温结构具有明显的季节性变化特点，分层现象也呈现出随季节变化的格局，因此根据水温结构情况就能够对湖泊进行大致的分类与识别。湖沼学家之所以对湖泊的水温高度关注，不仅因为水温结构决定了湖泊的分类与状况，还因为湖泊的水温及其产生的季节性变化对于湖泊水体的水质、水生生物群落结构和水生态系统均会产生决定性的影响。

水库蓄水后，完全改变了原天然河道流动性强、水深较小的特点，库内形成了大面积的开阔水域，库区内水体流动性大幅下降，几乎趋于静止。这使得水库内的水环境出现类似湖泊的"湖沼学反应"过程，因此在非大流量调度时段，水库的相关特性与湖泊基本一致。水库内的水温结构可以根据年内垂向变化划分为稳定分层型、完全混合型及季节性分层型。

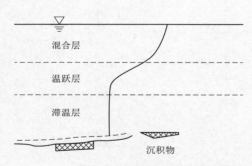

图 2.1-1 典型的水库垂向水温结构示意图

在水库的稳定分层季节，由气候条件导致的垂向水温结构被分为三层（图 2.1-1），分别为表层混合层、底层滞温层及温跃层。在底部滞温层中，水体基本与大气隔绝并且基本不发生紊动，在这一层内的生物活动主要是通过呼吸作用来分解由水体表层落下来的有机质；在表层混合层，水体与大气相通，极易发生波动；温跃层是混合层与滞温层的过渡带，在这一层中具有明显的温度梯度，温跃层隔绝了水库水体上层与下层间的能量和物质交换，使得热分层成为影响湖库水体水质及生物过程的重要物理现象。

2.1.1 热分层型湖泊的分类方案

1919 年，Naumann 根据湖泊能够提供的营养或水体内植物的营养含量提出了湖泊的分类方案[203]。1892 年，Francois Forel 在湖泊研究专著中提出了基于水温的湖泊分类方案，将湖泊分为了温带湖泊、热带湖泊和极地湖泊三种类型，在他的分类体系中，温带湖泊在夏季和冬季具有相反的分层模式，中间由混合区间隔分开；热带湖泊或者分层明显或者混合明显；极地湖泊水温情况大部分时间与温带湖泊相反，仅是在夏季有一段混合期。

在后续的研究中，大量学者对该方案进行了修改和完善。最后，Lewis 对 Forel 方案进行了修订，得到了现在较为公认的基于湖泊水温状态的分类方案（图 2.1-2）[23]。

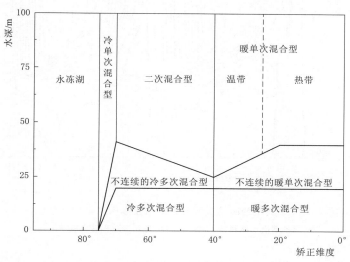

图 2.1-2　基于热分层的湖泊分类方案[23]

2.1.1.1　永冻湖

在永冻湖内，由于表层冰封的影响，风力扰动对于湖泊水体混合的影响要远小于无冰湖泊。而极低的扰动影响制约了水体的垂向掺混，在深层水体与湖底沉积物之间的生物地球化学循环过程影响下，水体溶解氧浓度发生梯度性变化，出现分层状态。

2.1.1.2　冷单次混合型湖泊

这类湖泊一般分布在寒冷的高纬度地区，湖泊表层在一年中的大部分时间中均存在冰封覆盖，仅在夏季时出现封冰融化现象，此时在风力的扰动作用下，全湖混合，无分层现象发生；其余时间水体垂向水温呈现逆分层特征。

2.1.1.3　冷多次混合型湖泊

冷多次混合型湖泊全年大部分时间冰封，但夏季冰封完全融化，这类湖泊又分为浅水湖和深水湖两类，其中深水湖泊在夏季时会有一段较长时间（数天至数星期）的分层期。

2.1.1.4　暖多次混合型湖泊

这一类湖泊与冷多次混合型湖泊最大的区别就在于，这些湖泊任何时期都不会出现冰封覆盖的现象。此类湖泊的分层时间从一天到数天不等，主要取决于气象条件的变化，当湖泊的水深超过一定程度时就会形成季节性的温跃层结构而成为不连续的暖多次混合型湖泊。

2.1.1.5　双季对流混合型湖泊

双季对流混合型湖泊在一年的部分时期（冬季）有冰封覆盖，在另一部分时期（夏季）是稳定分层的，在冰封期与稳定分层期之间相隔了两段混合期。在这类湖泊中，只有一个混合时期（秋季至春季）的被定义为暖单次混合型湖泊，暖单次混合型湖泊全年没有冰封覆盖，但是在夏季会有一段时间较长的稳定分层期（图 2.1-3）。

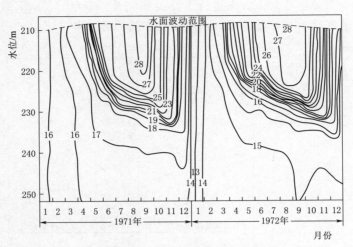

图 2.1-3　典型的暖单次混合型湖泊年际水温结构（单位：℃）

（当冬季出现冰封覆盖时，即转化为双季对流混合型湖泊）

从以上基于热分层状态的湖泊分类方案可以看出，我国北方地区的大部分湖泊和水库均属于双季对流混合型湖泊。这类湖泊或水库在冬季时表层被冰封覆盖，每年春季时冰封融化，随着气温的上升，水体垂向水温结构由混合型过渡至分层型并在整个夏季保持稳定；当秋季气温下降时，垂向水温结构逐渐由分层型过渡至完全混合型；进入冬季后，湖库再次进入冰封状态。

2.1.2　热分层演变过程

湖泊和水库是两类具有诸多相似特征的水体环境，它们有许多的共同特点，如均具有较大的水面面积、较大的水深（相较于河流）、相对较小的水体流速和较长的水体置换周期等。从而，水库存在类似于湖泊的"湖沼学"现象——热分层。以下将以湖泊热学的相关理论为基础讨论水库热分层演变过程。

2.1.2.1　热分层的形成

当双季对流混合型水库由冰封状态进入到无冰期时，此时的水库垂向水温结构为完全混合状态（非大型深水型水库），随着春季的到来，气温会在接下来的数天或数周内很快升高。由于此时水库表面已无封冰，因此水体表面吸收的热量将不再用于封冰融化，约超过一半的太阳辐射能量将通过水库上层水域进行吸收。国外相关学者的研究表明，对于清洁透明的湖库，在水面10cm处大约有40%～65%的入射光（波长300～3000nm）转化为热量[204]，而在有色或较为混浊的湖库（漫射衰减系数和吸收系数极高）中，不仅紫外（波长＜400nm）和红外（波长＞700nm）辐射，连光合有效辐射（波长400～700nm）都全部转化为了湖库水体的热量。

当水库水面或水体上层不受风力扰动时，水温的垂向剖面应该是随着水深增加而呈指数下降的（图2.1-4）。此时，对于浅水型的湖库，风力的扰动及水库的大水量调度条件（大流量来水或泄水过程）可以使得湖库自表层水体吸收的太阳辐射能量在整个水体垂向方向上混合均匀；同时，在春季的夜间，由于表面的湖库水体被冷却，导致高密度水体下沉，由此产生的对流或密度流也会加剧湖库水体的垂向混合。在上述影响的作用下，浅水的湖库水体自上至下基本保持相同的温度而不会出现热分层现象。而对于深水型的湖库，风力的影响仅会作用在表层的水体层位处，这样的掺混作用只会使表层部分深度的水体混合为均匀水温，而下层水体基本不受表层气象条件的扰动，也在底部的一定垂向区间内保持了相对一致的低温状态，这样就会在表层混合层与底层滞温层间形成一个温度梯度极大的温跃层，这样就形成了深水型湖库热分层的基本结构状态。此时随着夏季的到来，在气象条件的影响下，表层水体水温持续升高，在白天，表层水体与底层水体之间的温度差异越来越大，导致了水体上下层的密度差异也逐渐增加，在这种情况下，即使是进入夜间，温度的下降也不足以导致表层水温被冷却至可以下沉至底层的

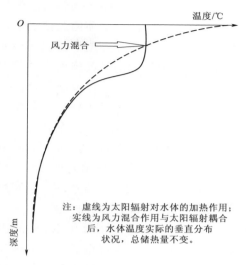

注：虚线为太阳辐射对水体的加热作用；实线为风力混合作用与太阳辐射耦合后，水体温度实际的垂直分布状况，总储热量不变。

图 2.1-4　温度分层形成过程示意图

程度；同时由于密度差异的增大，湖库水体抵抗风力影响和密度流扰动的能力也越来越强，在风力较小的一段时间，仅需短短的几个晴天，湖库表层与底层水体的温度差就会增加到足以能够有效抵抗水体混合的程度，此时深层湖库的稳定热分层状态即完全形成。

2.1.2.2　热分层的保持与稳定状态

从太阳辐射能量吸收的角度来讲，对于透明度相对较低的混浊湖库，相对较薄的表层水体已将所有的太阳辐射转化为了热量，因此比透明度较高的湖泊更早进入热分层状态，同时其底部滞温层处的水体温度因为等不到太阳辐射的能量补充而比透明度较高湖库的滞温层水体温度要低，因此混浊湖库的热分层稳定性也会较透明度较高的湖库要高。

对于深水型湖库而言，在进入稳定的热分层状态后，滞温层的深度和水体的温度将很少会发生变化。但是表层混合层的深度及温度往往会有比较明显的变化，夏季的剧烈气象扰动（如暴风雨）经常会对温跃层产生较为强烈的扰动，使温跃层部分区域转换为混合层。对于热分层不太稳定的中型湖库，表层混合层与滞温层的水温差异较小，这种气象扰动的作用就会更加明显；扰动甚至会直接导致滞温层水体温度的上升。

Pierson 分析了瑞典艾尔肯湖滞温层处水体温度在不同年份和热分层季节变化情况（图 2.1-5）[205]，结果表明滞温层水体水温在热分层季节上升明显。据分析，这主要是由于夏季强烈气象对流条件扰动导致湖泊上层混合层暖水入侵到滞温层冷水处所致。

在稳定的湖库热分层状态建立后，温跃

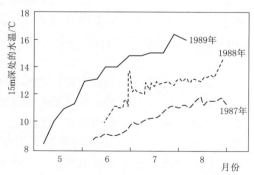

图 2.1-5　瑞典艾尔肯湖滞温层处水体温度不同年份热分层季节变化情况

层就成为维持湖库垂水温结构的关键区域。温
跃层是混合层与滞温层之前的过渡区域，在这
一区域中不但会有明显而剧烈的温度梯度，同
样还存在明显而剧烈的密度梯度，这种密度差
异会在水体垂向上形成足以抵制混合作用的抗
扰动力。国外学者将相近水层处的水体密度差
与 4℃ 和 5℃ 水体之间的密度差的比值定义为相
对热抵抗力（RTR），RTR 的高低可以反映水体
在垂向密度差影响下对扰动的抵抗能力。Val-
lentyne 绘制了加拿大安大略小圆湖湖区夏季垂
向温度结构与 RTR 的关系图（图 2.1-6）[206]。
由图可以看出，在温跃层处的 RTR 值达到了
垂向的最大值，这一区域也成为保持热分层稳
定、降低垂向水体交换、隔绝滞温层热量与物
质补充的屏障。

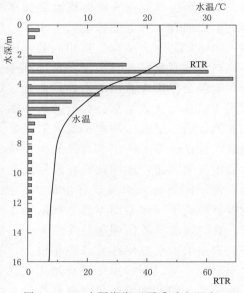

图 2.1-6　小圆湖湖区夏季垂向温度
结构与 RTR 的关系图

2.1.2.3　热分层的消失

　　夏末秋初，日平均气温逐渐降低至水库混
合层平均水温以下，此时与春末夏初时的情况正好相反，水库表层水体开始进入热量丧失
阶段，水库去分层过程正式开始。

　　随着气温的逐步降低，冷却后的混合层与温跃层水温差异逐渐减小，相应的密度差异
也会逐渐降低，根据前述的温跃层相对热抵抗力概念，此时水库热分层抵抗扰动的能力就
会逐渐下降。在水库混合层水温下降的同时，混合层内部分水体的水温就会与温跃层水体
水温接近，这时就会将部分温跃层转化为混合层，从垂向的结构来看，就是混合层的厚度
开始逐渐增加。

　　在温跃层转变为混合层的过程中，风力扰动起到了主要的作用，同时密度差异的变化
起到了辅助作用（在无风或少风的区域，密度作用占主要比例）。当温跃层 RTR 下降到
一定程度时，在秋季风力作用（我国北方地区秋季多大风天气）带来的强大扰动力的影响
下，秋季逆转（fall overturn）现象彻底完成，此时的水库垂向水温结构重新回到混合状
态，对于双季对流混合型水库来说，在冰封季节到来之前，水库会一直保持等温的垂向混
合状态。Henson 对美国 Cayuga 湖绘制的湖区垂向水温结构年内变化图（图 2.1-7）清
晰地反映了秋季湖区热分层消失的过程[207]。

　　季节性热分层水库的分层过程可分为形成、保持稳定及消失三个主要阶段，年际间的
变化主要就是在这三个过程中进行规律性的循环。水库热分层的主要形成原因是：水库水
体处于垂向混合状态时，季节性的气象条件变化导致了水库水体垂向出现温度和密度的差
异，在库表风力扰动掺混及库内保持稳定的内力共同作用下，形成了水体的热分层现象。
随着夏季结束后气温的下降，库区水体内部保持热分层稳定性的密度差被破坏，在秋季的
风力扰动和水体密度差异变化的共同作用和影响下，分层结构逐渐消失并重新回到垂向混
合状态。而在水库热分层的稳定期，库区的大规模水量调度还有可能对库区热分层结构产

生明显影响。通过前文分析可以看出，水库水体热分层的主要驱动因素包括水库类型、区域气象条件、库区水体深度、水库调度条件等。

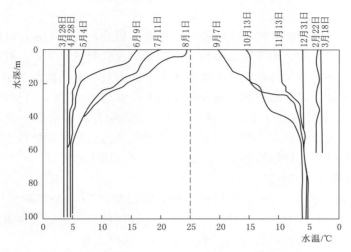

图 2.1-7 美国 Cayuga 湖年内垂向水温结构变化

2.1.3 热分层的判别方法

通常需要对一个没有实测水温资料的水库或拟建水库的热分层结构进行分析和预测，此时可采用国内外常用的一些方法来进行初步判断。常见的水库水温结构判定方法包括水库宽深比判别法、$\alpha-\beta$ 判别法及密度弗劳德数判别法。这些方法的计算结果在一般情况下，总体上能够符合实际情况，可用于水库水温结构的初步判断。

2.1.3.1 水库宽深比判别法

水库宽深比判别法指的是利用水库的水面平均宽度与平均水深比值来进行水库热分层状态的判断，其计算公式为

$$R = \frac{B}{H} \tag{2.1-1}$$

式中：B 为水库的水面平均宽度，m；H 为水库的平均水深，m。

当 $H>15m$，$R>30$ 时水库水温结构被判定为混合型；$R<30$ 时为分层型。

2.1.3.2 $\alpha-\beta$ 判别法

在我国，水库的水温结构通常被分为三种主要类型，分别是混合型、分层型和介于这两者间的过渡型。其中，混合型水库在年内任意时段的垂向水温均不分层；分层型水库在全年各时段均存在热分层现象（在冬季可能会出现逆分层现象）；而过渡型水库则是库区的水温结构同时兼具混合型和分层型水库水温分布的特征，此类水库在年内部分时段出现热分层，其余时间则为混合状态。双季对流混合型水库（Dimictic Reservoirs）就属于典型的过渡型水库。日本相关学者提出了 $\alpha-\beta$ 判别法（也称"库水交换次数法"），目前该方法已经列入我国《水利水电工程水文计算规范》（SL 278—2002），其计算公式为

$$\alpha = \frac{多年平均年径流量}{水库总库容} \qquad (2.1-2)$$

$$\beta = \frac{一次洪水量}{水库总库容} \qquad (2.1-3)$$

其判别标准为：当 $\alpha < 10$ 时，水库水温结构为分层型；当 $10 < \alpha < 20$ 时，水库水温结构为过渡型；当 $\alpha > 20$ 时，水库水温结构为混合型。在一般情况下，α 值可以用来判定目标水库是否为分层型，但是考虑到洪水季节大流量冲击对水温结构的影响，需要引入 β 参数进行进一步的判断。对于已经判定为分层型的水库，当 $\beta > 1$ 时，将出现临时混合现象；当 $\beta < 0.5$ 时，洪水对库区的水温结构将不构成明显影响。上述由日本学者提出的这种分类指标较适用于年内丰枯季节差异不明显、洪水次数频繁但每次洪量较小的情况，该方法在提出时受到湖沼学理论的影响较大，因此并不特别适用于水库。

2.1.3.3　密度弗劳德数判别法

1968 年，美国学者 Norton 提出利用密度弗劳德数 (Fr) 来判断水库水温结构的类型，密度弗劳德数是惯性力与密度差引起的浮力之间的比值。该方法将水库的垂向水温结构分为强分层型、弱分层型和混合型三个类型。Fr 的公式为

$$Fr = \frac{LQ}{HV}(gG)^{-\frac{1}{2}} \qquad (2.1-4)$$

式中：L 为水库的长度，m；H 为水库平均深度，m；V 为水库库容，m³；g 为重力加速度，m/s²；G 为标准化的垂向密度梯度，10^{-3}/m。

根据哥伦比亚河及田纳西流域管理局水库的实测数据，确定该方法的判别标准为：当 $Fr < 0.1$ 时，水库水温结构被判定为温度强分层型；当 $0.1 < Fr < 1.0$ 时，水库水温结构被判定为温度弱分层型；当 $Fr > 1.0$ 时，水库水温结构被判定为温度混合型。

2.1.4　热分层垂向水温结构估算方法

国内常用的水库热分层垂向水温结构估算方法（经验公式法）是根据水库实测的水温实进行统计和分析，提出的垂向水温状况的估算公式。20 世纪七八十年代，我国在这方面取得较多成果。1983 年李怀恩提出了幂函数形式的垂向水温分布公式[146]，1984 年东北勘测设计院张大发提出了后来被称为东勘院法的计算公式[208]，1985 年中国水利水电科学研究院朱伯芳提出了朱伯芳公式[209]。这些方法均得到了广泛的应用。

2.1.4.1　李怀恩公式

一般情况下，一维垂向预测公式需要大量的气象及水文条件输入，相对来讲数据需求难度较大，因此，李怀恩提出了相对简洁的以幂函数为主要形式的垂向水温分布经验公式，该公式主要应用于月平均水温分布的预测：

$$T_z = T_c + A \mid h_c - z \mid^{1/B} \text{sign} (h_c - z) \qquad (2.1-5)$$

其中

$$\text{sign} (h_c - z) = \begin{cases} 1 & h_c > z \\ 0 & h_c = z \\ -1 & h_c < z \end{cases} \qquad (2.1-6)$$

式中：T_z 为水面下深度 z 处的水温，℃；T_c 为温跃层中心点处的水温，℃；h_c 为温跃层中心点处的水深，m；A、B 为经验参数，主要反映水库分层程度的强弱，分层程度越强，

A 值越大。

对于某一水库，当相关参数确定后，即可由上式预测某一月份的垂向水温分布结构。

2.1.4.2 东勘院法（张大发法）

1984 年在 19 座水库实测水温数据的基础上，东北勘测设计院张大发等总结出水库垂向水温估算经验公式，计算公式为

$$T_y = (T_0 - T_b)\ e^{-(y/x)^n} + T_b \tag{2.1-7}$$

其中

$$n = \frac{15}{m^2} + \frac{m^2}{35} \tag{2.1-8}$$

$$x = \frac{40}{m} + \frac{m^2}{2.37 \times (1+0.1m)} \tag{2.1-9}$$

以上式中：T_y 为在水深 y 处的月平均水温，℃；T_0 为水库表面的月平均水温，℃；T_b 为水库库底的月平均水温，℃；y 为水深，m；m 为月份。

2.1.4.3 朱伯芳法

1985 年，在国内外 15 座水库实测水温数据的基础上，中国水利水电科学研究院的朱伯芳等统计得到了计算水库垂向水温的经验公式：

$$T_w\ (y,\ \tau) = T_{wn}\ (y) + A_w\ (y)\ \cos\omega\ [\tau - \tau_0 - \varepsilon\ (y)] \tag{2.1-10}$$

式中：$T_w\ (y,\ \tau)$ 为在水深 y 处、τ 月份的水温，℃；$T_{wn}\ (y)$ 为在水深 y 处的年均水温，℃；$A_w\ (y)$ 为水深 y 处的水库水温年内变幅，℃；$\varepsilon\ (y)$ 为在水深 y 处水温的年周期变化过程与气温的年周期变化过程的相位差，月；y 为水深，m；τ 为月份；τ_0 为年内最低气温值至最高气温值的时间，月；ω 为温度变化的圆频率。

2.1.5 热分层稳定性判断方法

对于处在热分层期间的水库来说，需要采用定量化的方法对分层的强度和稳定性进行判断。国际上采用较多的方法是水库的热分层指数法，该方法可以表征热分层稳定性的大小。较为常见的热分层指数法包括 Wedderburn 指数法[210]、Lake 指数法[211]、潜在势能指数法（APE 法）[212]、水体相对稳定性（Relative Water Column Stability，RWCS）指数法[213] 和 Schmidt 稳定性指数法[21] 等。

在上述方法中，Wedderburn 指数法、Lake 指数法及 Schmidt 稳定性指数法所需资料较多且计算方法十分复杂和烦琐，在实际工作中应用相对较少。APE 指数主要适用于浅水湖泊，并不适用于深水水库。RWCS 指数计算较为简便，且能够较好地反映水体热分层的动态变化，因此在国内外得到了广泛的应用[214-215]。

2.1.5.1 Wedderburn 指数法

Wedderburn 指数（W）由 Thompson 提出，用于描述在分层条件下水体垂向掺混的可能性[216]。当 $W<1$ 时，温跃层极有可能在风力掺混作用下，使温跃层的水体进入混合层，导致混合层深度增加。Wedderburn 指数的计算公式为

$$W = \frac{g'\ Z_e^2}{u_*^2\ L_s} \tag{2.1-11}$$

$$g' = g\ \frac{\Delta_\rho}{\rho_h} \tag{2.1-12}$$

式中：g' 为由于滞温层密度（ρ_h）与混合层密度变化（Δ_ρ）而导致的重力减小量；g 为重力加速度；Z_e 为混合层的底部深度；L_s 为湖泊长度；u_* 为由风应力引起的水体摩擦速率。

2.1.5.2　Schmidt 稳定性指数法

Schmidt 稳定性指数表示了分层水体中固有的由势能引起的抵抗机械混合的阻力。Schmidt 稳定性指数首先由 Schmidt[21] 定义，后来由 Hutchinson[24] 进行了修改完善。后由 Idso[37] 为消除湖泊体积对计算造成的影响而进行了再次修正。目前的大部分应用成果使用的都是 Idso 修正公式。Idso 修正后的 Schmidt 稳定性指数的计算公式为

$$S_T = \frac{g}{A_s} \int_0^{Z_D} (Z - Z_v) \rho_Z A_Z \, d_Z \tag{2.1-13}$$

式中：S_T 为 Schmidt 稳定性指数；g 为重力加速度；A_s 为湖泊面积；Z_D 为湖泊最大水深；Z_v 为湖泊体积中心的深度；ρ_Z 为水深 Z（单位 m）处水的密度，kg/m^3；A_Z 为水深 Z（单位 m）处的湖泊面积；d_Z 为水深间距。

2.1.5.3　Lake 指数法

Lake 指数（L_N）由 Imberger 和 Patterson[35] 提出，用于描述由风力引起的湖泊内部混合相关过程。与 Wedderburn 指数类似，L_N 越低，则表明湖库水体垂向掺混的潜力越大。这种掺混主要是由水体非线性内波引起，并且可以引起穿越温跃层的质量与能量垂向交换。L_N 的计算公式为

$$L_N = \frac{S_T(Z_e + Z_h)}{2\rho_h u_*^2 A_s^{1/2} Z_v} \tag{2.1-14}$$

式中：Z_e 和 Z_h 分别为温跃层顶部和底部的水深；其余符号意义同前。

2.1.5.4　RWCS 指数法

RWCS 指数法的基本原理与前文介绍的相对热抵抗力 RTR 相同，均表现了水体内部不同水层间密度差异形成的对扰动的抵抗力。RWCS 指数计算公式为

$$RWCS = \frac{\rho_b - \rho_s}{\rho_4 - \rho_5} \tag{2.1-15}$$

式中：ρ_b 为底层水体密度；ρ_s 为表层水体密度；ρ_4、ρ_5 分别为水在 4℃ 与 5℃ 时的密度。

不同水体温度的密度 ρ_T 计算公式为

$$\rho_T = 1000 \times \left[1 - \frac{T + 288.9414}{508929.2 \times (T + 68.12963)} \times (T - 3.9863)^2\right] \tag{2.1-16}$$

式中：T 为水温，℃。

2.2　大黑汀水库热分层演化特征

2.2.1　大黑汀水库基本概况

引滦枢纽工程位于河北省唐山市迁西县境内的滦河干流上，是开发滦河水资源，实现向天津、唐山及滦河下游进行跨流域供水的大型水利工程。其中，大黑汀水库是引滦枢纽工程体系中的骨干水库工程之一，该工程位于潘家口水库大坝下游约 30km 的滦河干流

上，北距迁西县城约为5km，流域面积约为3.5万km²，其中潘家口水库与大黑汀水库间的流域面积约为1400km²。大黑汀水库总库容3.37亿m³，水库回水长度约23km，正常蓄水位133m，为大（2）型水库，调节性能为年调节。

大黑汀水库主坝坝长1354m，坝顶高程138.80m（黄海高程，下同），河床高程101m，最低基岩高程86m，最大坝高52.8m。大坝按百年一遇洪水设计，按千年一遇洪水校核。大坝中部设有28孔溢洪道，用15m×21.1m弧形门控制，最大泄洪能力为60750m³/s。在溢洪道右侧设有8个底孔，孔口尺寸为5m×10m，用5.76m×10.05m平板钢闸门控制，最大泄洪量为6750m³/s。

大黑汀水库渠首闸位于渠首电站左侧，共4孔，孔口尺寸为4m×4m，用4.1m×4.06m平板钢闸门控制，控制引水流量160m³/s。渠首闸右侧设渠首电站一座，装机容量1.28万kW（4×0.32万kW）。底孔坝段右侧设河床电站一座，装机容量0.88万kW，两座电站总装机容量为2.16万kW，其多年平均发电量0.468亿kW·h。

根据前述介绍的水库热分层判别方法，采用 α-β 判别法对大黑汀水库的热分层结构进行判断。根据水库运行管理单位提供的数据，大黑汀水库多年平均入库流量约为9亿m³，水库总库容为3.37亿m³，经计算，大黑汀水库 α 值为2.67，小于10，水库水温结构为分层型。

2.2.2 大黑汀水库水温监测方案

为全面分析大黑汀水库沿程及垂向热分层结构，明晰大黑汀水库水温在时间和空间上的变化特征，研究水库热分层的驱动因素，在库区开展了长系列、全空间的水温监测。

连续监测工作开始于2017年，采用美国YSI公司便携式水质监测仪（EXO-1型），定期（每月至少一次）对大黑汀水库库区非冰封期沿程和垂向水温状况开展监测，监测时间分别为2017年8—11月、2018年4—11月，监测点位包括大黑汀水库坝前、库中区域、潘家河口、库尾洒河口等13个断面（其中，为了解库区总体热分层平面、垂向分布状况，2018年6月后开展库区网状水质监测，共在库区布置了约35条监测垂线）。具体监测点位置见表2.2-1和图2.2-1。

表 2.2-1　　　　大黑汀水库便携式监测点位信息一览表

编号	点　名	2017年				2018年							
		8月	9月	10月	11月	4月	5月	6月	7月	8月	9月	10月	11月
01	坝前0.5km	√	√	√	√	√	√						
02	坝前2.5km	√	√	√	√	√	√						
03	坝前4.5km	—	√	√	√	√	√		网状监测				
04	坝前6.5km	√	√	√	√	√	√						
05	坝前8.5km	√	√	√	√	√	√						
06	坝前10.5km	√	√	√	√	√	√						
07	坝前12.5km	√	√	√	√	√	√						
08	坝前14.5km	√	√	√	√	√	√						
09	坝前16.5km	√	√	√	√	√	√						

编号	点　名	2017 年				2018 年						
		8 月	9 月	10 月	11 月	4 月	5 月	6 月	7 月	8 月	9 月	10 月	11 月
10	坝前 18.5km	√	√	√	√	√	√	网状监测				
11	洒河大桥	√	√	√	√	√	√					
12	潘家河口	√	√	√	√	√	√					
13	洒河口	√	√	√	√	√	√					

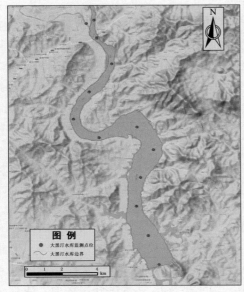
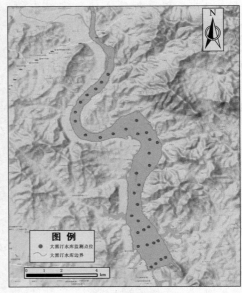

（a）常规监测点位　　　　　　　　　　　　（b）网状监测点位

图 2.2-1　大黑汀水库水温监测点位空间位置

2.2.3　大黑汀水库热分层时空演化特征

2.2.3.1　热分层时间演化特征

将 2017 年 8 月至 2018 年 11 月在坝前监测的垂向水温数据按照时间顺序作图（图 2.2-2），分析水库热分层结构在大黑汀水库坝前的时间变化规律，坝前各月垂向水温结构见图 2.2-3。

从坝前垂向水温变化规律可以看出，大黑汀水库属于典型双季对流混合型水库。2017 年 8 月，热分层现象较为明显，水体表层温度大于 25℃，表底温差约为 16℃。进入到 9 月后，受到气温总体下降的影响，水库混合层水温有所下降（约为 23℃），库表混合层厚度开始增加，温跃层厚度逐渐减小，水库已经开始进入热分层的消退期。10 月，热分层现象开始出现明显削弱，库表温度下降至约 17℃，库表库底温差下降至 8℃；此时水库表层混合层与温跃层已完全融合，库区已开始由分层状态向完全混合状态转化。11 月，水库达到完全混合状态，热分层现象彻底消失，此时受到气温总体下降的影响，水库总体水

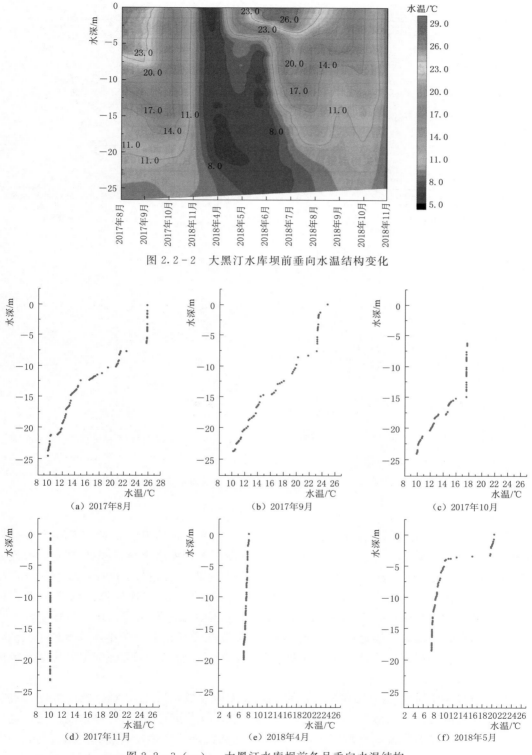

图 2.2-2 大黑汀水库坝前垂向水温结构变化

图 2.2-3（一） 大黑汀水库坝前各月垂向水温结构

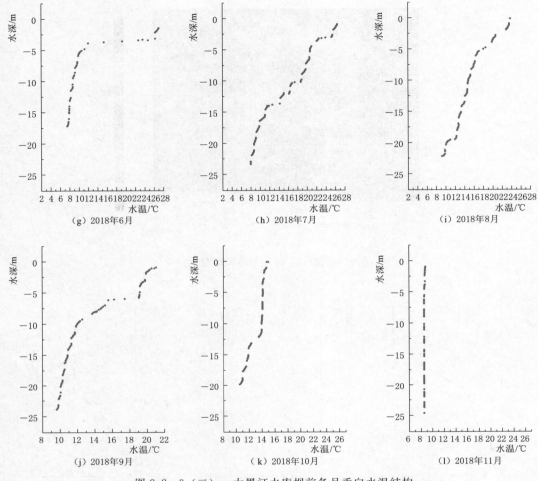

图 2.2-3（二）　大黑汀水库坝前各月垂向水温结构

温下降至约 11℃。

　　2018 年冰封期结束后，水库坝前垂向水温结构为完全混合状态，此时垂向水温温差小于 1℃。进入春季后，4 月库区表层水温开始逐渐上升，库表温度升至约 10℃，库底温度约为 8℃，库表库底温差约为 2℃，库区已开始出现热分层趋势。5 月，水库热分层结构基本形成，水库库表温度约为 20℃，库底温度约为 8℃，库表库底温差约为 14℃；但此时水库刚刚进入分层期，库表混合层厚度较小。6 月，水库开始进入热分层稳定期，水库表层水体在日间受太阳辐射增温明显，库底水温受气象条件影响较小，基本处于恒温状态；库区总体热分层现象明显，水库库表温度大于 25℃，库底温度约为 8℃，库表、库底温差约为 17℃。

　　2018 年 7 月，水库热分层现象依然明显，水库库表温度大于 25℃，库底温度一般为 7~8℃，库表库底温差一般为 17~18℃。但由于 2018 年大黑汀水库弃水量及供水量远大于往年，造成库区总体流动性显著增强，水体垂向掺混剧烈，稳定的热分层结构受到了明显的影响。在垂向水温结构上，表现为温跃层厚度明显增加，7 月温跃层位于水下 2~

14m 范围内，厚度约 10m，明显高于 6 月。8 月，水库依然存在着一定的热分层现象，但相较 2017 年同期，热分层现象明显减弱；水库库表温度有所下降，约为 23℃；库表库底温差一般为 14~15℃；在热分层区，库表混合层厚度有所减弱，为 2~3m；温跃层位于水下 4~16m 范围内，厚度较 7 月继续增加，约为 12m；库底滞温层坝前深度较 7 月明显下降，约为 4m。与 2017 年相比，在 2018 年 7—8 月水库流域上游来水量较大，大黑汀水库弃水量及供水量均较常规年份有较大增加，导致坝前及库区水体流动性较常年有显著上升，水体垂向掺混剧烈，明显削弱了在本时段应有的库区热分层现象。

2018 年 9 月，随着大规模泄水过程的结束，大黑汀水库库区水体重新进入稳定状态，热分层现象较 8 月有一定程度的恢复，但此时受气温下降的影响，表层混合层与温跃层已开始大范围混合。水库库表温度下降至约 20℃，库底温度受气温影响较小，依然维持在 9~10℃，库表库底温差一般为 10~11℃。此时库区热分层已进入消退期，已开始由明显的分层状态向完全混合状态转化。10 月，大黑汀水库热分层结构在 9 月的基础上进一步向垂向混合状态转换，受到气温总体下降的影响，水库库表温度下降至约 15℃；库底温度受气温影响较小，依然维持在 10℃左右；库表库底温差仅为 5℃，本月水库混合层厚度进一步增加（约为 12m）。11 月，水库重新进入混合状态，全库水体温度一般为 7~8℃。

大黑汀水库坝前表、中、底层（分别取监测垂线表层以下 0.5m，监测水深一半处及库底以上 0.5m 处水温数据）水温年内变化过程见图 2.2-4，坝前温跃层深度（混合层厚度）时间过程见图 2.2-5。

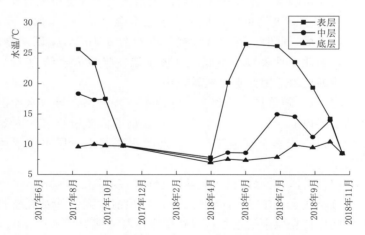

图 2.2-4 大黑汀水库坝前表中底层水温时间过程

从图 2.2-4 和图 2.2-5 中可以看出：

（1）水温。水库表层水温年内波动范围较大，从 4 月的 7.83℃ 变化至 6 月的 26.57℃，变化幅度为 18.74℃，说明水库表层水体受季节变化及大气温度影响较大。相对而言，水库底部水温波动范围极小，从 4 月的 6.99℃ 变化至 10 月的 10.45℃，变化幅度仅为 3℃，说明水库底层水体受气象条件的影响较小。水库中层水体水温变化范围介于表层和底层之间，最低温出现在 4 月（7.51℃），最高出现在 2017 年 8 月（18.39℃），变

31

化幅度为 10.88℃。

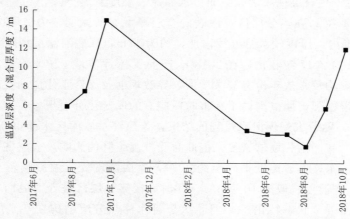

图 2.2-5　大黑汀水库坝前温跃层深度（混合层厚度）时间过程

（2）混合层厚度。2017 年 8 月、9 月，水库水温处于明显的稳定热分层时期，水库垂直水温差异明显；进入 10 月后，随着气温的逐渐下降，水库混合层被逐渐冷却，水温接近温跃层水体温度，密度差异也逐渐减小，温跃层开始逐渐与混合层融合，混合层厚度逐渐增加。10 月的混合层厚度已可以达到 15m，水库中层水体已完全进入混合层，至 11 月在风力和气象条件的而影响下，水库全库分层现象消失，进入完全混合状态。

2018 年 4 月，水库冰封期结束后，水库处于完全混合状态。5 月，随着气温的上升，水库热分层结构开始形成，此时温跃层深度较浅（约为 3.4m），温跃层厚度约为 0.86m，以下全部为滞温层。因此 5 月表层与中底层水体水温差异较大，约为 12℃，而中层与底层水体由于均位于滞温层内，因此水温差异较小。

进入 2018 年 6 月后，随着夏季的到来，气温进一步升高，导致水库混合层水体温度进一步上升，达到了年内最大值 26.8℃，此时的温跃层依然较浅（约为 3m），相应的温跃层厚度仅 0.62m，以下依然全部为滞温层，此时水库的中下层水体依然全部位于滞温层内，水温差异很小。

在 2018 年 7 月与 8 月，受水库供水影响，坝前出现了大规模泄水，强烈的水力掺混使得原本应处于热分层状态（参考 2017 年 8 月）的坝前水温结构被完全打破，此时水库表层混合层厚度依然保持在原来的水平，温跃层水体与原滞温层水体发生了较为强烈的掺混。7 月、8 月水库中层水体水温上升明显，分别由 6 月的 8.61℃ 上升至 14.98℃ 和 14.59℃；在这种强烈的掺混作用下，库区底层水体温度都有了一定程度的上升。

2018 年 9 月后，随着大规模泄水过程的结束，水库坝前水体重新进入稳定状态，虽然此时气温已开始下降，表层混合层水体温度也相应降低，但水库依然恢复了热分层状态。可由于此时水库混合层水温已明显下降，导致混合层开始与温跃层逐渐融合，此时的温跃层深度也开始逐渐增加，由夏季的平均 3m 增加值 5.8m。

2018 年 10 月后，随着气温的下降及气候条件的变化，混合层进一步向温跃层侵蚀，温跃层深度进一步增加（约为 12m），此时水库中层水体开始进入混合层，中上层水体温差开始降低，中层与底层水体温差开始增加。进入到 11 月后，去分层过程全部结束，水库坝前水体重新进入混合状态。

根据前述水库热分层稳定性计算公式，计算大黑汀水库坝前各月热分层稳定情况（图 2.2-6）。水库在完全混合阶段，热分层稳定度均较低，进入热分层季节后，RWCS 指数明显升高，全年最高值出现在 2018 年 6 月，为 409.7；随着热分层现象的逐渐消失，热分层稳定度也开始明显下降。进入 11 月后，水库重新进入混合状态，RWCS 指数水平也回到了年初热分层形成前的水平。在本研究监测的数据中，2018 年 8 月受到了大流量泄水影响，热分层结构遭到破坏，因此 RWCS 指数较 2017 年有了明显的下降。

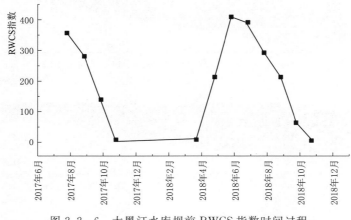

图 2.2-6 大黑汀水库坝前 RWCS 指数时间过程

根据前述热分层时间演化特征的相关分析，大黑汀水库热分层状态在时间方面分可为 4 个主要时期：

（1）混合期。自年初冰封消失至 4 月之间，水体垂向呈现等温分布，坝前水体整体处于完全混合状态，水库表中底温差极小，无温跃层，热分层稳定性指数小于 10。

（2）形成期。5—6 月，水库表层水体开始逐渐升温，表层水体对气温的变化迅速作出响应，而底层水体则基本没有受到气温的影响，随着表底水体温差逐渐变大，水库坝前水体热分层开始形成。此时的温跃层深度相对较浅，热分层稳定性指数开始明显升高（大于 200）。

（3）稳定期。7 月初至 8 月为水库热分层的稳定期，在此期间，当水库在无大流量扰动影响的情况下，将持续保持 5—6 月形成的稳定热分层状态，此阶段的温跃层厚度也逐渐增加，热分层稳定度指数依然保持在较高水平。

（4）消退期。9—11 月为水库热分层的消退期，随着气温的逐渐下降，表层水体开始降温，温跃层深度开始明显增加，温跃层逐渐与混合层掺混合并。随着气温的进一步下降，水体垂向掺混逐渐加剧，热分层稳定度迅速下降，直至热分层彻底消失。

2.2.3.2 热分层空间演化特征

为分析大黑汀水库在空间方面的演化特征，对库区沿程水温监测结果进行分析整理，根据监测断面位置按月份做出库区垂向等值线图。大黑汀水库各月水温沿程分布情况见图 2.2-7。

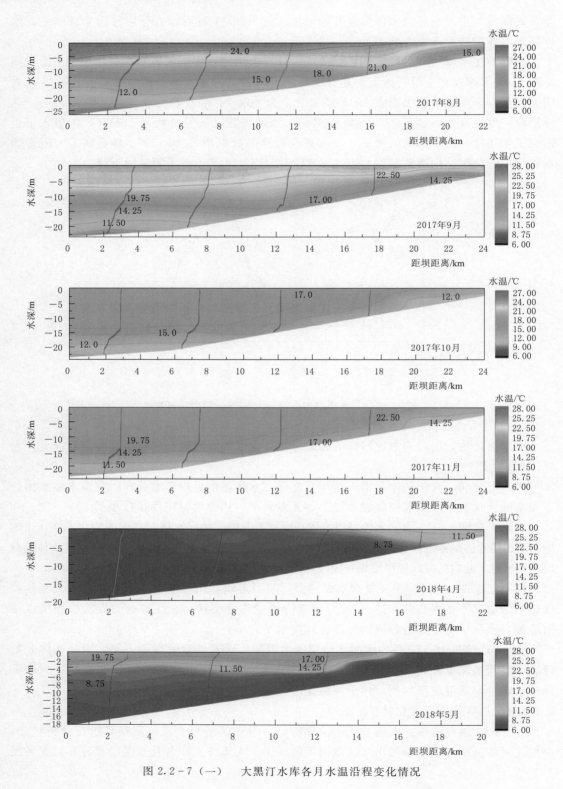

图 2.2 - 7（一）　大黑汀水库各月水温沿程变化情况

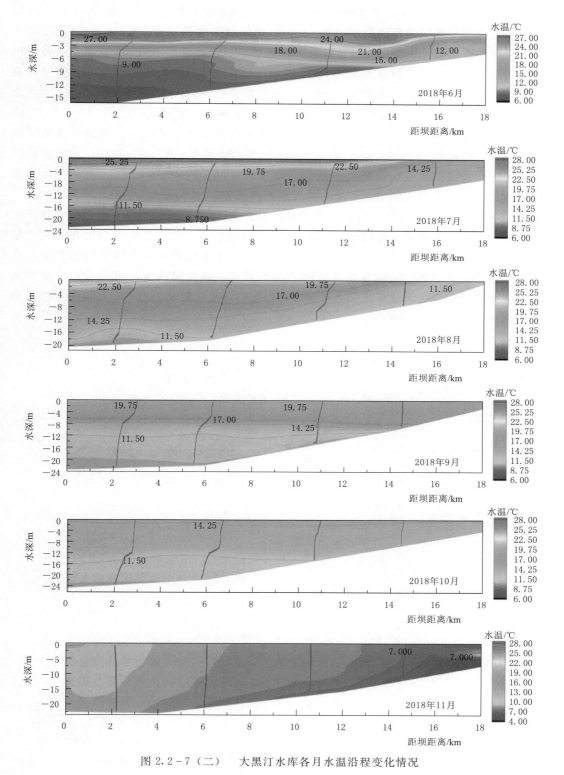

图 2.2 - 7（二） 大黑汀水库各月水温沿程变化情况

由图 2.2-7 可以看出，水库热分层的空间演化具有明显的规律性，在 2017 年 8 月热分层现象自坝前向库尾的延伸长度约为 14km，热分层区范围较大。自 14km 以后，水库水深明显减小，更多地体现出了河道特性，水体热分层现象逐渐消失。9 月随着热分层现象进入消退期，空间延伸长度也下降至约 10km，较 8 月有所降低。10 月水库热分层现象明显减弱，区间长度进一步下降至约 8km。11 月后全库进入完全混合状态，库区无热分层分布。当进入 2018 年 5 月后，水库重新出现热分层现象，延伸长度达到 14～16km，这一空间范围一直保持至 6 月。在 7—8 月，受大流量调度影响，水库热分层结构受到明显影响，热分层空间分布范围也明显减小，距坝长度缩减至 6～9km。9 月后，库区热分层现象有了一定程度的恢复，其空间范围再次增加，延伸至约 14km 处。10 月后，热分层现象进入消退期，空间范围也进一步缩减直至最终消失。

采用 RWCS 稳定性指数，给出大黑汀水库主要分层月份沿程 RWCS 指数的变化情况及水库热分层强度的平面分布情况，见图 2.2-8 和图 2.2-9。从图中可以看出，在大黑汀水库热分层的月份，热分层的强度自坝前深水区至库尾浅水区均呈逐渐降低趋势。从 RWCS 指数平面分布图中，也可以看出同样的趋势。从各月间的情况可以看出，水库热分层的强度随时间变化明显，虽然各月热分层程度沿程变化趋势类似，但在热分层稳定期及形成期和消退期的强度相差较大，从 2018 年 10 月的平均 43.8 变化至 2018 年 6 月的平均 334.4。

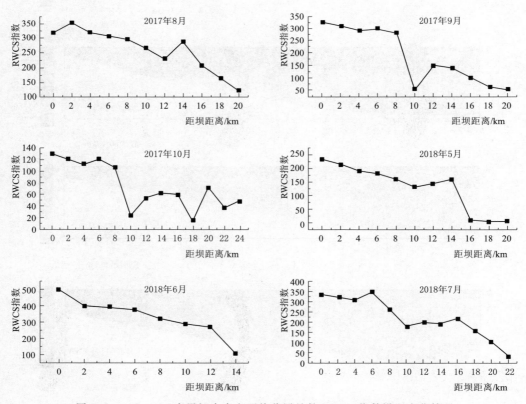

图 2.2-8（一）　大黑汀水库主要热分层月份 RWCS 指数沿程变化情况

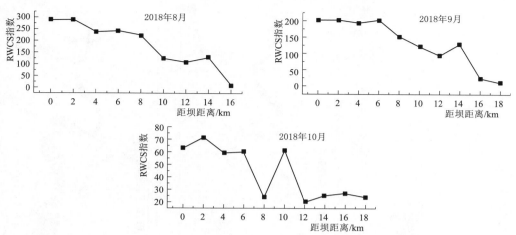

图 2.2-8（二）　大黑汀水库主要热分层月份 RWCS 指数沿程变化情况

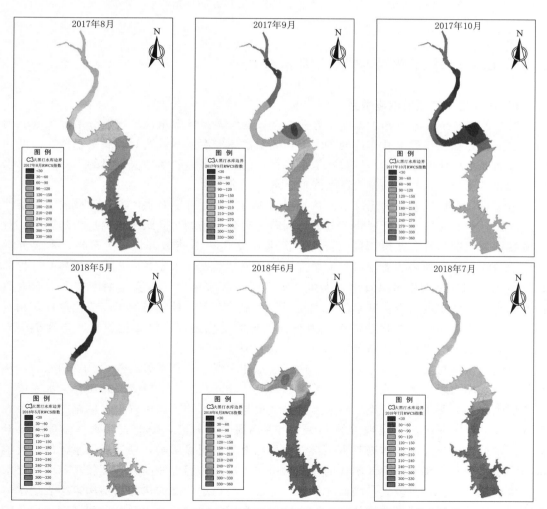

图 2.2-9（一）　大黑汀水库主要热分层月份 RWCS 指数平面分布情况

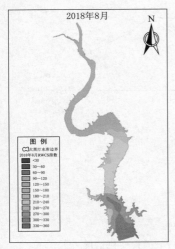
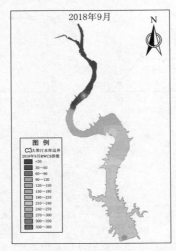
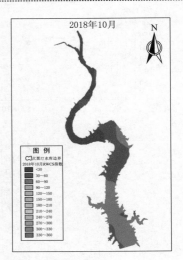

图 2.2-9（二）　大黑汀水库主要热分层月份 RWCS 指数平面分布情况

2.3　大黑汀水库热分层驱动因素分析

2.3.1　热分层与气温的响应关系

通过前述章节内容可知，湖库水体所在区域的气温是导致水体出现热分层的关键驱动因素之一。春季在气温上升作用的带动下，表层水体温度上升，同时与底层水体在温度和密度方面逐渐形成明显差异，导致水体出现稳定的热分层。秋季随着气温的下降，表层水体温度和密度与下层水体的差距逐渐降低，最终完全混合。

为定量化分析气温与大黑汀水库热分层的响应关系，分别对水库所在区域的气温条件与水库表、中、底层水温开展相关分析；同时，为分析气温对温跃层生消过程的影响，对气温数据与库区各月温跃层深度（混合层深度）及 RWCS 指数开展相关分析。本次分析使用了引滦入津管理局的潘家口—大黑汀区域气象站数据。水库各层水体与气温的过程关系见图 2.3-1。从图中可以看出，大黑汀水库所在区域年内气温变化幅度较大，而大黑汀水库表层水体温度的变化基本体现和较明显"跟随"了这种气温的年内变化过程，相对而言，中层水体的年内变化趋势也较为符合气温的变化过程，但变化的幅度要远小于气温，而底层水体的水温变化情况则基本与气温无关。

对气温数据与大黑汀水库表、中、底三层水体水温开展相关性分析（图 2.3-2），认为气温与水库表层水体的线性相关关系极强（$r=0.898$，$P<0.001$）。而气温与水库中层及底层水体则无明显的相关性。事实上正是气温与水库不同垂向位置上水体温度的相关性差异，才导致了库区热分层现象的出现。当气温明显上升时，带动表层水体温度显著升高，而中层水体与底层水体则基本不会受到气温上升的明显影响，导致表层水体的密度能够与中层水体及底层水体拉开明显的差距。由于表层水体温度较高，密度较小，而底层水体温度较低，密度相对较大，因此才形成了能够保持稳定状态的热分层结构，当表层水体与底层水体的温度和密度差增加到一定程度后，中层水体则开始出现温度和密度梯度急剧

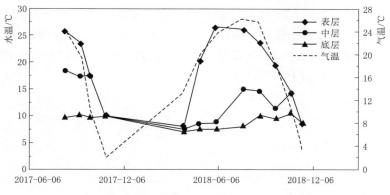

图 2.3-1　大黑汀水库各层水体温度与气温变化关系图

增加的温跃层，在温跃层处将因为密度梯度的明显变化而形成强烈的相对热抵抗力（RTR），从而进一步保证了水体热分层的稳定性。在秋季，表层水体水温将随着气温的降低而明显下降，当其温度与密度降低至与底层水体情况接近时，热分层现象将逐渐消失，水库重新回到完全混合状态。

对气温与 RWCS 指数及库区水体温跃层深度开展相关性分析（图 2.3-2），将水库所在区域气温过程与 RWCS 指数及库区水体温跃层深度（混合层深度）的关系作图（图 2.3-3 和图 2.3-4）。从图中可以看出库区气温与水体 RWCS 指数高度相关（$r=0.919$，

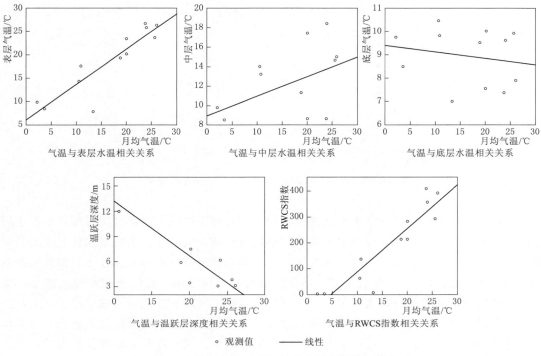

图 2.3-2　气温与水温及相关热分层参数的相关关系

$P<0.001$），气温条件完全决定了库区水体在年内的热稳定性状态。事实上，气温与表层水体的高度相关关系及与底层水体的无相关性就决定了气温与水体热稳定性的高度相关性，气温变化导致的水库表底温差和密度差变化直接决定了水库在热分层期间的分层稳定性，因此水体热分层的强度必然与气温密切相关。而对于库区温跃层深度（混合层深度），气温与其表现出极强的负相关关系（$r=-0.901$，$P<0.001$）。

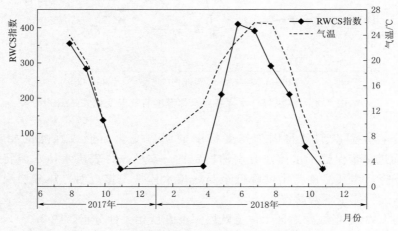

图 2.3-3 气温与 RWCS 指数关系图

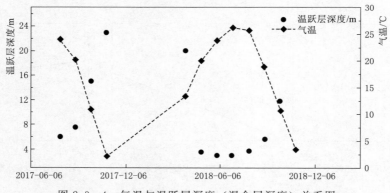

图 2.3-4 气温与温跃层深度（混合层深度）关系图

从前文的理论分析可知，水库在热分层期间，其温跃层深度（混合层深度）是与表层水体温度密切相关的，在大黑汀水库热分层形成的初期，气温导致的表层水体温度上升明显，但由于处于热分层的形成期，此时气温能够影响到的表层水体水深较小，温跃层和混合层均较薄（水深较浅）；其后，随着热分层结构进入稳定期，在风力和水体内部垂向交换作用的影响下，温跃层深度（混合层深度）开始逐渐增加。在热分层的消退期，大气温度开始明显下降，此时水体表层混合层温度逐步下降，并开始于温跃层逐渐融合，将温跃层逐渐"同化"为混合层，此时混合层的深度明显增加。当水库热分层现象消失后，全库上下温度完全混合，此时的混合层厚度达到年内最大值。

通过以上分析可以看出，气温要素直接驱动了大黑汀水库的热分层现象的产生与消失，气温的变化导致了库区水体垂向温度和密度的差异，为热分层结构的形成创造了基本条件，同时气温通过对水体表层温度的影响而间接影响到了水体在热分层时期的稳定性条件。在热分层结构形成后，年内气温的变化又对热分层现象的消退起到了关键性作用，并通过对混合层的影响使全库垂向重新进入完全混合状态。正是气温在年内的这种变化周期驱动了大黑汀水库的热分层结构的循环规律。

2.3.2 热分层与风速的响应关系

根据前文的理论分析可知，风力条件是湖库的热分层形成与消亡过程中十分重要的辅助性条件。在热分层的形成初期，库表水体水温在气温的影响下开始逐渐上升，但当水库水面或水体上层不受风力扰动时，水温的垂向剖面应该是随着水深增加而呈指数下降的。此时，如果加入风力条件的扰动，则会使表层水体在一定垂向范围内出现掺混，形成表层混合层。在水库热分层的消退期，随着气温的下降，表层混合层水体温度开始降低，当这部分水体的密度与温跃层水体接近时，水体在垂向上就会因为密度差异的减小而发生掺混，此时的风力条件将加速混合层与温跃层的掺混过程，促进水库热分层的消失。风力条件是驱动水库热分层的重要辅助因素，而风力的大小则决定了水体热分层结构中表层混合层的深度（风力加强，水体表面的掺混作用也随之加强，将使更深层次的水体参与温度混合）。

大黑汀水库位于我国北方地区，这一区域的主要风力特点就是春秋两季风力相对较强，夏季风力较弱。这样的气候特点有力推动了大黑汀水库年内热分层结构的规律性变化情况。

将大黑汀水库库区年内实测风速数据与水库热分层稳定性及水体混合层深度结合进行分析，风速与 RWCS 指数的关系见图 2.3-5，相关关系见图 2.3-6。从图中可以看出，风速与水库水体的 RWCS 指数呈明显的负相关关系（$r = -0.842$，$P = 0.001$）。水体热稳定性随着风力的加强而明显减弱。在热分层的形成初期，春季的风力扰动促使了水库表层水体混合层的形成；随后当库区热分层进入稳定期后，相对较小的风力条件保证了表层混合层与其下温跃层间结构的稳定性。在秋季，水库表底水体密度差因气温的下降减少

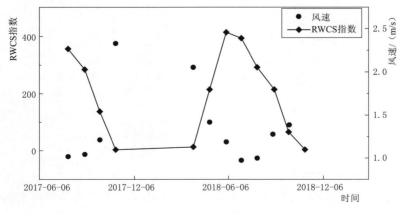

图 2.3-5 风速与 RWCS 指数关系图

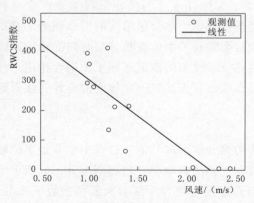

图 2.3-6　风速与 RWCS 指数相关关系

时，强风条件加剧了水库的垂向掺混，推动了水体水温的混合，导致大黑汀水库在 11 月热分层现象的消失。

风速与水库混合层深度的关系见图 2.3-7，相关关系见图 2.3-8。从图中可以看出，大黑汀水库水体垂向混合层深度与风速呈显著的正相关关系（$r=0.898$，$P<0.001$）。水体垂向混合层深度随风力的增强而明显增加。事实上，风力的作用在正常条件下主要是作为热分层结构的辅助影响因素而存在的。在热分层形成及稳定阶段，风力的大小主要影响上层混合层的厚度与温度，在热分层结构消退期，强风可以促使水体加强垂向混合。以目前大黑汀水库所在区域的常规风力水平（平均小于 2m/s），还不足以使水库在稳定的热分层阶段由于风力的作用而转换为完全混合状态。当月平均风力大于 2m/s 时，水库混合层深度达到 20m 以上（此时全库垂向进入完全混合状态），主要还是在大气温度及水库表层水体温度明显下降的条件下出现的，而在水库热分层稳定期，风力的大小仅仅影响了表层混合层的厚度。

从以上分析可以看出，对于大黑汀水库而言，风力是影响水库热分层结构和推动水库热分层状态转变的重要辅助性因素。在气温、水深等因素的基础背景条件下，对水库热分层形态的塑造和热分层性质的转变起到了十分重要的作用。

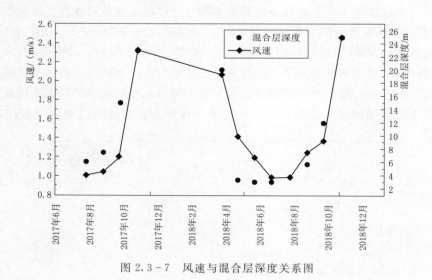

图 2.3-7　风速与混合层深度关系图

2.3.3　热分层与水深的响应关系

水库水体不同于一般的湖泊水体，其最大的特点就是水库一般是在原天然河道水体上通过蓄水形成的。由于原天然河道是有一定比降的（特别是山区河道，其比降更大），因此水库在蓄水后形成的水体相对于一般的湖泊会出现自上游至下游的较大水深变化。图 2.3 - 9 给出了大黑汀水库在正常蓄水位 133m 时的库区沿程水深变化情况。从图中可以看出，水库沿程水深变化剧烈，由坝前的水深约 25m 减少至库尾的约 2m。

从热分层形成机理可知，湖库水体热分层与水体水深关系密切，一方面较深的水体底部不易接收到大气热辐射的能量，另一方面深层水体不易受到水-气界面的风力扰动，一般较少与表层和中层水体形成垂向掺混，从而能够保持较低的水温状态。这种低温状态形成的高密

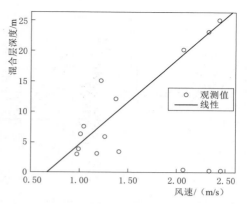

图 2.3 - 8 风速与混合层深度相关关系

度水体，在表层水体温度较高（水体密度较小）的情况下，才能够有助于水体热分层的形成。当水体深度不足时（如浅水湖泊或库尾浅水区），大气热辐射能量能够轻易到达水体底部，同时风力的扰动可以使水体表层与底层充分掺混，这样就无法有效保持稳定的热分层结构。水库水体与湖泊水体在形态方面的最大区别就是，一般的浅水湖泊在较大的范围内都能保持一定的水深，其水温结构在总体上能够保持一定的空间一致性。而水库（特别是山区水库）由库尾至坝前的水深变化十分明显，因此全库的水温结构变化也十分剧烈，水深对水库热分层结构有着显著的影响。

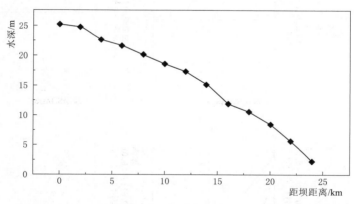

图 2.3 - 9 大黑汀水库正常蓄水位条件下库区沿程水深变化

大黑汀水库水体自库尾至坝前水深变化十分明显，在库尾，水体呈现了明显的浅水河流特性，水深较小同时流速相对较快；而坝前则又体现出了明显的深水湖泊特性，水深较大同时流速较小。这种水深方面的剧烈变化显著影响大黑汀水库的热分层状态。

为定量化分析水库水深对库区热分层结构的影响，现将水库水深与库区相应位置的 RWCS 指数进行相关性分析。由于在完全混合时段（如年内 4 月和 11 月）全库均无热分层现象，因此仅针对热分层明显的月份进行分析，同时由于各月热分层程度有较明显的差异，因此将各月数据进行单独分析。各月热分层稳定性情况与水深的关系见图 2.3 - 10。

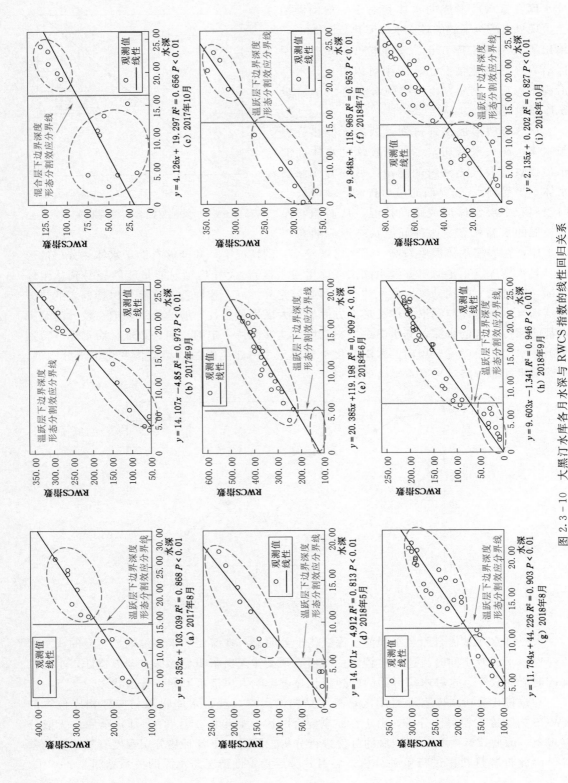

图 2.3-10　大黑汀水库各月水深与 RWCS 指数的线性回归关系

各月水深与 RWCS 指数的相关性分析见表 2.3 - 1。

表 2.3 - 1　　**大黑汀水库热分层各月水深与 RWCS 指数的 Pearson 相关性分析**

时间	2017 年 8 月	2017 年 9 月	2017 年 10 月	2018 年 5 月	2018 年 6 月	2018 年 7 月	2018 年 8 月	2018 年 9 月	2018 年 10 月
相关系数	0.931**	0.987**	0.810**	0.902**	0.953**	0.976**	0.936**	0.973**	0.909**
显著性	$P<0.01$	$P<0.01$	$P<0.01$	$P<0.01$	$P<0.01$	$P<0.01$	$P<0.01$	$P<0.01$	$P<0.01$

**表示在 0.01 水平（双尾）相关性显著。

由相关性分析可以看出，大黑汀水库在主要的热分层季节，其热分层状况与水深显著相关，当气象条件相同的情况下，水深是决定水库热分层程度的决定性因素。各月的 RWCS 指数与水深进行线性回归（图 2.2 - 10），可以看出，两者的线性关系良好。对线性回归图进行进一步分析，可以看出，各月的数据线性回归图中均出现了较为明显的分区现象（图中用红色区域圈定的范围），将各月数据分布情况及分区现象进行逐月分析。

在 2017 年 8 月，大黑汀水库热分层现象稳定且明显，水库总体热稳定性较强。在 RWCS 指数与水深的关系图中，出现了明显的分区现象：当水深大于 15m 时，RWCS 指数均在 250 以上且与水深的线性关系良好；当水深小于 15m 时，RWCS 指数总体较小同时与水深的关系相对散乱。结合当月库区水温结构沿程分布图（图 2.2 - 7）可以看出，8 月库区沿程的温跃层下层深度就位于水面以下 15m 处，同时温跃层下层的位置在沿程方向基本保持稳定；当水库水深大于 15m 时（距坝距离小于 14km），下层水体开始出现滞温层结构，水体垂向分层现象明显；当水深小于 15m 时（距坝距离大于 14km），水体在垂向上仅存混合层及温跃层，或仅有混合层，此时分层现象基本消失。在相关关系方面，当水深大于 15m 时，随着水深的增加，库区水体热分层现象逐渐加强且两者之间保持了良好的线性关系；当水深小于 15m 时，库区水体无法形成稳定的滞温层，典型的热分层结构基本消失，同时由于库区此时水深较浅且接近上游来水区域（潘家口水库及洒河来水），以此水体受上游水体水温影响较大，水体表底温度规律性受到一定影响，因此数据相关性低于坝前及库中水体区域。

进入 2017 年 9 月后，表层水体随着气温的下降开始逐渐降低，但此时混合层水体水温还未低至能够侵蚀温跃层水体的程度，因此 9 月的温跃层厚度及位置与 8 月基本一致；但由于表层水温的明显下降，RWCS 指数明显小于 8 月。9 月的温跃层下层深度依然为 15m，此时由于库区水位的下降，15m 水深的地形分界线向坝前移动至 10km 处。从相关性分析图中可以看出，在水深 15m 两侧依然出现了明显的分区现象；当水库水深小于 15m 时，RWCS 指数均低于 150，库区水体热稳定性明显低于水深大于 15m 区域（RWCS 指数均大于 250）。从水温沿程分布图上可以看出，距坝 10km 上的区域滞温层基本消失，水体无明显的热分层现象。

2017 年，大黑汀水库在进入 10 月后，表层水体温度进一步下降，与温跃层水体完全混合且合并为一个完整的混合层，此时由于上层水体温度降低幅度较大，混合层与下层滞温层水体也有一定程度的垂向掺混，对滞温层产生了一定的"侵蚀"。此时的混合层深度已由 9 月（9 月时滞温层上层水体还是温跃层）的 15m 下降至 17m，同时 17m 地形分界线也由 9 月的 10km 向坝前推进至 8～9km 处。从相关性分析图中可以看出，在水深 17m 两侧同样出现了分区现象：当水体水深大于 17m 时，水深与 RWCS 指数线性关系良好，同时总体热稳定性相对较强，均在 100 以上；而在 17m 水深以下水域，线性关系相对较为散乱，同时 RWCS 指数相对较低，均在 75 以下。经水库管理单位介绍，在 10 月，大黑汀水库上游的潘家口水库有一定规模的泄水量，来水对大黑汀水库上游浅水区域的扰动现象较为明显，使得该区域水体垂向掺混作用加强，水体表底温差规律性被打破，因此 RWCS 指数在深度方面的变化规律性受到了一定影响。从线性回归和相关性分析的结果也可以看出，10 月的水深、稳定性相关性相对较低，事实上坝前水体的相关性依然良好，只是库尾区域的数据分散性导致了全库区相关性的下降。

2018 年，进入 5 月后，大黑汀水库开始进入热分层的形成期，此时大气温度开始明显上升，水库上层水体已开始出现混合层和温跃层，但由于热分层形成时间较短，温跃层厚度及深度均较小，5 月的温跃层深度仅 5m。从相关性分析图中可以看出，此时的相关性分区出现在了水深 5m 的两侧：水库水深大于 5m 时，库区 RWCS 指数均在 100 以上；水库水深小于 5m 时，RWCS 指数陡然下降，说明上游库区水体还处于完全混合状态。

进入 6 月后，大黑汀水库热分层状态逐渐由形成期向稳定期转变，表层水温进一步升高，热分层在沿库距离方向上进一步向库尾延伸：坝前温跃层厚度还没有进一步增加，坝前温跃层的下层深度依然保持在 5 月的 5m 左右；在水库的中后部，温跃层厚度已开始逐渐增加，但也基本维持在 6～7m 水深以内。从相关性分析图中可以看出，相关性分区依然出现在 5m 水深两侧：在水深大于 5m 的范围内，水深及 RWCS 指数线性关系良好且数值相对较高（均大于 200）；在小于 5m 水深的区域内，RWCS 指数下降明显，说明浅水区垂向水温差异总体较小。

根据大黑汀水库 2018 年实测调度数据，在供水及泄洪的调度要求下，7 月后水库来水及下泄水量迅速增加，库区水体出现了较为明显的垂向掺混。此时温跃层水体与下层滞温层水体掺混明显，温跃层向滞温层的侵蚀现象十分明显，温跃层下边界深度由 6 月的 5m 增加至约 15m，使得下层滞温层区域被大规模压缩，15m 水深地形分界线已前推至坝前约 9km。从相关性分析图中可以看出，此时的相关性分区出现在了 15m 水深线两侧，由于此时表层水体温度较高，大于 15m 水深区域的 RWCS 指数均在 300 以上。但是，总体上 7 月底全库的水深与 RWCS 指数均保持了较好的线性关系。

8 月后，随着水库大规模调度的结束，库区水体垂向掺混作用逐渐减弱，温跃层厚度较 7 月有了一定程度的下降，温跃层下边界深度由 7 月的 15m 下降至 12～14m。从相关性分析图中可以看出，此时的相关性分区出现在了 12m 水深线两侧。

9 月后，水库下泄流量进一步降低，全库水体重新进入稳定状态，由于气温的逐步降低，表层混合层逐渐与温跃层发生掺混，库区水体出现新的温跃层下边界层，深度较 8 月有所降低，由 12m 降低至 8m 左右，8m 水深地形分界线延伸至坝前约 14km。滞温层水体温度在 7—9 月初大流量的冲击下也有所上升，全库 RWCS 指数明显下降。从相关性分析图中可以看出，水深大于 8m 的区域 RWCS 指数普遍相对较高（大于 100），而小于 8m 水深处 RWCS 指数均低于 50，说明该区域水体已基本进入垂向混合阶段。

进入 10 月后，与 2017 年相同，库区表层水体温度进一步下降，此时温跃层与混合层已完全混合，表层的两层结构消失，同时与下层滞温层水体进一步掺混，混合层下边界开始下降，深度由 9 月的 8m 增加至 12m；12m 地形分界线向坝前推进至了约 11km 处。从相关性分析图中可以看出，在水深 12m 两侧同样出现了分区现象：当水体水深大于 12m 时，水深与 RWCS 指数线性关系良好；在 12m 水深以下水域，受上游来水温度的影响，线性关系相对较为散乱，同时 RWCS 指数相对较低。10 月，全库 RWCS 指数已明显下降，总体均在 100 以下，水库已开始进入热分层消退期，即将进入完全混合状态。

通过以上数据及分析可以看出，大黑汀水库热分层与库区水深有着密切的联系，水深与水库热分层状态相关性极强（相关系数均大于 0.800，绝大部分数据相关性在 0.900 以上），当库区处于同一气象条件下时，水体水深对水库热分层状态具有决定性作用。因此，在库区各月热分层状态与水深的关系分析过程中，试探性地提出"地形分割"（morphological segmentation）效应的概念，见图 2.3-11。这一概念认为，在湖库水体位于相同的气象条件下（气温、风速、日照条件等）且水体深度足够时，全水域均会形成相同的水温层状结构。但当水体地形（如水库上下游）条件出现明显变化时，地形坡度曲线将对水体应有热分层结构形成切割效应，当水体水深小于该时刻温跃层（或混合层）深度时，将无法形成底部滞温层水域，此时的水体仅会出现双层结构或处于完全混合状态；只有当水体水深大于温跃层（或混合层）深度的水体才有可能出现典型的热分层三层结构。这一概念表述了湖库水体在热分层形成过程中水深条件的重要性。在气象条件满足要求的前提下，只有当水体的水深大于一定的程度时，才能够保障下层水体不会受到表层气象环境的影响，同时有足够的水体保持一定的低温条件形成高密度的滞温层，使水体在垂向上能够保持足够的稳定性，形成典型的热分层状态。当水深不足时，下层水体温度较高，水体表层底层密度差异不足以抵抗外界扰动的影响，从而无法长时间保持稳定的热分层状态。当然，这一概念是对湖库水体热分层与水深关系的理想描述，当湖库（特别是水库）在明显的入流条件影响下，在个别区域（如库尾浅流区或大坝泄水口）会出现一定程度的偏离，但根据大黑汀水库的总体情况来看，绝大部分库区水域均遵循了这一概念。

总之，通过对大黑汀水库水温数据、热分层结构等方面的分析可以看出，库区水深是决定水库热分层状态的重要因素，是水库热分层能否形成的主要因素之一。

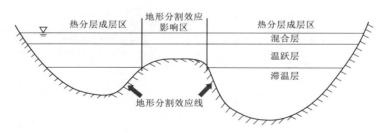

图 2.3-11 地形分割效应概念示意图

2.3.4 热分层与水动力学条件的关系

水库水体与湖泊水体的一个重要区别就在于动力学条件的差异，一般的静水湖泊面积较大，在年内一般不会出现明显的动力学条件波动和大流量冲击过程，而对于水库（特别是山区型河道水库）这一现象就会十分明显。水库最利于形成热分层的深水区均位于水库坝前区域，这一区域十分接近大坝的泄水构筑物，而水库基于其功能的要求（供水、发电、防洪等），会在年内的某些时段出现明显的规律性大流量过程（图 2.3-12），这种大流量过程会对水体的热分层结构产生明显影响。

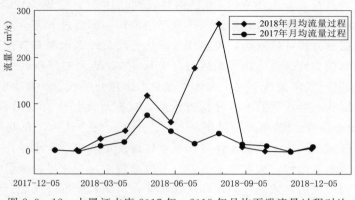

图 2.3-12　大黑汀水库 2017 年、2018 年月均下泄流量过程对比

从图 2.3-12 中可以看出，水库下泄流量在年内差异十分明显，以 2018 年为例，水库月均下泄流量最小 0，最大 274m³/s。同时，水库的泄水过程年际差异也较大：2017 年最大月均泄流量为 78.2m³/s，而 2018 年最大月均泄流量达到了 274m³/s，两者之间的差异达 3.5 倍。这样明显的年内和年际流量差异会对水库热分层结构产生十分明显的影响。本次选取两个典型过程来分析大流量冲击对库区热分层结构的影响，第一个过程是 2017 年 8 月与 2018 年 8 月，第二个过程是 2018 年 6 月与 2018 年 7 月。

对于 2017 年 8 月与 2018 年 8 月，首先给出两月在除泄水流量外其他影响要素的对比情况（表 2.3-2）。从表中可以看出，两年的 8 月在气象条件、水深条件等影响水库热分层的关键因素方面均无明显差异，按照前述章节分析及对热分层结构的常规判断，两月应当出现基本相同的水温结构。但由于水库这两月在调度过程方面的明显差异，热分层结构明显不同。大黑汀水库 2017 年 8 月与 2018 年 8 月日调度过程对比见图 2.3-13，两月库区坝前垂向水温结构对比见图 2.3-14。

表 2.3-2　　　　　　　大黑汀水库 2017 年 8 月及 2018 年 8 月外部因素对比

时　间	月均气温/℃	月均风速/（m/s）	月均水位/m	月均水深/m
2017 年 8 月	24.02	1.01	130.5	22.5
2018 年 8 月	25.69	0.99	130.4	22.4

从图 2.3-13 中可以看出，2018 年 8 月水库泄水量出现了巨大差异：从下泄数值来讲，2018 年 8 月最大下泄流量达到了 795m³/s，而 2017 年 8 月的最大下泄流量仅 58.9m³/s；从流量过程来看，2017 年 8 月流量过程十分平缓，基本没有明显的冲击性流量过程，而 2018 年 8 月流量冲击过程十分明显，自 8 月 2 日的 133m³/s 开始，仅用了 4

天时间流量就达到了 795m³/s，随后在 3 天内流量又降至了 302m³/s。这样的流量过程对水库坝前垂向水温结构产生了较大影响。从图 2.3 - 14 可以看出，两月在其他外部因素基本相同的情况下，热分层结构出现了明显不同：2017 年 8 月，热分层结构呈明显的 3 层分布；2018 年 8 月，在大流量的冲击影响下，水库混合层与温跃层水体垂向掺混加强，滞温层以上水体温度总体下降，混合层与温跃层间的斜率梯度基本消失。

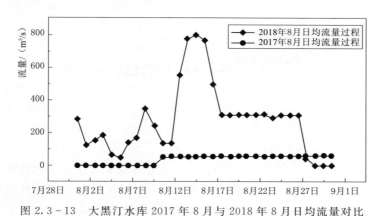

图 2.3 - 13   大黑汀水库 2017 年 8 月与 2018 年 8 月日均流量对比

对于 2018 年 6 月与 2018 年 7 月，同样给出两个月在除泄水流量外其他影响要素的对比情况（表 2.3 - 3），从表中可以看出，7 月均气温有了一定的升高，其他因素基本相同。

表 2.3 - 3   大黑汀水库 2018 年 6 月、7 月外部因素对比

时　　间	月均气温/℃	月均风速/（m/s）	月均水位/m	月均水深/m
2018 年 6 月	23.76	1.19	127.1	约 19.1
2018 年 7 月	26.00	0.98	127.5	约 19.5

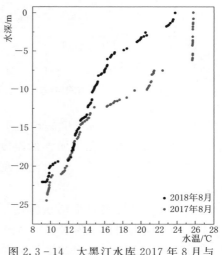

大黑汀水库 2018 年 6 月、7 月日调度过程对比见图 2.3 - 15，两月库区坝前垂向水温结构对比见图 2.3 - 16。从图中可以看出：6 月水库下泄流量十分平缓，最大下泄流量为 103m³/s，7 月前期流量较为平缓，但在月底出现了大流量冲击现象，最大日均流量达到了 788m³/s，这样的流量冲击对库区水温结构造成了明显影响；6 月库区坝前水体热分层结构明显，总体混合层及温跃层厚度均较薄，水深约 5m 以下全部为滞温层，至 7 月底（水温监测时间为 7 月 26 日），水库热分层结构受到大流量冲击影响，原温跃层水体与滞温层水体垂向掺混剧烈，导致水库中层水体水温明显升高，滞温层厚度被严重压缩。

图 2.3 - 14   大黑汀水库 2017 年 8 月与
2018 年 8 月坝前垂向水温结构对比

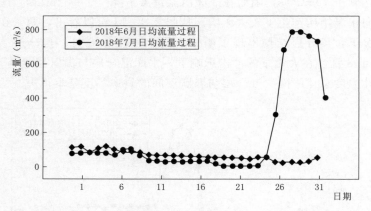

图 2.3-15　大黑汀水库 2018 年 6 月与 7 月日均流量对比

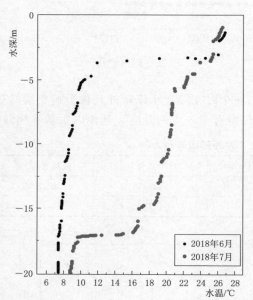

图 2.3-16　大黑汀水库 2018 年 6 月与
7 月坝前垂向水温结构对比

从上述两个对比情景的分析可以看出，作为水库特有的影响因素，在其他外部驱动因素基本相同的情景下，水动力学条件可以在很大程度上改变库区水体的热分层状态，因此动力学条件是水库环境中热分层的重要影响因素之一。

从前述章节的分析可以看出，大黑汀水库的库区水温结构具有明显的年内和年际规律，水库在热分层期的空间和时间演化特征规律也十分显著。通过水库热分层状况与气温、风速、水深及动力学条件的相关分析可以看出，这四个因素是影响水库热分层状况的主要驱动因素。

（1）气温决定了水库表层水体温度的年内季节性变化规律，同时由于太阳辐射在水体垂向方向上传递的不均匀性，气温的变化也同时导致了水库水体在垂向上产生了强烈的温度和密度梯度，而这种温度和密度的梯度变化就是导致水体出现热分层的根本原因。年内气温的下降会明显减小水体在垂向上的温度与密度差异，从而使得水体热分层稳定性显著降低，最终进入完全混合状态。由此可见，气温是决定大黑汀水库产生热分层的主要驱动因素。

（2）风力扰动影响是推动水库热分层形成及消亡的重要辅助性因素。在热分层形成期，风力的作用可使得水库表层水体充分掺混，形成表层混合层，同时提高混合层厚度，促进热分层向稳定期发展。在热分层的消退期，风力的作用又可以使得热稳定性本已下降的水体在垂向上的加速混合，推进热分层消亡的进程。

（3）地形条件主要影响了大黑汀水库热分层的空间分布特征。在水库的热分层季节，当库区水体水深达到一定程度时，均会出现明显的热分层现象。但在浅水区域，地形条件则明显限制了水体热分层结构的发展。

（4）作为水库特有的水量调度因素，泄流直接影响着库区热分层在稳定期的垂向结构，对于大黑汀水库而言，大流量的冲击条件将直接改变库区混合层与温跃层的温度结构。

2.4 本章小结

（1）大黑汀水库热分层呈现出明显的时间变化特征，水体表底水温、混合层及温跃层的深度、厚度、垂向水温结构、RWCS 指数等均随着季节的变化而呈现明显的时间规律性。水库热分层在年内的时间过程可主要分为混合期、形成期、稳定期及消退期等四个主要时段。

（2）从水温结构的空间演化特征分析，大黑汀水库在完全混合季节，水温结构由坝前至库尾无明显差异，基本均呈现垂向混合状态。在热分层季节，水温结构由库尾至坝前差异明显，RWCS 指数明显增加，热分层现象愈发显著。在相同的时间段内，水库混合层深度及温跃层深度在沿库区方向上基本保持在同一高程。

（3）通过分析认为，气温、风速、地形条件及动力学条件是大黑汀水库热分层形成及规律性变化的主要驱动因素，其中：气温条件是热分层形成的基础性条件；风力条件是促进热分层形成与消亡的辅助性条件；地形条件是影响热分层格局的空间条件；水动力学状况是影响热分层结构的干扰性条件。上述因素共同塑造了大黑汀水库的热分层格局和演变特征。

第 3 章　大黑汀水库缺氧区演变特征及驱动因素

　　湖库水体的缺氧现象是在水体内部多种因素综合作用下产生的一种特殊的水质现象。通常认为，一般湖库水体的缺氧问题是由水质问题导致的，水体内较高的耗氧物质浓度及较重的底质污染引起了溶解氧的快速消耗，最终水体底部发展为缺氧状态。但从缺氧区在水体内部的存在状体来看，即使是在相近的水质条件下（如年内相近月份或不同年的相同月份），水体内缺氧区的分布与程度也会有较大不同。因此，在库区一定的水质状况和底质污染状况的基础上，还存在着诸多导致缺氧区形成与演化的外部驱动因素，这些因素与库区污染状况共同决定着水体内缺氧区的演化规律。

　　湖库水体缺氧现象与水体热分层状况（决定着水体溶解氧的垂向交换过程）、局部气象条件（决定水体热分层状况及溶解氧表层含量）、湖库形态学条件（决定溶解氧消耗过程及溶解氧结构）及动力学条件（影响溶解氧结构稳定性）密切相关，同时湖库水体污染及底质污染状态决定了水体内溶解氧的消耗速率，这些条件对缺氧区的形成与演化均起到了十分重要的作用。在这些因素中，可分为外部驱动因素及内在驱动因素两大类，其中外部驱动因素为缺氧区的演化提供了边界条件，它们或者促使了水体缺氧现象的形成，或者为缺氧区的形成提供外部条件，又或者可以保持或干扰缺氧区的稳定；而内在驱动因素的主要作用就是导致水体内部溶解氧的消耗。内在驱动因素是缺氧区形成的必要条件，当这一条件无法满足时，无论具备什么样的外部条件，水体内也很难形成缺氧现象。而外部驱动因素则是推动缺氧现象演化的重要原因，它们决定在一定的水体耗氧因素条件下缺氧区形成的时间、位置以及缺氧区能否稳定存在。通常认为，湖库水体所在区域的气象条件、水体内部的热分层状态、湖库形态学特征及水动力学状态属于驱动缺氧区形成的主要外部因素，水体内有机物分解过程中的耗氧以及污染型底质中生物作用及化学作用产生的耗氧量是驱动缺氧区形成的主要内在因素。

　　本章将在实测数据的基础上，提出用于定量描述缺氧区演化、分布及程度的缺氧指数及计算方法，对大黑汀水库缺氧区时空演变特征进行研究；结合实测数据及大黑汀水库基本情况，定量讨论大黑汀水库缺氧区与外部驱动因素的响应关系；提出分层面积均化水体溶解氧消耗率（S-AHOD）的概念，应用高频水库垂向溶解氧监测结果，对传统的单位面积氧消耗率（AHOD）计算方法进行修正，定量研究水体耗氧特征的垂向差异，识别大黑汀水库滞氧层内溶解氧消耗因素的影响比例。

3.1　水库溶解氧演化理论基础

　　与水体中的其他指标相比，溶解氧指标能够更好地反映水体中生态系统的新陈代谢情况。水体中溶解氧浓度水平是大气中氧气溶解、植物的光合作用产氧过程与水体中生物的呼吸作用等耗氧过程的动态平衡结果。溶解氧指标是水体水质状态即生态系统健康程度的重要指标。当水体中溶解氧含量较低时，将通过对氧化还原电位（redox potentials）的影响间接影响到氮磷营养盐、重金属等水质关键指标的溶解度，导致水体中相关指标浓度变化，同时还将对鱼类及其他无脊椎动物产生明显的不利影响。水体中溶解氧的产出及消耗关系甚至可以作为生态系统的分类标准，当光合作用产氧与群落呼吸作用耗氧的比例（P/N）小于1的时候，生态系统被分类为依靠外源有机物为主的异养型生态系统（net heterotrophic）；反之，当该比例的数值大于1时，生态系统被分类为自养型生态系统。

由此可见，水体中的溶解氧水平是决定水体水质状况和生态系统水平（类型、健康程度等）的重要指标。众多国外学者都对溶解氧指标给予了高度的重视并开展了深入的研究。Hutchinson就曾经明确提出：比起水体中的其他任何化学指标，对溶解氧数据的分析更能让湖泊学家们了解湖泊的特性[24]。许多学者认为，这一论断至今仍然正确。

3.1.1 水体中氧气的溶解度

溶解氧在水体中的溶解程度主要取决于水体的温度（表3.1-1及图3.1-1）。在标准气压条件下，纯净水在0℃时的溶解氧浓度约为14.6mg/L，当水温上升到10℃时，溶解氧浓度约降低至11.4mg/L，当水温上升到30℃时，溶解氧浓度约降低至7.56mg/L。这就使得处于同样热分层条件、湖库形态、水深和营养化程度的湖库水体，当大气温度不同时，会出现不同的水体溶解氧状况。Thornton的研究成果表明，由于水体温度的差异，位于热带地区的湖泊在热分层时，比面积和形态类似的温带分层湖泊的滞温层溶解氧浓度低约30%，同时由于热带地区湖泊水生生物群落的高呼吸速率，使得低纬度地区或低海拔地区的几乎所有湖库水体的滞温层（无论营养状态）都会出现低氧状态[217]。

表3.1-1　　　　　1个大气压条件下纯水在不同温度条件下的饱和溶解氧含量

温度/℃	DO/（mg/L）	温度/℃	DO/（mg/L）	温度/℃	DO/（mg/L）
0	14.621	14	10.306	28	7.827
1	14.216	15	10.084	29	7.691
2	13.829	16	9.870	30	7.558
3	13.460	17	9.665	31	7.430
4	13.107	18	9.467	32	7.305
5	12.770	19	9.276	33	7.183
6	12.447	20	9.092	34	7.065
7	12.138	21	8.914	35	6.949
8	11.843	22	8.743	36	6.837
9	11.559	23	8.578	37	6.727
10	11.288	24	8.418	38	6.620
11	11.027	25	8.263	39	6.515
12	10.777	26	8.113	40	6.412
13	10.537	27	7.968		

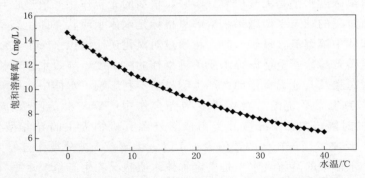

图 3.1-1 1 个大气压条件下纯水在不同温度条件下的饱和溶解氧含量

第二个影响水体溶解氧含量的因素是气压，亨利定律（Henry's law）表明：在等温等压下，溶液中的溶解度与平衡压力成正比，其公式为

$$P_g = Hx \qquad\qquad (3.1-1)$$

式中：H 为 Henry 常数；P_g 为气体的分压；x 为气体摩尔分数溶解度。

这一定律说明水体中的溶解氧水平会随大气压的减小而降低，而大气压力会随着海拔高度的上升或湖库中水体深度增加所导致的静液压增加而明显下降，因此水体深处的溶解氧含量将低于水体表面。

第三个影响水体氧气溶解度的因素是盐度。海水、盐湖的盐度通常为 35g/L，与相同温度下的纯水对比，其溶解氧含量约为 80%。在高盐度水体中，溶解氧的浓度非常低。根据 Nishri 等的研究，死海盐度约为 345000mg/L，其水体在 25℃的饱和溶解氧浓度仅为 1.45mg/L[218]。

由以上介绍可以看出，决定水体中溶解氧含量的因素主要包括温度、压力及盐度，其中水体溶解氧含量随温度的上升而下降，随大气压力的下降而下降，随盐度的上升而下降。在热分层季节（通常在夏季），较高的大气温度会降低氧气的溶解度，同时增加水体内生物的呼吸效率，从而导致湖库下层的滞温层水体呈现厌氧状态。

通常将在一定的温度、大气压力及盐度条件下，水体与大气处于氧交换平衡时水体内的溶解氧浓度称为饱和溶解氧浓度（saturation concentration）或氧平衡浓度（equilibrium concentration）。水体中溶解氧含量可以用浓度表示，也可以用测定值与饱和溶解氧浓度的比值表示。在淡水系统中，在水温 20℃时的饱和溶解氧浓度为 9.09mg/L，当测定水体溶解氧浓度为 7.0mg/L（77%饱和度）时称为不饱和状态（subsaturated），当测定水体溶解氧浓度为 11.0mg/L（121%饱和度）时称为过饱和状态（supersaturated）。

3.1.2 水体中溶解氧的来源与消耗

在水体中，溶解氧的来源主要为大气复氧和光合作用产氧。溶解氧的消耗主要是水体内有机质分解耗氧及湖库水体底质耗氧。

当水体中溶解氧含量低于饱和溶解氧含量时，大气中的氧气会通过扩散作用进入水体。但实测表明，即使水体中的溶解氧含量很低，在扩散作用下进入到水体内部的氧气量也很低。反而是湖库水体表面风力作用引起的水层间的垂向扰动产生的扩散梯度，才是导致水体内溶解氧含量上升的主要驱动因素。

　　水体的垂向紊动程度可以用垂直涡动扩散系数（coefficient of vertical eddy diffusion，K_v）来表示，这个系数表示了水体垂向混合强度的大小，它不仅仅表示了湖库水体表层与底层间营养物质与气体的交换，还表示了水体内部动量和热量的交换程度[24,219]。一直以来，人们认为在水体中，热量和质量的传输速率是一样的，但 Quay 等的实验表明，在穿越热分层时期水体温跃层时，质量传输的速率远低于热量的传输速率[220]。也就是说，在水体稳定热分层期间，氧气将比热量更难以穿越温跃层的阻隔，此时的水体下层滞温层将更加难以获得溶解氧的补充，从而更容易出现水体缺氧现象。

　　在水体的表层区域，生物的光合作用大于呼吸作用，在此区域内藻类、植物通过光合作用向水体中释放氧气，即

$$6CO_2 + 6H_2O \Longrightarrow C_6H_{12}O_6 + 6O_2 \tag{3.1-2}$$

反之，当上述反应向逆方向进行时，则表示水体中的生物在通过呼吸作用消耗氧气。在水体表层光线充足的区域，光合作用是水体溶解氧补充的重要来源。

　　在溶解氧的消耗方面，湖库水体上层产生的有机物会在重力作用的影响下逐渐沉降到水体的底部，其在下降过程中的分解作用会逐渐消耗中下层水体内的溶解氧含量。这一过程在深水湖库的下层水体中表现得尤为突出，因为对于深水湖库来讲，有机物在接触到沉积物之前有更多的时间被分解。在湖库水体下层，溶解氧在分解作用下的消耗逐渐大于水体内溶解氧的积累，最终导致下层水体转变为厌氧甚至缺氧环境。国外学者将湖库水体在热分层期间下层滞温层水体内单位体积的氧气消耗率（VHOD），他们认为，VHOD 是指示非腐殖质湖泊水体中营养盐负荷与初级生产力的有效指标。

　　底质一般指湖库水体底层的沉积物，它是水域的重要组成部分，在吸附、累积、转化、分解污染物方面起着十分重要的作用。而污染程度较高的沉积物，其耗氧量相当可观。Madenjian 指出，在底质污染较为严重的养殖水体中，底质产生的耗氧量可达到水体总耗氧量的 50% 以上[221]。底泥耗氧量（sediment oxygen demand，SOD）主要由生物耗氧及化学耗氧组成[222]。这两个过程决定了绝大部分影响 SOD 的因素[223]。底质中的生物作用与 SOD 关系十分密切，不少研究成果甚至通过测定 SOD 来表示底质中生物群落呼吸作用的强弱。底质中生物作用对溶解氧的消耗主要是底质微生物利用水体中的氧气进行新陈代谢活动，同时分解有机物。此外，水体底部是底栖生物的主要活动空间，这些生物的活动还会对底质产生扰动作用，使得相关物质（有机物等）与上层水体的交换增加，从而加速对水体中溶解氧的消耗。影响 SOD 的生物作用因素主要包括生物种类、种群、类型、活性等。化学耗氧主要是底泥中还原性物质在被氧化过程以及这些物质扩散到上覆水时产生的水体溶解氧消耗，这些还原态物质主要包括 Fe^{2+}、Mn^{2+}、S^{2-}、NH_3、NO_2 等。一般而言，底质中的有机物含量较高时，其耗氧量也比较高。

3.1.3　水体中溶解氧垂向变化特征

　　对于深水型湖库来说，溶解氧在垂向方向会随湖泊的深度、地理位置、季节、热分层状况、水质状况、初级生产力水平等因素的不同而形成不同的结构和状态，溶解氧的垂向结构特征能够明确地指示出湖库的基本状态，同时也会对湖库的水质状况产生明显的影响。

对于风力扰动作用较为明显的浅水湖泊来说，水体中的溶解氧含量在垂向上相对较为均匀，而且其数值与根据温度及大气压力计算出的数值十分接近，说明这类水体中的溶解氧含量比较符合水体中溶解氧浓度的天然状态。对于贫营养类型湖库来说，即使是在热分层期间，水体表层的溶解氧浓度也仅仅是接近饱和状态，因为水体内部藻类数量较少，不会因为光合作用而导致表层水体出现溶解氧过饱和状态。但是在藻类数量较为丰富的湖泊中，在日间经常会因为光合作用的存在而出现溶解氧过饱和状态，同时由于大量藻类的存在，会出现高光合作用（日间）与高呼吸作用（夜间）并存的现象，导致水体在白天和夜间溶解氧含量出现明显的周期性变化[224]。Melack 等的研究表明，在肯尼亚的纳库鲁湖，由于其表层超高的藻类生物量，使得该湖在表层 20cm 处的溶解氧含量达到了 20mg/L，甚至形成了大量的气泡[225]。

在分层型湖库的热分层期，水体溶解氧的垂直分布结构主要呈现了两种不同的状态：第一种状态可以称之为垂向均化状态，第二种状态可以称之为垂向分层状态。Findenegg 对奥地利夏季末期的若干深水湖泊的溶解氧状况进行了研究，给出了湖泊垂向的溶解氧分布曲线，以说明不同类型湖泊在溶解氧垂向分布方面的差异[226]。

垂向均化状态主要出现在纬度较高、营养水平很低、水体清澈的湖库中。在这一类湖库中，水体内藻类和植物生物量很低，光合作用产氧总量很小，同时流域内污染负荷很小，导致外源输入湖库水体的有机质负荷总量也很低。少量的有机质在向湖库水体底部沉降时消耗的溶解氧量非常小，不会导致水体内部垂向溶解氧浓度的明显降低。因此，对于这类湖库来说，即使是在热分层期间，水体溶解氧浓度也不会出现明显的季节性下降，在热分层季节整个滞温层内部都会呈现出溶解氧饱和状态（不会出现厌氧或缺氧状态）。这种湖库的溶解氧垂向曲线在热分层期间由上至下呈现出均化状态，水体混合层、温跃层及滞温层内水体溶解氧浓度基本无明显差异。同时由于水体溶解氧与温度的关系，滞温层较低温度水体的溶解氧甚至还会略高于表层水体，如奥地利的艾特湖（图 3.1-2）

垂向分层状态主要出现在富营养化程度相对较高，或水体内腐殖质较多、底质污染较严重的湖库中。在这一类湖库中，由水体表层向底层输入的有机质负荷量很大，由此加强的呼吸作用使得湖库水体底层的溶解氧被大量消耗，溶解氧浓度大幅度下降，同时根据前文所述，底层腐殖质和沉积物在生物及化学作用下也会消耗大

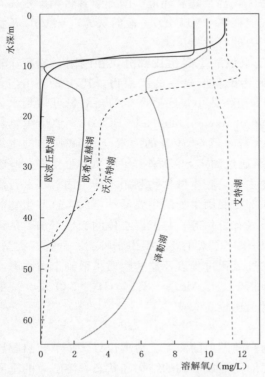

图 3.1-2　若干奥地利湖泊夏季末期的
溶解氧垂向分布结构

量氧气。而在湖库水体热分层期间，由于温跃层对质量传输的阻隔作用，使得下层滞温层水体的溶解氧得不到混合层的补充，在耗氧速率高、氧气补充量低的共同作用下，底层滞温层热分层期间的溶解氧浓度将远远低于表层，这一情况发展严重时就会出现厌氧或缺氧状态。这种湖库的溶解氧垂向曲线在热分层期间由上至下呈现出明显的分层状态，水体混合层及滞温层内水体溶解氧浓度差异极大，而温跃层内的溶解氧浓度则会出现明显的梯度变化，如奥地利的沃尔特湖（图3.1-2）。

事实上，在出现溶解氧垂向分层状态的湖库水体中，溶解氧的垂向分布结构应出现类似热分层结构的标准三层状态，如奥地利欧波丘默湖（图3.1-2）。但在这类湖库中，有一部分的溶解氧的垂向曲线在保持总体规律趋势的前提下又会因为生物作用而出现一定的局部差异性，亦即溶解氧的垂直分布曲线与形态有时会因水体中最大或最小溶解氧浓度的变化而改变。其中：水体中溶解氧浓度在热分层混合层下部出现最大值的溶解氧分布曲线被称为正异级剖面分布（positive heterograde profile），具体形态见图3.1-2中奥地利的沃尔特湖；当水体中溶解氧浓度在热分层混合层下部出现最小值的溶解氧分布曲线被称为负异级剖面分布（negative heterograde profile），具体形态见图3.1-2中奥地利的欧希亚赫湖。正异级剖面分布的出现主要是由于在温跃层顶部大量藻类进行光合作用或岸边高溶解氧水流在密度流的作用下进入相应温跃层位置，而负异级剖面分布的出现可能是由于该层大型浮游动物的呼吸作用或密度驱动植物分布区不饱和溶解氧水体进入相应温跃层位置。但无论如何，对于富营养化程度相对较高的湖库来说，水体在热分层期间的表底溶解氧浓度差异还是十分明显的，溶解氧分层的三层结构也十分清晰，局部区域溶解氧浓度的变化不会改变水体下层滞温层溶解氧含量大幅度降低的趋势。

由此可见，在热分层期间，水体滞温层内的溶解氧浓度主要与以下因素有关：水体中的有机质含量和底质污染程度（决定了水体内溶解氧的消耗速率）、热分层持续时间（决定水体内氧气消耗及无法得到氧气补充的时间长度）、滞温层体积或高度（决定能够被消耗的溶解氧总量）、温度（决定水体内部在该温度条件下能够达到的最大溶解氧含量）和水体内生物结构和生物量（决定溶解氧垂向分布曲线的垂向局部形态）

3.1.4 缺氧区形成过程与生消机理

前面介绍了影响水体中溶解氧含量的关键因素，溶解氧在水体内部的产生与消耗原因以及不同类型湖泊在溶解氧垂向分布方面体现出的不同特点。这些因素间的相互作用可以使得水体中的溶解氧含量在年内出现非常有规律的变化特征，而溶解氧含量会在年内某时段、某区域内出现浓度很低的情况，这种现象就称之为缺氧。USEPA在1986年的水环境质量标准中提出，当水体溶解氧浓度低于2mg/L时，许多水生生物都会死亡，因此一般将2mg/L的溶解氧浓度水平作为水体出现缺氧区的阈值条件。缺氧区事实上是建立在溶解氧特定浓度阈值上的一个范围定义，因此缺氧区也会伴随着水体溶解氧的变化而出现规律性的年内变化，同时由于水体溶解氧的变化与热分层变化规律密切相关，因此湖库水体热分层也驱动着水体缺氧区的演化。

在相关实例及理论体系的基础上对湖库缺氧区的演化过程进行总结，与水体热分层相类似，缺氧区的演化过程在总体上也可以分为四个主要过程，分别是混合期、形成发展期、稳定期及消退期。

3.1.4.1　混合期

水库在每年春季时水体温度相对于夏季较低，相应的溶解氧含量较高，此时的水体内能够容纳更多的溶解氧质量，溶解氧浓度总体较高。在水体表层区域，在光合作用的产氧作用下，会出现明显的溶解氧过饱和现象。而对于双季对流混合型水库，水库的水温结构在春季时均会处于垂向混合状态。此时水库的表层与底层无明显的温度差异和密度差异，不存在明显的影响水体垂向热量与质量交换的阻力。此时在风力的扰动作用下，水体表层的富氧水会在水体的垂向紊动作用下充分与底层水体进行混合，从而使得春季时整个水柱均处于富氧状态，此时溶解氧垂向不会出现分层现象，水体内也无缺氧区。

3.1.4.2　形成发展期

在进入夏季后随着气温的上升，水体温度也随之升高，水体氧气的溶解度开始下降。表层水体中的溶解氧浓度已开始由春季的过饱和状态降低至接近饱和溶解氧水平。水体在垂向开始出现热分层现象，水体表层和底层间的温度和密度开始出现明显差异，中间温跃层的高温度和密度梯度形成了对水体表层与底层间的热量和质量传输阻隔，同时随着夏季风力的下降，水体的垂向紊动作用也随之减弱，水库下层滞温层逐渐进入隔绝状态，水体溶解氧无法得到有效补充。在水中有机质及底层沉积物的耗氧作用下，溶解氧被不断消耗，直至低于 2mg/L，此时水库缺氧区开始形成并不断发展。

3.1.4.3　稳定期

缺氧区的稳定期是与水体热分层的稳定期相对应的，此时水体热分层进入稳定期，水库深水区出现稳定的水温三层分层结构，混合层及底部滞温层依然被温跃层阻隔。滞温层内无新的溶解氧补充来源，而水体内部的有机质耗氧及沉积物耗氧作用还在持续发挥作用，此时在形成期形成的缺氧区会在相关耗氧反应的持续作用下，面积不断加大，缺氧区的厚度不断加深，最终会在湖库水体底部形成连续、成片且具备一定厚度的大范围缺氧区域。此时的水体缺氧区发展至年内最严重水平。

3.1.4.4　消退期

进入秋季后，大气温度逐渐降低，此时水体热分层也开始进入消退期：一方面，较低的水体温度开始使得水体氧气溶解度上升，表层水体的溶解氧含量较夏季有了明显提升；另一方面，表层水温的下降使得水体垂向温度和密度差异开始缩小，影响水体垂向掺混的热抵抗力和热稳定性都明显下降。基于以上条件，在秋季逐渐增加的风力扰动影响下，水体垂向掺混明显加强，表层水体的富氧水进入水体底层，滞温层区域的溶解氧得到了大量补充。此时全库垂向方向上溶解氧梯度逐渐消失，滞温层缺氧现象也逐渐消失，溶解氧浓度重新进入混合状态。至此，湖库水体缺氧区的演化规律完成了年内的循环过程。

Nürnberg 给出了美国 Snake River Brownlee 水库 1999—2000 年库区垂向溶解氧变化情况（图 3.1-3）[227]，贺冉冉给出了天目湖坝前水体溶解氧饱和度垂向分布结构年内变化过程（图 3.1-4）[12]，从图中均可以清晰地看到水库中缺氧区在年内经历的这四个主要过程。

3.1.5　水体缺氧区的定量化评价方法

在水体缺氧区形成机理和演变规律认识基础上，还需要采用相关方法对缺氧区进行定量化评价，如对湖库水体缺氧区范围和程度的判定、缺氧区中氧气的消耗速率的确定、缺氧区氧气消耗的主要驱动因素判定、滞温层范围内不同深度处缺氧区驱动因素影响比例判定、水体缺氧区形成与消亡的预测等。尽管从很早以前人们就认识到了滞温层缺氧区的重要性[228]，但在对其定量化评价方面仍有待深入[178]。

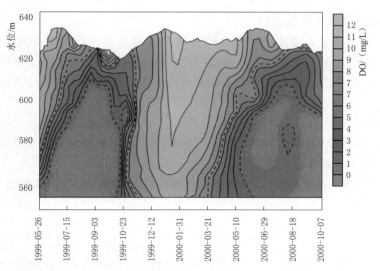

图 3.1-3　美国 Snake River Brownlee 水库 1999—2000 年垂向溶解氧演化过程

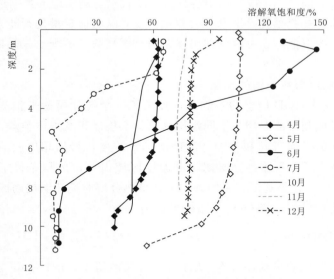

图 3.1-4　天目湖坝前水体溶解氧饱和度垂向分布结构年内变化过程

　　在对缺氧区的定量化评价方面，国际上主要存在三个主要的发展方向，分别是对缺氧区范围和程度的量化、水体垂向溶解氧曲线的估算及滞温层内缺氧区的氧气消耗速率的估算。事实上，这三个方面也是对水体缺氧区定量化评价的三个主要步骤：首先需要根据实际监测数据对水体缺氧区的情况进行定量化表达，明确水体缺氧区的基本状况；在此基础上需要对滞温层内缺氧区的发展速度，主要影响因素进行定量化判断；最后根据相关参数对水体缺氧区的生消过程进行预测。国外学者在这些方面的研究成果较多，下面选取有一定代表性的方法进行介绍。

3.1.5.1　缺氧区范围和程度的量化

Reckhow 给出了缺氧概率的标准。该标准主要基于湖库的形态学特性、水动力学特性及营养负荷状态，主要用来预测开阔水域范围内的缺氧区发展状况。这种方法比较适用于中等水深、年均水量较小、外部输入营养负荷较重的水体。该方法的表达式为

$$P_{anox} = 1 - \left[1/ \left(10^5 \bar{Z}^{-2.49} L_{ext}^2 q_s^{-1.78} + 1 \right) \right] \tag{3.1-3}$$

式中：Z 为水体平均水深；L_{ext} 为外部磷负荷；q_s 为年均水量。

这种方法受湖库形态及动力学条件的限制较大，同时较为适用于高度富营养化湖库，对于营养负荷较小的湖库适用性较差。

Nürnberg 提出了缺氧因子（Anoxic Factor，AF）的概念[178]，其表达式为

$$AF = \frac{\sum_{t-1}^{n} t_1 a_1}{A_0} \tag{3.1-4}$$

式中：t_1 为缺氧期天数，d；a_1 为缺氧期内每天对应的滞温层面积，m^2；A_0 为湖库总面积，m^2。

AF 的概念总结了分层湖库中缺氧的程度和持续时间，产生的单一指数有利于湖库之间的缺氧程度比较，同时 AF 指数利用溶解氧浓度状况与湖库地形数据进行计算，可以对任何湖库展开计算，摆脱了湖库形态、营养化程度对缺氧区定量化判断方面的限制。该指数根据缺氧期天数的取值，还可以延伸出夏季缺氧区指数、冬季缺氧区指数、年总缺氧区指数等概念。

3.1.5.2　水体垂向溶解氧曲线的预测

（1）Cornett 在 VHOD 概念的基础上，提出了一个统计模型来预测滞温层的氧消耗率，使用该模型可以利用滞温层内不同水层水温、水层体积及水体类磷元素的滞留率等要素，计算分层期间的任何时间和不同深度的溶解氧浓度，得出相应的溶解氧浓度剖面曲线[175]。VHOD 表征了在水体热分层期间滞温层区域内单位体积条件下溶解氧的消耗速率。而 Cornett 的方法就是基于相应的条件来计算热分层时期滞温层内的 VHOD，达到预测溶解氧垂向曲线的目的。Cornett 提出的模型为

$$VHOD = 9.87 + (0.0145 T \times R_p) + 7.82T - \left(2.50T \times \ln \frac{V}{SA} \right) \tag{3.1-5}$$

式中：T 为相应水层处的水温，℃；R_p 为水体内年磷滞留率，mg/（$m^2 \cdot a$）；V 为计算水层的水体积，m^3；SA 为相应水层对应的沉积物面积，m^2。

应用该方法，结合热分层初期的垂向溶解氧实测数据（各层溶解氧浓度数据）即可计算出热分层期不同水深处的溶解氧浓度数值，得出溶解氧垂向分布曲线。

（2）Molot 开发了一个经验模型来预测夏季结束时的氧气浓度与深度的剖面曲线[176]。该模型是基于加拿大安大略省中部的一组热分层贫营养和低营养湖泊数据开发的多变量回

归模型，该模型根据湖泊形态、平均混合层厚度、春季混合期平均溶解氧浓度等预测夏季末期水体垂向溶解氧分布曲线。

该模型首先计算春季热分层混合期水体垂向溶解氧结构：

$$O_2(i)_z = 11.2 - \frac{70.9}{A_0} - 0.092z \qquad (3.1-6)$$

式中：$O_2(i)_z$ 为春季时不同深度处的溶解氧浓度；A_0 为湖库表面积；z 为水深。

Molot 在计算过程中还根据湖泊的大小对上式进行了大湖与小湖的修正，在此不再详述。在此基础上，Molot 给出了年内夏季末期的溶解氧垂向分布状况计算公式：

$$\lg O_2(f)_z = 1.89 - \frac{1.88}{VSA_z} - \frac{7.29}{O_2(i)_z} - 0.0027\,TP_{EPI}^2 \qquad (3.1-7)$$

式中：VSA_z 为某深度处单层的水体体积与沉积物表面积的比例；$O_2(i)_z$ 为计算出的春季相应深度处溶解氧浓度值，mg/L；TP_{EPI} 为混合层总磷浓度，mg/L。此后，Clark 等在安大略湖进行试验，评估了该模型更为广泛的应用[177]。

（3）Livingstone 等总结了前人给出的模型结果，在上述介绍的模型基础上，结合水体及沉积物氧气消耗的基本概念，给出了溶解氧垂向浓度曲线的预测模型[179]：

$$C(z) = C_{MAX} - J(z)\delta t \qquad (3.1-8)$$

式中：$C(z)$ 为水深为 z 处的溶解氧浓度；δt 为春季混合期结束后经历的时间；$J(z)$ 为水体中的溶解氧消耗率。

在本模型中，Livingstone 等将消耗率分为水体内氧气消耗及沉积物氧气消耗：

$$J(z) = -\frac{\partial C(z,t)}{\partial t} = J_V(z) + J_A(z)\alpha(z) \qquad (3.1-9)$$

其中

$$\alpha(z) = \frac{q}{Z_m - Z} \qquad (3.1-10)$$

式中：$C(z,t)$ 为 t 时刻、水深 z 处的溶解氧浓度；$J_V(z)$ 为与水体体积有关的氧气消耗率；$J_A(z)$ 为与沉积物有关的氧气消耗率；$\alpha(z)$ 是湖泊形态的函数，表示深度 z 处沉积物面积与水体积的比；q 为无量纲常数；Z_m 为水体最大水深。

事实上，这部分内容的研究与水温垂向结构估算公式的情况基本类似，都是希望通过相对容易获取的数据来估算变量在时间和空间上的演化特征，以达到对变量进行预测的目的。但是后来随着计算机技术及大型模型软件的发展，大量的耦合型水质模型出现，使得水温或溶解氧的模拟成为大型水质计算中的一个组成因子，这些模型往往考虑全面、内部关系复杂，应用的数学公式不再是回归经验公式而是机理性模型，在对大型湖库开展研究时，已基本替代了这种经验性模型。

3.1.5.3 缺氧区的氧气消耗速率的计算

在湖库水体热分层期间，混合层与滞温层间温跃层，在很大程度上隔绝了表层水体光合作用及大气复氧对底层滞温层氧气的补充。底层溶解氧在有机质和底质的作用下不断消耗，最终导致缺氧区的产生。滞温层内溶解氧的消耗速率是评价缺氧区的重要指标，该指标主要体现了滞温层水体的水质状况、缺氧区的发展趋势，决定了缺氧区的开始时间和持续时间等。

国外学者对滞温层内溶解氧消耗速率的研究由来已久，少数学者采用前述章节中介绍的方法用于"水体垂向溶解氧曲线的预测"情况，绝大部分学者对消耗速率的研究都是作为水体内初级生产力的表征指标来使用的。事实上，国外学者从 20 世纪 20 年代开始就一直在试图建立水体内初级生产力与滞温层内溶解氧消耗速率的关系，大量的工作都是在试图修正溶解氧消耗率的计算方法，以便于使用该指标来对不同湖泊（或同一湖泊的不同时期、不同污染负荷情景下）的初级生产力状况进行比较。

国外学者一直认为，年内夏季溶解氧的垂向分布结构能够非常清晰地指示出非腐殖质型湖库水体的生产力。而通过对湖库滞温层年内溶解氧变化情况的分析，可以得到湖库水体表层初级生产力的季节性变化及水平。从年际尺度来讲，滞温层溶解氧浓度的变化还能够反映湖库水体营养盐负荷及初级生产力的长期变化过程和趋势（图 3.1-5）。如 Mori 认为，琵琶湖底层溶解氧浓度的影响因素主要包括分层开始时间、不同年份间滞温层水体温度差异以及营养盐负荷、有机物输入及湖区的初级生产力[229]。

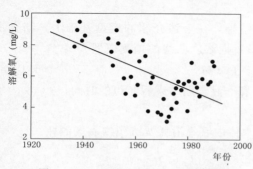

图 3.1-5　日本琵琶湖北部湖区滞温层夏末溶解氧浓度变化

在对热分层期湖库水体滞温层内溶解氧消耗率的描述中，最为直接的概念就是 VHOD，这一指标表示了滞温层水体溶解氧在单位体积、单位时间内溶解氧质量的衰减量。最初的学者们希望利用溶解氧垂向分布曲线的变化过程来计算 VHOD，最终用来指征湖泊的初级生产力水平，但是很快学者们就发现 VHOD 不但受到湖泊初级生产力的影响，还会受到湖泊形态的很大影响。

Thienemann 认为，大量沉入滞温层的有机物会被水体稀释，因此较厚的滞温层湖泊分解有机物质的 VHOD 要低于具有较薄滞温层的湖泊。这种湖泊形态的影响很明显会干扰将湖泊初级生产力与滞温层溶解氧消耗率之间关系的尝试[83]。如图 3.1-6 所示，两湖泊具有相同的表层面积和体积、相同的表层初级生产力和滞温层表面积，但是由于滞温层深度不同，VHOD 也不相同（图中黑点代表沉积性有机物）。由此 Thienemann 认为，不能用 VHOD 来比较不同形态湖泊之间滞温层溶解氧的消耗量以及由此估算的表层水体初级生产力。

后续的学者普遍接受了 Thienemann 的观点，开始尝试使用其他指标来替代 VHOD。为了屏蔽湖泊的形态影响，Strom 和 Hutchinson 相继提出以滞温层单位面积的溶解氧消耗率 AHOD [gO^2/(m^2·d)] 来替代 VHOD，他们认为，如果两个湖泊的生产力相同但滞温层厚度不同，那么如果计算滞温层内每平方米的氧消耗速率，则它们的氧气消耗量是相同的，因此 AHOD 的概念有效消除了不同湖泊在形态方面差异的影响[85-86]。Hutchinson 以威斯康星州 Green 湖、Mendota 湖、Black Oak 湖及丹麦的 Fureso 湖为研究对象，证实了其假设。他认为，"每平方厘米滞温层溶解氧的发展速度与湖泊表面每单位面积浮游生物的平均生产力成正比，AHOD 为湖泊初级生产力的比较提供了十分有用的指标"。

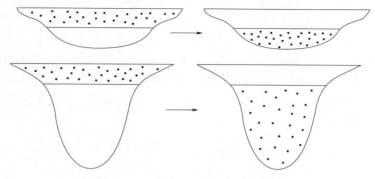

图 3.1-6 湖泊形态对 VHOD 的影响

随后，AHOD 开始广泛地被用作表征湖泊生产力的指标，特别是在湖泊间进行生产力水平比较[14,91,93]，然而随后的相关研究表明，Hutchinson 提出的观点是有一定问题的，初级生产力与 AHOD 之间因果关系的强度受到质疑[79-80,84]。Rich 等也通过 Lawrence 湖及 Esrom 湖的监测数据表明 Hutchinson 结论的误差[79]。事实上，众多研究结果表明，AHOD 指标并不完全独立于湖泊的形态特征。越来越多的研究结果证明，AHOD 与滞温层厚度、滞温层水体温度、水体内营养盐浓度、底质状况、水体透明度等均有一定的关联。Hutchinson 对于 AHOD 指示湖泊初级生产力的思路是正确的，但是计算 AHOD 所考虑的因素过于简单，以至于无法正确地表达湖泊的特性。尽管 Hutchinson 的结论受到了广泛的质疑，但并不妨碍这一概念的广泛应用，国外众多学者在 Hutchinson 的基础上对 AHOD 的概念提出了多种修正方案，下面介绍一些具有一定代表性的计算方法。

Cornett 等认为，AHOD 不能完全用于指示湖泊营养状态，因为面积计算不能消除滞温层形态的影响[79]。他们利用湖泊磷滞留量，平均滞温层水温和滞温层平均厚度来预测滞温层的氧耗竭率，提出：

$$AHOD = -277 + 0.5 R_P + 5.0 \overline{T}_H^{1.74} + 150 \ln \overline{Z}_H \qquad (3.1-11)$$

其中

$$R_P = \frac{PQR}{A(1-R)} \qquad (3.1-12)$$

式中：$\overline{T}_H$ 为滞温层内的平均水温，℃；$\overline{Z}_H$ 为滞温层的平均厚度，m；R_P 为水体内的磷滞留量，mg/（m² · a）；P 为水体中的磷浓度，mg/m³；Q 为湖泊流出水量，m³/a；R 为湖泊滞留的磷负荷比例；A 为湖泊表面积。

Walker 在加拿大 13 个湖泊、美国 8 个湖泊相关数据的基础上，总结了 AHOD 与总磷、叶绿素浓度、水体透明度及湖泊形态的关系，给出了修正后的 AHOD 计算公式[93]：

$$\log_{10}(AHOD) = a_0 + a_1 I + a_2 \log_{10} Z + a_3 (\log_{10} Z)^2$$

其中

$$I = \frac{I_B + I_P + I_T}{3} \qquad (3.1-13)$$

$$I_B = 20.0 + 33.2 \log_{10} B \qquad (3.1-14)$$

$$I_P = -15.6 + 46.1 \log_{10} P \qquad (3.1-15)$$

$$I_T = 75.3 + 44.8 \log_{10} \left(\frac{1}{Z_s} - \alpha \right) \qquad (3.1-16)$$

式中：Z 为平均水深，m；a_0、a_1、a_2、a_3 为经验参数，取值分别为 -3.58、$0.0204\pm$ 0.0013、4.55 ± 0.52、-2.04 ± 0.25；I 为反映湖泊总磷、叶绿素浓度及透明度的综合性指数；B 为叶绿素浓度，mg/m^3；P 为总磷浓度，mg/m^3；Z_s 为透明度。

Charlton 通过对 26 个不同大小湖泊数据的分析和总结，提出了 AHOD 计算的新方法，该方法将 AHOD 与水体叶绿素、总磷、热分层时期滞温层厚度及热分层期滞温层平均温度建立了全面的联系，公式计算结果与相关实测数据拟合程度良好[80]。该方法提出的 AHOD 的计算公式为

$$AHOD=3.80\left[f(Chl-a)\cdot\frac{\overline{Z}_\eta}{50+\overline{Z}_\eta}\cdot2^{\frac{T_\eta-4}{10}}\right]+0.12 \qquad (3.1-17)$$

式中，$\overline{Z}_\eta$ 为滞温层平均厚度，m；T_η 为滞温层平均水温，℃；$f(Chl-a)$ 为与总磷浓度校正过的叶绿素浓度函数，其中 $Chl-a$ 为叶绿素浓度，mg/m^3。

$$f(Chl-a)=\frac{1.15\,Chl-a^{1.33}}{9+1.15\,Chl-a^{1.33}} \qquad (3.1-18)$$

以上介绍了国外学者在定量化评价湖库水体热分层时期滞温层溶解氧消耗率方面的发展历程及主要成果。从上述内容可以看出，在评价湖泊初级生产力的目标带动下，大量的研究成果将滞温层溶解氧消耗这一湖泊热分层期的物理现象与湖泊水体内营养盐浓度、生物状况建立了联系，同时将能够影响水体内相关反应过程的滞温层厚度、滞温层水体温度及透明度等水体物理学指标纳入考虑范围，试图建立从溶解氧消耗率到湖库生产力的完整过程体系。在这方面，欧美学者开展了大量的工作，取得了丰富的成果。但通过对这些成果的梳理发现，由于欧美国家的湖库清洁程度相对较高，他们在建立计算公式时又是以表达湖库初级生产力为主要目的，因此在公式中很少能够同时考虑湖库高污染底质对滞温层水体溶解氧消耗的作用。而在缺氧区的定量评价方面，相对于国外学者，国内学者的研究深度稍显不够，国内对于缺氧区的研究一般还停留在对水体溶解氧数据的评价与描述方面，很少会根据实测数据对导致缺氧区产生的主要驱动因素进行定量化评价与分析，因此，本书拟根据国外相关滞温层溶解消耗率的定量化评价方法，以实测的溶解氧溶浓度数据为基础，在对相关国外方法进行修正和完善的同时，定量化研究导致水体缺氧区产生的驱动因素。

3.2　大黑汀水库缺氧区演化特征

3.2.1　大黑汀水库溶解氧监测方案

为全面分析大黑汀水库沿程及垂向溶解氧结构特征、缺氧区演化的时空变化规律、水库缺氧区生消规律，对水库溶解氧状况开展监测，在溶解氧的常规监测方面，采取与水温监测相同的监测方案，具体监测方案见 2.2.2 节。

3.2.2　大黑汀水库缺氧区时空演化特征

3.2.2.1　缺氧区时间演化特征

将 2017 年 8 月至 2018 年 11 月在坝前监测的垂向溶解氧浓度数据按照时间顺序作图，分析水库缺氧区在大黑汀水库坝前的时间变化规律（图 3.2-1），同时给出大黑汀水库坝

前各月溶解氧垂向结构（图3.2-2）。

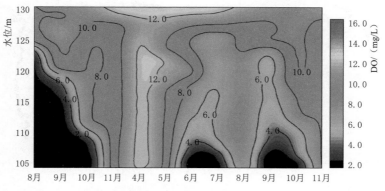

图 3.2-1 大黑汀水库坝前缺氧区时间演化特征（2017—2018年）

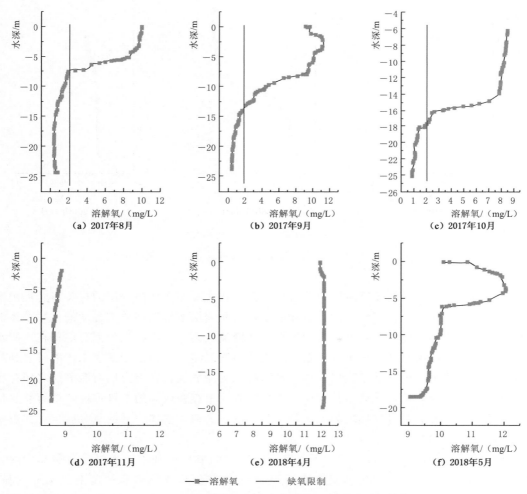

图 3.2-2（一） 大黑汀水库坝前各月垂向溶解氧结构

65

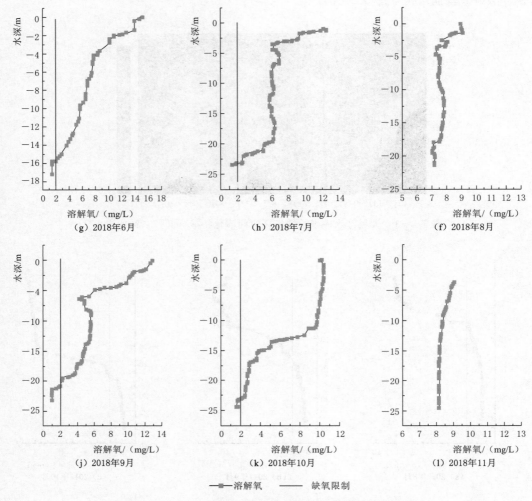

图 3.2-2（二）　大黑汀水库坝前各月垂向溶解氧结构

在分析大黑汀水库缺氧区时间演化过程之前，首先参照水体热分层的相关概念提出溶解氧分层的相关定义。在溶解氧的稳定分层期，水库表层溶解氧在风力扰动的作用下掺混明显，该层水体内部溶解氧浓度较为均匀且总体数值较高，可以称之为混合层；在水库水体底部，溶解氧浓度总体差别不大，垂向上无明显浓度差异，但由于底层水体溶解氧补充较少，因此总体平均浓度低于表层水体，可以称之为滞氧层；在混合层与滞氧层之间存在着较高的浓度差异，使得在这里的溶解氧在垂向方向上存在较高的浓度梯度，溶解氧含量在该层变化十分明显，可以称之为氧跃层。与热分层类似，水体内部的氧分层也存在着明显的时间演化规律。

在 2017 年 8 月，大黑汀水库坝前具有十分明显的氧分层现象，表层混合层厚度约为 5.0m，浓度约为 11mg/L。氧跃层厚度约为 2.5m，氧跃层内溶解氧浓度变化十分明显。本月库区存在明显的缺氧区，缺氧区厚度约为 17.5m。进入 9 月后，水库热分层开始进入消退期（去分层过程已开始），但此时热分层结构依然稳定，下层水体的溶解氧补充途径依然受阻，滞氧层区域内的耗氧作用大于溶解氧的补充，缺氧现象依然明显。但受热分层程度削弱的影响，本月滞氧层厚度较8月有所减小，滞氧层内缺氧区的高度降低至约11m。10月，氧分层中的混合层高度开始明显下降，由8月、9月的-7.5～-10m下降至约-15m，底层氧跃层和滞氧层的厚度均明显压缩。本月氧跃层厚度被压缩至约2m，底层滞氧层厚度约6m。虽然此时热分层结构已基本被破坏，但由于热分层结构在底部还存在着明显的温度梯度，水体垂向掺混依然没有全部完成，因此滞氧层内部依然存在着的缺氧区厚度与滞氧层厚度相同，约为6m。进入11月后，水库热分层结构彻底消失，水体垂向完全掺混，表层富氧水与滞氧层低氧水完全混合，氧分层现象及缺氧区现象也随即消失。

2018年4月，水库坝前水温结构处于完全混合状态，基本不存在溶解氧垂向传递的密度梯度阻力，水体垂向掺混充分。溶解氧也不存在氧分层现象，同时由于此时水温度相对较低，溶解氧浓度也达到了年内最大平均水平，全库表底均在12mg/L左右。5月，水库热分层进入形成期，水库上下层水体溶解氧浓度开始出现一定的差异，但总体差异较小，滞温层水体内部溶解氧含量依然较高。5月表层溶解氧混合层厚度约4m，氧跃层厚度约2m，底层滞氧层厚度约12m，此时水库无缺氧现象发生。进入6月后，热分层逐渐进入稳定期，水库水体表层与底层间的密度梯度进一步增强，导致水库表层溶解氧无法对下层进行充分补充。在滞氧层水体有机物及沉积物的耗氧反应影响下，滞氧层底部水体溶解氧浓度开始明显下降，缺氧区开始进入形成期，厚度约为2m。

2018年7月、8月，水库受到大流量冲击影响，水库中部水体掺混剧烈，热分层结构基本被破坏，氧分层结构也受到了明显的影响。溶解氧混合层下部、氧跃层及滞氧层上部完全混合。溶解氧在这部分水体内部已不存在垂向差异，7月该区域的溶解氧浓度上升至6mg/L，8月进一步上升至约8mg/L。在7月，由于处于大流量冲击的前期阶段，底层滞氧层并未完全受到影响，库区底部依然存在着一定的缺氧现象，但在进入8月后垂向掺混更加充分和彻底（经历了近1个月的掺混影响），底部滞氧层的溶解氧浓度开始明显上升，由7月的不足2mg/L增加至约6mg/L，水库缺氧区彻底消失。

2018年9月后，随着大规模泄水活动的结束，水库水体重新进入稳定状态。热分层现象重新出现在水体内部，氧分层也随即出现。溶解氧垂向补充的阻隔再次形成，水体底层溶解氧含量开始降低并出现缺氧状态，坝前最大缺氧区厚度为2～3m。由于8月的掺混作用，9月缺氧区厚度较2017年9月有了显著的降低。10月，水库热分层开始消退，表层混合层与温跃层充分混合为统一的混合层。同时混合层的厚度开始增加并侵蚀滞温层。在这种情况下，氧跃层也开始出现相同的演化规律，溶解氧混合层厚度明显增加。由于底部水体溶解氧含量依然很低，因此水体内部还存在着一定的氧跃层结构，底部水体依然存在着缺氧区，但总体无法达到2017年10月的程度。11月，水库热分层现象彻底消失，溶解氧在垂向方向已无补充阻力。在秋季风力扰动及密度流的混合作用下，水体垂向掺混加强，溶解氧的氧分层结构也完全消失，水库重新回到溶解氧垂向混合状态。

将大黑汀水库坝前水体表、中、底层溶解氧浓度随时间过程作图（图3.2-3），从图中可以看出，坝前溶解氧的垂向分布特征具有明显的时间演化规律，具体为：

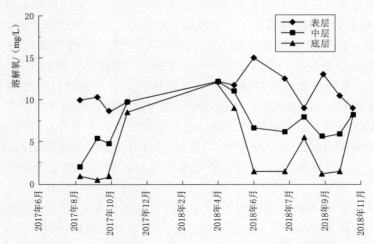

图 3.2-3　大黑汀水库坝前各月表、中、底层溶解氧浓度变化

（1）2017 年 8 月、9 月，水体处于氧分层的稳定期，溶解氧表、中、底三层浓度差异明显。进入 10 月后，随着热分层趋势的减弱，氧分层结构也开始进入消退期，但由于水体掺混还并不十分充分，因此总体还保持着氧分层状态。进入 11 月后，水体垂向掺混完成，氧分层现象彻底消失，水体表、中、底各层溶解氧浓度趋于一致。

（2）2018 年 4 月，冰封期结束后的水体保持着垂向混合状态，水体各处溶解氧浓度基本一致，此时的溶解氧垂向平均浓度也达到了全年最大值。5 月后，随着热分层进入形成期，溶解氧表、中、底层开始出现较明显差异，氧分层过程逐渐开始。6 月，溶解氧浓度在热分层的影响下进入稳定期，水体表、中、底溶解氧浓度出现巨大差异，库底缺氧区开始出现。7 月，受水库调度影响，溶解氧浓度各层差异开始较小，在掺混作用影响下，表层及中层溶解氧浓度明显下降。8 月，经过近 1 个月的水库大流量冲击影响，库区坝前水体溶解氧浓度分层现象明显削弱，各层浓度差异已接近 5 月时的状态。9 月，水库大规模调度过程基本结束，在热分层的影响下，氧分层状况再次出现，水体各层溶解氧浓度差距再次增加，这种状况一直维持至 10 月。11 月后水体垂向掺混完成，全年氧分层循环过程结束。

根据对水库热分层及氧分层机理的分析及实测数据的判断，若 2018 年 7—8 月不出现大流量泄水调度（自 2010 年以来最大流量过程），则该时段的氧分层状况应在 6 月氧分层的结构基础上进一步发展（参考 2017 年 8 月），直至秋季完全混合。但水库的调度最终还是影响了氧分层稳定期的库区溶解氧浓度格局，这也体现出了水库这一类型水体与湖泊水体的最大不同，即水体内部的物理、化学特征因子受到水库调度的影响极大。水库的运行可以在很大程度上改变天然水体在自然状态下的演化规律。

从图 3.2-3 还可以看出，水库表、中、底层水体溶解氧浓度的变化幅度与热分层条件下的温度差异恰好相反：

（1）对于热分层，水库表层水体受季节变化及大气温度影响较大，水库表层水温年内波动范围较大；相对而言，水库底部水温波动范围极小。

（2）在氧分层方面，水库表层水体溶解氧浓度主要受水体温度及水体内光合作用产氧的影响，相对范围较小。表层水体溶解氧浓度最大、最小值分别为 14.99mg/L 及 8.55mg/L，变化幅度为 6.44mg/L，标准差为 1.85。底层水体溶解氧在混合期，其浓度受表层水体溶解氧浓度控制，在氧分层期又在耗氧反应的作用下急剧衰减，因此变化反而较大，在完全混合阶段基本与表层水体溶解氧浓度相同，而在氧分层阶段，底层缺氧区处的溶解氧浓度接近 0mg/L，变化差异明显。实测数据中，底层水体溶解氧浓度最大、最小值分别为 12.08mg/L 及 0.42mg/L，变化幅度为 11.66mg/L，标准差为 4.01。

参照水体热分层的分期方法，对大黑汀水库缺氧区的时间演化也同样提出年内分期过程。

（1）混合期。自年初冰封消失后的 4—5 月间，大黑汀水体垂向溶解氧浓度基本呈完全混合状态。在混合层后期可能会出现一定的水体溶解氧垂向差异，但水体内部总体无缺氧区产生。

（2）形成发展期。年内 6—7 月，大黑汀水库进入热分层稳定期，水体垂向溶解氧交换受到明显抑制，滞氧层水体内溶解氧被逐渐消耗，水体内部在有机物和底质的耗氧作用下，自下而上逐渐形成缺氧状态，缺氧区开始逐渐形成并不断发展。

（3）稳定期。年内 8 月，水库热分层的阻隔作用持续发挥，水体底部滞氧层长期无法得到溶解氧的充分补充，水体溶解氧含量持续下降。缺氧区不断向厚度增加、长度延长方向发展并保持稳定状态。

（4）消退期。年内 9—11 月，此时水库热分层也同样进入消退期，在缺氧区消退期的前期，随着热分层作用的减弱，水体缺氧区厚度逐渐减小，缺氧区距离开始明显缩短。当水体热分层完全消失后，随着水体垂向掺混的全部完成，水体内部溶解氧充分混合，缺氧区彻底消失。

3.2.2.2 缺氧区空间演化特征

将 2017 年 8 月至 2018 年 11 月库区沿程溶解氧监测结果进行分析整理，根据监测断面位置按月份作出库区垂向等值线图。大黑汀水库各月溶解氧沿程变化情况及缺氧区分布状况见图 3.2-4，根据前述章节相关定义，将水体内溶解氧浓度低于 2mg/L 定义为缺氧，将其分布范围定义为缺氧区。

2017 年 8 月，大黑汀水库库区溶解氧浓度分层现象十分明显，水库中部及前部存在明显缺氧区，缺氧区由坝前至库尾方向延伸长度约 12km，水库自坝前 12km 至库尾区域水体无缺氧现象。9 月，库区溶解氧浓度分层现象有所减弱，缺氧区由坝前至库尾方向延伸长度 8~10km，水库自坝前 10km 至库尾区域水体无缺氧现象。10 月，库区溶解氧浓度分层现象依然存在，但已开始出现明显的减弱趋势，水库缺氧区由坝前至库尾方向延伸长度已缩减至约 5km。11 月，库区溶解氧浓度分层现象基本消失，全库无缺氧区分布。

2018 年 4 月，大黑汀水库库区溶解氧浓度无分层现象，全库溶解氧表底掺混情况较好，均在 9~12mg/L 范围内，库区无缺氧区。5 月，随着热分层现象的逐渐出现，库区溶解氧表底浓度开始出现一定差异，但全库溶解氧含量总体情况较好，无缺氧现象发生。6 月，水温热分层现象进入稳定期，库区溶解氧浓度分层现象开始逐渐明显，坝前库表溶解氧含量在藻类光合作用的影响下，升至 13.5mg/L，坝前库底溶解氧含量显著降低，低

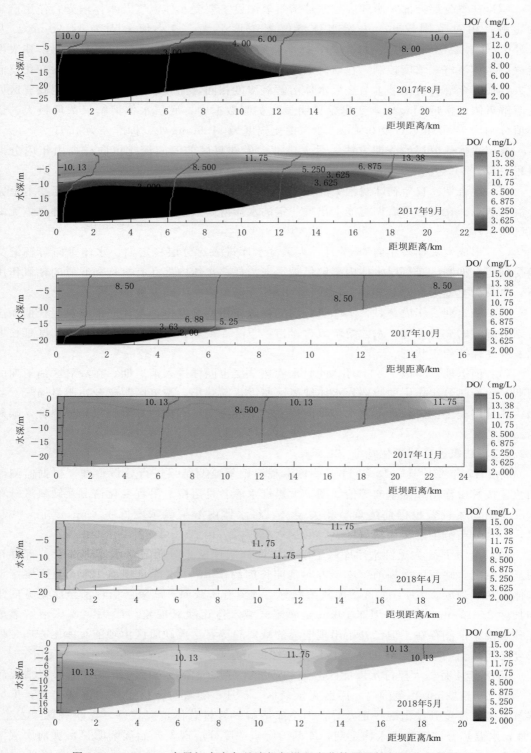

图 3.2 - 4（一）　大黑汀水库各月溶解氧沿程变化情况及缺氧区分布状况

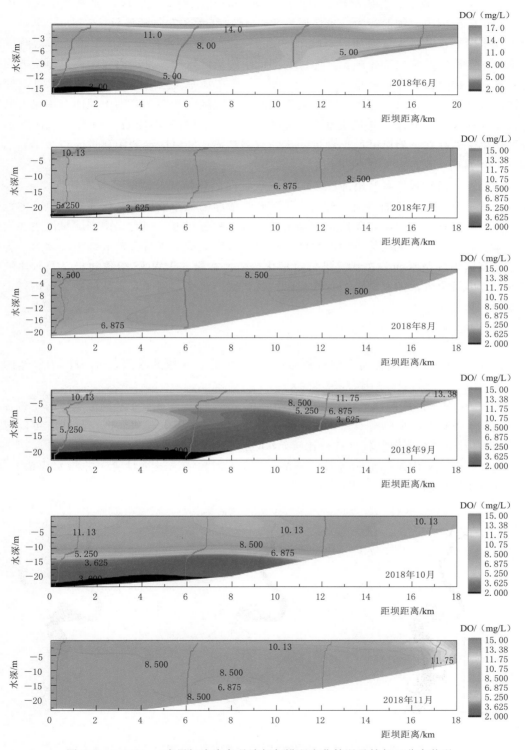

图 3.2-4（二） 大黑汀水库各月溶解氧沿程变化情况及缺氧区分布状况

于 2mg/L，坝前缺氧区开始出现；但此时还处于缺氧区的形成阶段，缺氧范围仅出现在坝前很短的范围内，坝前最大缺氧区厚度 1～2m，沿库区方向延伸仅 2～3km。7 月，受大黑汀水库弃水及供水量增加的影响（图 2.3－12），库区水库垂向掺混增强，溶解氧浓度呈现一定程度的垂向均化现象，库区底部低溶解氧区域较 6 月在沿程距离及厚度方面均有所下降，缺氧区延伸长度小于 2km。8 月，库区在水库大流量调度的影响下，坝前底部水体缺氧区消失。进入 9 月后，库区底部又开始呈现缺氧状态，范围由坝前至库尾方向延伸长度 6～8km；与 2017 年同期相比，缺氧区分布范围明显降低弱。10 月，库区溶解氧分层现象依然存在，但已开始出现进一步的减弱趋势；缺氧区沿程距离进一步减小，约为 6km。11 月后，全库缺氧区消失。

以上为大黑汀水库各月沿库区方向溶解氧垂向演化特征及缺氧区分布情况。事实上，缺氧区是一个人为定义的范围和概念，从溶解氧浓度的分布数据上，仅能对缺氧区的范围和分布进行感官上的了解，无法定量给出缺氧区的缺氧程度。同时，由于缺氧区主要发生在水体的底层区域，无法从平面的角度对水库缺氧区的范围进行直观的判断。因此，为对水库缺氧区沿程及平面分布状况进行定量化分析，在借鉴 RWCS 指数的定义及水体缺氧范围和程度量化方法的基础上，首次提出缺氧指数的概念，用于对水体的缺氧区进行定量化评价。其表达式为

$$AI = \frac{H_{anoxic}}{H_w} \qquad (3.2-1)$$

式中：H_{anoxic} 为水体垂向方向上溶解氧浓度低于 2mg/L 区域的水深，m；H_w 为水体的总体水深，m。

采用 AI 对水体内的缺氧现象进行判断。AI 指数通过 0 与非 0 来判定水体内是否存在缺氧区，AI＝0 表示水体中不存在缺氧区，AI＞0 表示水体中有缺氧区，且同时可以根据 AI 指数的大小对水体缺氧程度进行比较，AI 指数越高说明水体缺氧程度越严重。

根据定义，对大黑汀水库各月沿程溶解氧 AI 指数情况进行计算，并将水库沿程 AI 指数分布情况作图（图 3.2－5）。

（a）2017年8月　　　　　　（b）2017年9月　　　　　　（c）2017年10月

图 3.2－5（一）　大黑汀水库存在缺氧区各月 AI 指数平面分布情况

（d）2018年6月　　　　　　（e）2018年9月　　　　　　（f）2018年10月

图 3.2－5（二）　大黑汀水库存在缺氧区各月 AI 指数平面分布情况

通过 AI 指数分布图可以看出，在大黑汀水库缺氧现象存在的各月，AI 指数也存在着明显的空间分布规律。以缺氧区最为严重的 2017 年 8 月为例，AI 指数由库尾至坝前迅速上升，其中，库尾至库中的过渡区域 AI 指数为 0，说明此区域无缺氧现象；库中区域出现了 AI 指数快速变化区，说明在此区域开始出现缺氧区且缺氧区的厚度迅速增加；库中至坝前区随着水深的增加，水体缺氧现象愈发严重，全部水体的缺氧区在水深方面的占比已超过 50%。由各主要缺氧季节的 AI 指数分布图可以看出，大黑汀水库缺氧程度总体呈现由库尾至坝前逐渐增加的规律。

3.3　大黑汀水库缺氧区演化外部驱动因素分析

3.3.1　热分层对缺氧区演化的驱动作用

由前文关于水体中氧气溶解度、水体中溶解氧的来源与消耗、水体中溶解氧年内变化规律及缺氧区生消机理的研究可知，当水体中出现热分层时，中间的温跃层会对水体内部热量和质量产生明显的阻隔效应。在热分层时期，氧气很难穿越温跃层的阻隔，此时的水体下层滞温层将无法获得溶解氧的及时补充，从而导致水体缺氧区的出现。因此，初步判断认为热分层是导致水体氧分层及缺氧区演化的首要驱动因素。

将前文计算的水体各月 RWCS 指数与水库缺氧指数 AI 对比见图 3.3－1。从图中可以看出，总体上水库的缺氧区发展与库区热分层具有明显的时间相似性，年内水库缺氧的时间过程正是热分层年内变化过程的体现。当水库水体无热分层现象时，缺氧区现象随即消失，在库区热分层较为严重的时段，水库缺氧区问题也相应严重。但是必须指出的是，虽然热分层过程决定了缺氧区的时间演化过程，但缺氧区对于热分层的驱动反应是有一定的滞后的。例如，在 2017 年，10 月水库热分层趋势已开始明显减弱（典型的三层分层结构已完全消失），但水库内部仍然存在着的一定的缺氧现象，只有当 11 月热分层结构被严重破坏后，水体的缺氧问题才逐渐缓解。又如，在 2018 年的 5 月，此时水库的热分层现象已逐渐进入稳定期，但是此时水库内仍然无缺氧现象，直至 6 月热分层稳定存在后，水库水体内部的缺氧区才开始逐渐形成。

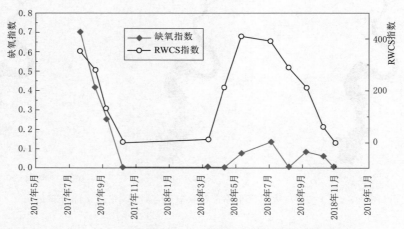

图 3.3-1 大黑汀水库坝前各月缺氧指数与 RWCS 指数沿时变化

水库水体内溶解氧的演化主要取决于两个因素，即补充与消耗。水体的热分层结构对缺氧区演化的驱动作用主要是对溶解氧补充的控制，在此基础上驱动水体滞氧层缺氧的还包括水体内部有机质及底质的耗氧作用，因此在水库热分层形成后，水体内耗氧因素需要一段时间来对水体内部的氧气进行消耗，达到一定程度后缺氧区才会出现。在热分层的消退期（例如 10 月），虽然水库水体混合层与温跃层已开始混合，但在其下部的温度梯度仍然存在，水体的垂向掺混不够完全，水体滞氧层内的溶解氧依然无法得到有效补充，而水体内耗氧因素还在持续发挥作用，因此只有当水库垂向完全混合后，缺氧现象才能够得到充分缓解。这种缺氧区演化对热分层的滞后性，也导致了缺氧指数与同期的 RWCS 指数比较时，并未出现明显的相关性（$r=0.455$，$P=0.137$）。但是当人为将缺氧区对热分层的时间差进行校正并剔除大流量冲击影响后（将热稳定指数数据与缺氧指数数据交错一个月进行统计，图 3.3-2），热分层与缺氧区的相关性显著提高（$r=0.676$，$P=0.03$）。

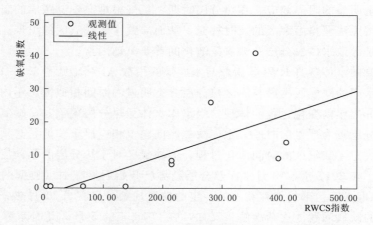

图 3.3-2 校正时间相位差后的缺氧指数与 RWCS 指数相关关系

为研究水库热分层对水体溶解氧结构的影响，根据 RWCS 指数法的基本思想，提出氧分层稳定性指数（stability of dissolved oxygen stratification，SDOS）来表征水体氧分层的稳定程度，氧分层稳定性指数计算公式如下：

$$SDOS = \frac{R_s - R_b}{R_4 - R_5} \qquad (3.3-1)$$

式中：R_s 为表层水体溶解氧浓度；R_b 为底层水体溶解氧浓度；R_4、R_5 分别为氧气在 4℃ 与 5℃ 时在水体内的溶解度。

　　将氧分层稳定性指数与大黑汀水库 RWCS 指数作图 3.3-3，从图中可以看出，大黑汀水库氧分层的稳定程度与热分层稳定程度关系更为密切，水库热分层状态基本完全决定了水体内溶解氧的垂向结构特征。将两者进行相关性分析（图 3.3-4），可以看出水库的热分层与氧分层具有明显的相关性（$r=0.746$，$P=0.005$）。特别是将受到水库大规模泄水影响的 2018 年 8 月数据作为影响水库热分层与氧分层的特殊原因进行剔除后，两者之间的相关关系有了明显的进一步提高（$r=0.819$，$P=0.002$）。由此可见，在稳定水体条件下，大黑汀水库热分层结构决定了水体氧分层的结构特征，热分层是水体内溶解氧变化的主要驱动因素。

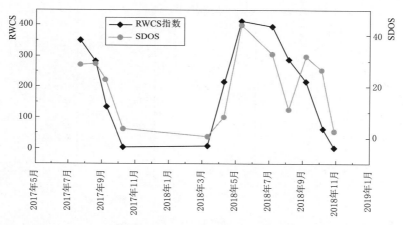

图 3.3-3　大黑汀水库坝前各月氧分层稳定性指数与 RWCS 指数沿时变化

　　为进一步分析水库水温热分层结构对水体溶解氧浓度及氧分层结构的影响，分别对大黑汀坝前各月垂向水温结构与溶解氧结构作图（图 3.3-5）。从图中可以看出，大黑汀水库各月热分层结构形态与氧分层结构形态基本完全一致，当水库水体在完全混合状态时，溶解氧在垂向上也完全是无分层的均化状态，当水体出现热分层时，溶解氧也必然呈现分层结构；而且当水体出现热分层时，混合层、温跃层与滞温层与相应的溶解氧混合层、氧跃层及滞氧层的拐点也基本完全处于同一深度，同时氧跃层梯度与温跃层梯度也基本一致。从图中还可以看出，水体出现缺氧现象时，均是表层水体水温与底层水体水温差异较大时，由于底层水体温度年内差异较小，因此表层水体温度的增加时导致表底水体密度差异变大，增加了水体在垂向掺混的阻隔，导致了溶解氧掺混能力的下降，促进了水体缺氧区的形成。

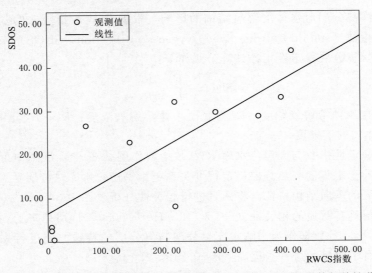

图 3.3-4　大黑汀水库坝前各月氧分层稳定性指数与 RWCS 指数相关性分析

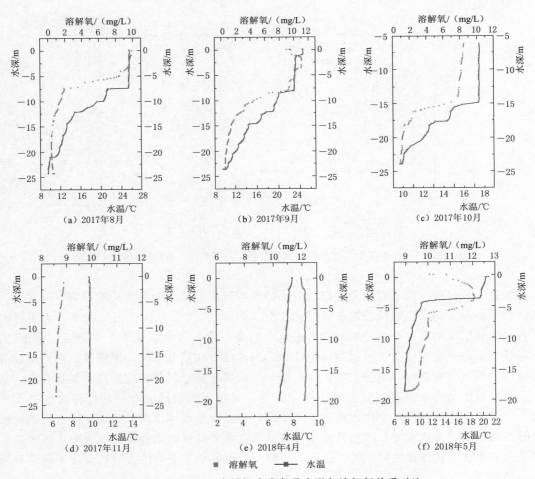

图 3.3-5（一）　大黑汀水库各月水温与溶解氧关系对比

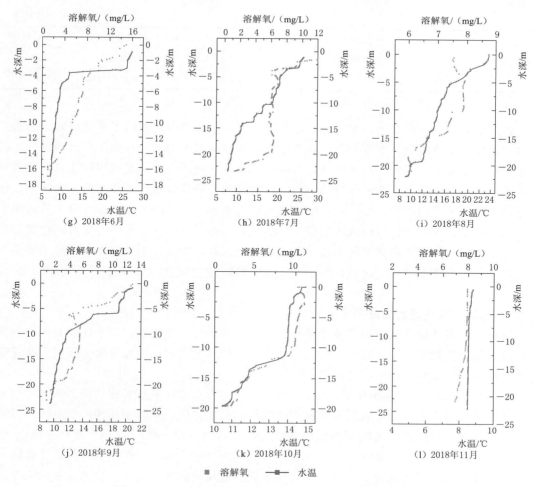

图 3.3-5（二）　大黑汀水库各月水温与溶解氧关系对比

计算了各月水温及溶解氧指标的相关性，见表 3.3-1，从表中可以看出，除 2018 年 8 月外，大黑汀水库各月水温与溶解氧指标均高度相关（即使在 8 月，水温与溶解氧浓度仍然呈现明显的相关性）。这些现象说明，水体的热分层状态完全决定了大黑汀水库溶解氧的结构演化规律，溶解氧的年内演化规律是建立在水库水温演变规律基础上的。需要特别指出的是 2017 年 7 月和 8 月，前文已多次提到这两个月水库的运行调度过程对水体热分层及氧分层状况产生了极大影响，从对比图可以看出，这两月的水温及溶解氧分层结构受到掺混影响较大，温跃层与氧跃层的良好驱动关系被破坏。由此可见，在水库水体中，调度运行条件对库区水体水质特性影响较大。

表 3.3-1　　　　大黑汀水库各月水温与溶解氧 Pearson 相关性分析

时间	2017 年 8 月	2017 年 9 月	2017 年 10 月	2017 年 11 月	2018 年 4 月	2018 年 5 月
相关系数	0.822**	0.935**	0.951**	0.935**	0.708**	0.755**
显著性	$P<0.01$	$P<0.01$	$P<0.01$	$P<0.01$	$P<0.01$	$P<0.01$

时间	2018 年 6 月	2018 年 7 月	2018 年 8 月	2018 年 9 月	2018 年 10 月	2018 年 11 月
相关系数	0.881**	0.766**	0.641**	0.793**	0.993**	0.876**
显著性	$P<0.01$	$P<0.01$	$P<0.01$	$P<0.01$	$P<0.01$	$P<0.01$

** 表示在 0.01 水平（双尾）相关性显著。

　　通过以上分析可以看出，对于大黑汀水库而言，水体热分层驱动了水体溶解氧结构的演化与发展，水体热分层现象与氧分层现象的形成时间基本同步。在水库稳定的热分层结构形成后，水体中部温跃层对水库表底水体的溶解氧交换产生了明显的阻隔作用，底部水体在耗氧机制的作用下不断消耗且得不到有效的补充，会导致水体内部溶解氧含量的变化而导致水体氧分层结构的形成。而溶解氧分层结构维持一定的时间后，在无其他外部因素的干扰下，将会导致水体内缺氧区的产生。从数据分析可知，在水库热分层及氧分层形成后大约 1 个月后，水体内将开始出现缺氧区现象。因此，大黑汀水库水体热分层是驱动水库缺氧区形成和发展的根本性因素，热分层的周期性变化决定了缺氧区在年内的演化规律。

3.3.2　溶解氧与气温的响应关系

　　从前面的水体溶解氧溶解度及来源与消耗的机理研究中可以看出，水库所处区域的气象条件变化（特别是气温）对水体内的大气复氧条件影响很大，因此需要分析气温条件变化对水库水体溶解氧状况的驱动作用。

　　将大黑汀水库年内气温数据与水库表、中、底层溶解氧浓度数据对比作图（图 3.3 - 6），同时对气温与水库表、中、底层溶解氧浓度展开相关性分析。从图中及相关性分析可以看出，水库气温与水体表中底层溶解氧均无显著相关性（表层：$r=0.461$，$P=0.131$；中层：$r=-0.159$，$P=0.621$；中层：$r=-0.439$，$P=0.153$）。对于水库中层与底层水体来说，其内部的溶解氧含量主要来自大气复氧扩散及垂向紊动交换。除全库垂向完全混合阶段外（年内 11 月及 4 月），水库中下层水体溶解氧含量与表层气象条件基本无关。对于表层水体来说，按照前述关于水中溶解氧的介绍，溶解氧含量应当与水温（气温影响下的

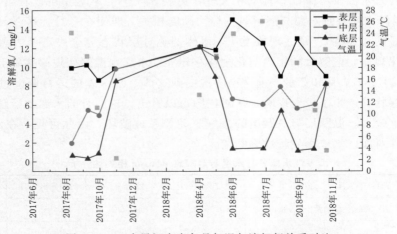

图 3.3 - 6　大黑汀水库各月气温与溶解氧关系对比

水温）呈负相关关系，即温度越高溶解氧含量越低。但是从对比图中可本以看出，只有年内 11 月和 4 月体现了上述规律，在大部分月份，气温与水体表层溶解氧均呈现正比例关系。究其原因，是因为事实上在影响水体表层溶解氧含量的因素中，温度仅在某些特定时段起到了一定的作用，而当将生物的光合作用考虑进来后，温度对氧气溶解度的影响作用就不是主要的。在富营养化较为严重的水体中，藻类生长季节的光合作用对表层水体溶解氧含量的影响要远大于温度。对于大黑汀水库而言，其水体内部较高的营养状态导致了较高的藻类生物量，当温度条件满足要求时，表层水体内藻类在光合作用下将会大量释放溶解氧，显著增加水体内溶解氧浓度。

将大黑汀水库各月监测数据中表层叶绿素浓度数据与溶解氧分层数据作图（图 3.3 - 7）并进行相关性分析（图 3.3 - 8），结果表明水体中表层叶绿素浓度与水体表层溶解氧浓度具有明显的相关关系（$r = 0.651$，$P = 0.022$），若将非藻类生长季（年内 4 月及 11 月）的相关数据剔除后，两者的相关关系还会进一步增加（$r = 0.729$，$P = 0.017$）。同时将气温与水体表层叶绿素浓度进行相关性分析（图 3.3 - 9），结果表明两者也存在着明显的相关关系（$r = 0.716$，$P = 0.009$）。

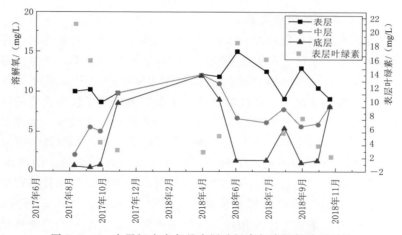

图 3.3 - 7 大黑汀水库各月表层叶绿素与溶解氧关系对比

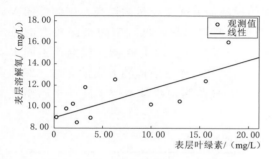

图 3.3 - 8 大黑汀水库各月表层
叶绿素与表层溶解氧相关关系

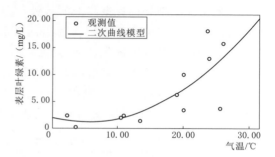

图 3.3 - 9 大黑汀水库各月
表层叶绿素与气温相关关系

通过上述分析可以看出，大黑汀水库所在区域的气温条件不是影响库区水体溶解氧状况的直接因素。在藻类生长季节，它通过对水体内藻类生物量的影响而间接驱动了水库表层水体溶解氧浓度的变化，进而促进了溶解氧分层的形成；在非藻类生长季，气温通过对水温的影响导致了水体内氧气溶解度的变化，使水体在秋冬季及早春季节的水体平均溶解氧含量显著提高。

而对于水库缺氧区问题，气温条件也是一种间接性驱动条件。气温的年内变化规律导致了水体表层水体温度的规律性演化过程（见 2.3.1 节）：气温上升导致热分层的形成和稳定，为水体缺氧区的形成与演化创造了条件；气温的下降导致热分层的消退，使得水体缺氧状态在热分层消退时产生的垂向掺混作用下逐渐缓解。因此，气温的变化并不能直接驱动水体缺氧区的演化，但可以通过对水体热分层的影响而间接推动缺氧区在年内的规律性进程。

综上所述，气温条件的变化无法对水库深层水体内的溶解氧状况产生明显影响，对水体溶解氧的影响仅局限在水体表层一定区域内，这种影响在不同时段内的作用方式有所不同。同时气温条件的变化无法直接驱动水体内部缺氧区的形成与消亡，而是通过对水库水温结构的影响进而间接推动了缺氧区的年内演化规律。

3.3.3　缺氧区与地形条件的响应关系

当水库水体在所在区域气象状况、水体热分层结构均达到一定条件时，在水体表面大气复氧及光合作用复氧、水体底部有机质及底质的耗氧作用影响下，水体溶解氧垂向结构开始出现氧分层现象。在底层水体滞氧层内耗氧作用发展到一定程度时就会出现缺氧现象。在缺氧区的形成和演化过程中，地形条件（水深）也起到了较为重要的驱动作用。

水深较深的区域，水体受到的表层水体对下层的溶解氧补充较少，水体上层的富氧水更加难以影响到深层水体的溶解氧浓度。水体的深度越大，底层部分越不容易受到表层水体、水库调度等动力学方面的影响而不易与表层水体发生紊动交换。随着水体水深的增加，水体内部的有机质在沉降过程中有更多的时间与水体内的富氧水体进行接触，从而使氧化反应更为充分，其消耗的溶解氧含量也就越多[230]。因此，当水库水体深度越大时，其在同等条件下（热分层条件、水质条件、底质条件等）发生缺氧的可能性也就越大。

为比较同等条件下不同水体深度对缺氧区的影响，根据大黑汀水库实测溶解氧浓度垂向分布数据进行对比分析。大黑汀水库属于河道型水库，在地形条件方面，其高程沿库区方向呈现由库尾至坝前逐渐降低的趋势，在水库的横断面方面主要呈两岸高、中间低的 V 形河谷地貌；对应到水深上，在横断面方面则表现为两岸水深较低、中间水深较大的特点。为比较同等条件下缺氧区的结构特征，选取 2018 年 9 月、10 月在同一横断面不同水深处的溶解氧垂向监测数据进行对比。根据前文对大黑汀水库水质监测方案的介绍，2018 年 9 月、10 月为网状监测，其中 5 号、6 号、7 号、8 号监测垂线基本位于同一水库横截面处（图 3.3-10），5 号~8 号点位的水深见表 3.3-2。

表 3.3-2　　　　　　　　　　　大黑汀水库 5 号~8 号监测点位水深

点位	5 号点	6 号点	7 号点	8 号点
水深/m	15.12	23.78	23.73	14.78

9月、10月，5号~8号点位溶解氧垂向结构
分别见图3.3-11和图3.3-12。从图中可以看出，
在相同的气象、水温、热分层状况、水质条件情景
下，各监测点位溶解氧浓度在相同水深处的监测数
值基本相同，即在同等条件下，同一水深处的溶解
氧浓度一致，溶解氧浓度随水深变化的规律性十分
明显。对于水深较浅的5号点位和8号点位，也出
现了典型的氧分层结构特征；但由于水深较浅而未
发展出明显的缺氧区域。对于水深较大的6号点位
和7号点位，在底层溶解氧补充较少、有机质耗氧
作用更加充分的影响下，水体底部出现了明显的缺
氧区域。从上述点位数据的对比可以看出，对于水

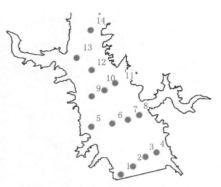

图3.3-10 大黑汀水库坝前网状
监测点位分布图

动力学条件和水质条件相对较为均一的水体，在同等边界条件下，其水体内部的溶解氧结
构是基本类似的，在这种情况下地形条件对溶解氧浓度的影响就变得较为单一和直接，即
随着水体深度的增加，溶解氧浓度将持续下降直至出现缺氧状态（前提条件是水体内部及
底质存在一定数量的耗氧物质）。地形条件对水体溶解氧影响的重要前提条件是其他边界

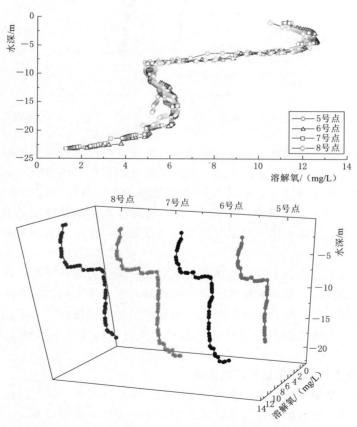

图3.3-11 大黑汀水库9月5号~8号点位溶解氧垂向结构图

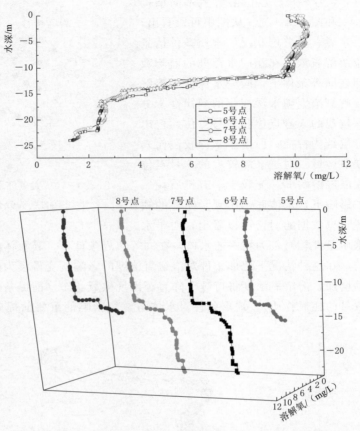

图 3.3-12　大黑汀水库 10 月 5 号～8 号点位溶解氧垂向结构图

条件相同，因为水深增加导致的缺氧区形成一定是建立在滞氧层与外界基本隔绝、水体内部耗氧反应持续发生作用前提条件下的。若滞氧层外的富氧水体不断对滞氧层进行补充或滞氧层水体清澈（无耗氧反应，见图 3.1-2 奥地利的艾特湖），则缺氧区就会因为缺少稳定的外部条件而失去形成的基础。如在 11 月，大黑汀水库水体稳定的热分层结构消失，水库垂向掺混剧烈，表层水体溶解氧与底层完全混合，不论水库水体深度如何均不会导致缺氧区的产生。

　　由以上分析可知，水深是导致水体缺氧区形成的重要辅助性因素，当水体气象、热分层和水质等边界条件满足驱动缺氧区形成的要求时，水体深度的增加将使得缺氧区出现的可能性增大。但地形条件仅是为缺氧区的形成提供了形态学条件，并不是驱动缺氧区产生的决定性因素，当水体内部其他条件无法满足要求时，即使增大水体水深也无法形成缺氧区。

3.3.4　水动力学条件对水库缺氧区的影响

　　前文在 2.3.4 节中提出，水库作为很特殊的一类水体类型，其与一般水体最重要的区别就是会在年内特定时段因调度原因或水库功能的原因而产生明显异于平时的大流量冲击过程。这一过程对于水库易于形成热分层及氧分层的坝前区域影响十分明显。大黑汀水库

在 2018 年 7—8 月的大流量调度过程对水库在该时段内的热分层结构已经产生了明显影响
（见 2.3.4 小节），使得水库的热分层结构基本上被完全打破，这种影响主要是由于大流
量调度在坝前产生了水体剧烈的垂向掺混，使得水体各水层不同温度的水体充分混合，从而
破坏了原有的稳定温度和密度梯度。

　　水动力学条件的变化对于溶解氧分层及缺氧区的稳定性同样影响较大（图 3.3 - 13），
大规模的坝前水流冲击（流量数据见图 2.3 - 13）使得大黑汀水库已有的溶解氧分层结构
被完全打破。从垂向浓度差异来看，2017 年 8 月，水库溶解氧垂向分层结构明显，库区
表底溶解氧浓度差异显著，底层由于稳定的热分层和氧分层条件而形成明显的缺氧区；
2018 年 8 月，在大流量冲击的影响下，水体表层与底层掺混剧烈，溶解氧被充分混合，
溶解氧垂向的浓度差异较 2017 年 8 月明显减小（图 3.3 - 14）。同时，溶解氧在水体表层
和底层的浓度也因为强烈的混合作用而分别小于（表层）和大于（底层）2017 年 8 月的
情况。受此情况影响，在年内 8 月本应出现的缺氧区也随即消失，全库垂向溶解氧浓度均
值明显高于氧分层稳定期。在大流量冲击影响后，虽然 2018 年 9 月水体重新回到静止状态，
但由于 8 月缺氧区的消失使得原本在 9 月应继续维持的缺氧区规模也显著减小，直至年内热
分层及氧分层进入消退期，也没有再发展出大规模的水库内部缺氧区域（见 3.2.2 小节）。

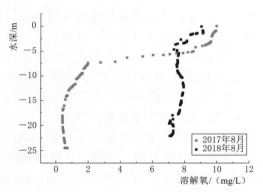

图 3.3 - 13　大黑汀水库 2017 年 8 月
与 2018 年 8 月溶解氧结构对比

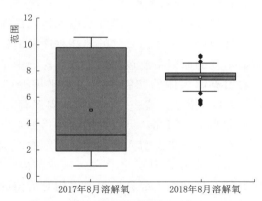

图 3.3 - 14　大黑汀水库 2017 年 8 月
与 2018 年 8 月溶解氧实测数据对比

　　通过上述分析可以看出，水库在调度期间的水动力学条件变化对于库区溶解氧分层结
构及缺氧区的影响十分显著，大流量调度过程可以严重削弱甚至完全消除水体内的缺氧现
象。而这种对缺氧区的干扰还可以使得水体在后续的时段内即使满足缺氧区的产生条件，
也会因为时间、温度等条件的限制而无法再出现大规模的缺氧现象。这种水动力条件对缺
氧区的干扰作用研究为在水库这种人工干预性较强水体内消除水体缺氧现象提供了有效且
可行的方法。

3.4　基于 S - AHOD 的缺氧区溶解氧消耗因素及影响比例

　　本章前几节分析了水体热分层、气象条件、地形条件及动力学条件对水库缺氧区的驱

动作用。通过分析可以看出，上述因素均为大黑汀水库缺氧区的演化提供了重要的外部条件和边界性条件。但是如果在水体内部缺乏足够的耗氧因素，即使上述条件全部满足，也无法产生水体缺氧区。水体内部的溶解氧消耗过程是水库缺氧区演化的重要内在因素。

通过前文的水体内溶解氧平衡机理分析可知，在水体内部溶解氧的来源主要为大气复氧以及光合作用产氧。水体内部氧气的消耗途径主要是有机物分解过程中的耗氧以及污染型底质中生物作用及化学作用产生的耗氧量，在滞氧层内部，有机物分解耗氧及底质耗氧共同造成了水体中氧气的消耗。对于大黑汀水库来说，库区底部由于网箱养殖产生的重污染底质将对缺氧区的形成与发展产生重要影响，其对滞氧层内对溶解氧的消耗将产生较大贡献。从水体溶解氧的监测数据中并不能准确地掌握底质耗氧对滞氧层溶解氧消耗产生的影响程度，同时无法确定滞氧层内不同深度处耗氧特征的垂向差异，而这对于揭示大黑汀水库的缺氧区形成机理十分重要。因此，本节将提出分层面积均化水体溶解氧消耗率（stratified areal hypolimnetic oxygen depletion rate，S－AHOD）的概念，应用高频水库垂向溶解氧监测结果，对传统的单位面积氧消耗率（AHOD）计算方法进行修正，定量化地研究水体耗氧特征的垂向差异，识别大黑汀水库滞氧层内溶解氧消耗因素的影响比例。

3.4.1　分析的基本思路

在热分层时期的大黑汀水库水体底部滞氧层内，溶解氧的不断消耗是导致水体缺氧的根本性原因。水体内氧气的消耗程度及消耗速率决定了缺氧区的发展进程。导致水体内溶解氧消耗的原因主要包括两个方面，分别是有机物分解耗氧及底质相关反应耗氧。国外学者在对湖库水体的初级生产力水平展开研究时，通常会使用到单位面积溶解氧消耗率（AHOD）指标，这一指标是水体内部有关溶解氧消耗的综合反映，可以表征湖库水体的营养化水平。因此，可以借用这一指标来反映水库水体缺氧区的发展进程。

在将这一概念引入到水体缺氧区的评价时，发现国外的方法在应用时存在以下问题：

（1）虽然 AHOD 指标是反映水体内部溶解氧消耗的综合性指标，但是由于国外相关研究的目标湖库大部分均为底质相对清洁的水体。在这类湖库中，水体内部有机物分解产生的耗氧作用占据了溶解氧消耗的主导地位，相关计算方法主要以体现有机物分解耗氧过程为主，并未很好地体现污染型底质对于水体溶解氧消耗的作用。

（2）AHOD 体现的基本概念是滞温层（或滞氧层）内部面积平均的溶解氧消耗率，并不能够体现出滞温层内不同水体深度处溶解氧的消耗水平。这对于底质清洁的水库而言一般不会存在较大问题，但是对于底质污染型水体而言，越是接近水体底质区域，底质耗氧对溶解氧消耗的影响就越明显，其在水体内溶解氧消耗过程中所占的比重也就越大。因此，仅仅给出滞温层水体内部的一个 AHOD 指标不能够清晰地反映不同深度水体的溶解氧消耗水平。

（3）在 AHOD 计算方法的研究工作中，大部分学者都认为在热分层期间，水体内部上层的混合层与温跃层对下层的滞温层的热量和质量交换基本是被隔绝的，因此在计算方法中基本都没有考虑上层水体对滞温层水体溶解氧含量的扩散补充。但后续的研究发现，由于温度及溶解氧浓度梯度的存在，在热分层期间还是会有部分溶解氧通量由水层上部向下层传递，Burns 在总结影响滞温层溶解氧消耗率的因素时就提出"或许在湖泊中氧气向滞温层水体传输或扩散程度有大有小，但在计算滞温层溶解氧消耗率时应考虑这些向下传递的溶解氧通量"[231]。David 在回顾 AHOD 的相关计算方法发展时也提出溶解氧垂直混合对于滞温层氧气含量的输入是影响 AHOD 计算准确性的因素之一[232]。鉴于以上问题，需要对现有 AHOD 的计算方法进行相应的修正，才能够应用到实际的湖库水体缺氧区评价工作中来。

根据以上分析，对于大黑汀水库滞温层内部溶解氧消耗定量分析的思路为：借鉴国外关于湖库水体生产力的相关指标（AHOD）来对大黑汀水库滞温层内的溶解氧消耗状况进行分析，结合水库实测的高频分层溶解氧演化数据及修正后的相关计算方法对导致大黑汀水库滞温层内的溶解氧消耗的驱动因素进行定量评价，对不同水层深度处导致水体溶解氧消耗的因素进行定量化判断，进而总结大黑汀水库缺氧区溶解氧消耗的机理及驱动因素。

3.4.2　水库垂向溶解氧高频监测技术及监测结果

通过前文对大黑汀水库缺氧区时间演化特征的分析可知，水库的缺氧区演化可以分为混合期、形成发展期、稳定期及消退期四个主要阶段。形成期是大黑汀水库缺氧区演化规律中的重要时期，这一时期是后期缺氧区稳定发展的基础性阶段。通过前文的分析，大黑汀水库的缺氧区的产生时间约滞后于热分层的形成时间约 1 个月，因此，水库缺氧区基本形成于年内的 6 月。为明晰大黑汀水库在坝前缺氧区形成关键期的溶解氧精确变化规律，根据海洋科学领域对大洋区域溶解氧监测的技术方法，研发了垂向溶解氧高频监测系统，对水库坝前深水区的溶解氧演化规律进行了高时间密度的分层监测。

该系统主要由观测仪器、锚系连接部件及漂浮系统构成。其中观测仪器包括加拿大 RBR 公司离线自计式温度探头 5 个，美国 HOBO 公司温度、溶氧探头 4 个；锚系连接部件及漂浮系统包括 2 个 30kg 的塑料浮球、20m 钢丝绳、25m 锚链、150kg 重力锚块和连接卸扣。大黑汀水库垂向溶解氧高频监测系统示意图见图 3.4－1，主要部件见图 3.4－2，垂向溶解氧高频监测系统探头深度及监测指标见表 3.4－1。

图 3.4－1　大黑汀水库垂向溶解氧高频监测系统示意图

表 3.4－1　　大黑汀水库垂向溶解氧高频监测系统探头深度及监测指标

序号	设 备 型 号	探头水下深度/m	监 测 指 标
1	加拿大 RBR 自计式探头	3	温度
2	美国 HOBO 自计式探头	5	温度、溶解氧
3	加拿大 RBR 自计式探头	7	温度
4	美国 HOBO 自计式探头	9	温度、溶解氧
5	加拿大 RBR 自计式探头 2	11	温度

续表

序号	设 备 型 号	探头水下深度/m	监 测 指 标
6	加拿大 RBR 自计式探头	13	温度
7	美国 HOBO 自计式探头	15	温度、溶解氧
8	加拿大 RBR 自计式探头 3	17	温度
9	美国 HOBO 自计式探头	18.5	温度、溶解氧

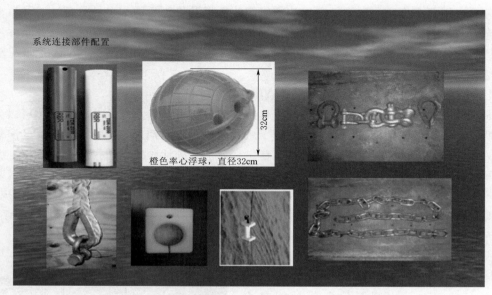

图 3.4-2　大黑汀水库垂向溶解氧高频监测系统主要构件图

　　根据水库热分层及缺氧区的发展规律，本系统于 2018 年 6 月 3 日投放至水库坝前。溶解氧监测探头的数据记录时间间隔为 0.5 小时，监测时间自 2018 年 6 月 3 日上午 9 时开始，持续监测至大黑汀底部水体开始出现稳定的缺氧区为止，监测的结束时间为 2018 年 6 月 28 日上午 10 时。在监测期间，每个溶解氧监测探头采集的溶解氧数据数量为 1202 个，全部 4 个探头共采集溶解氧浓度数据 4808 个。根据不同探头位置绘制的大黑汀水库坝前各水层溶解氧浓度随时间变化过程见图 3.4-3。

　　结合大黑汀水库在 2018 年 6 月热分层结构图，在上述 4 个水深位置的探头中，水下 5m 处的探头基本处于热分层中温跃层与滞温层的交界处，而其余 3 个探头均位于水体热分层时期的滞温层内部。其中最下层的探头（水下 18.5m）距离库区底部约 1.5m，该探头的数据清晰记录了大黑汀水库底层滞温层水体溶解氧被不断消耗直至发展为缺氧状态的过程。

　　从监测数据可以看出，在监测初期，水体内部的垂向溶解氧浓度无明显差异，在 9～12mg/L 之间。滞温层顶端水体由于接近表层富氧水体，其溶解氧浓度相对较高，底层水体溶解氧浓度略低，但总体均保持在溶解氧含量较高的水平。但随着水体热分层结构的持续发展，在水体内部溶解氧耗氧作用下的影响下，各层水体溶解氧浓度开始出现差异性变化，氧分层结构开始逐渐形成。至监测时段末期，底层水体溶解氧浓度迅速下降，直至最后处于完全缺氧状态。大黑汀水库的缺氧区演化开始进入形成期。

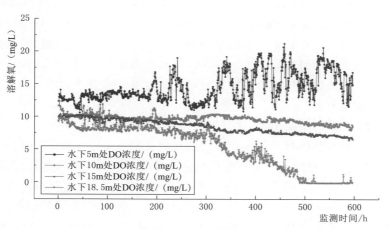

图 3.4-3　大黑汀水库缺氧区形成期坝前各水层溶解氧浓度变化

从上述实测数据中可以明显看到滞氧层水体内溶解氧的消耗过程，但在水体不同层位的有机物分解耗氧和底质耗氧的影响比例和贡献程度尚无法确定。需要将实测数据与溶解氧消耗计算方法结合进行定量化分析。

3.4.3　基于 S-AHOD 的缺氧区溶解氧消耗因素及影响比例分析

3.4.3.1　国外传统方法对滞氧层溶解氧消耗率的计算

在国外学者提出的多个 AHOD 计算方法中，选取较为具有代表性的 Charlton 公式[80]进行分析。Charlton 认为，水体内滞温层区域的 AHOD 与湖泊初级生产力（为叶绿素或总磷浓度的函数）、滞温层厚度、滞温层平均水温相关，在对美国和加拿大共 26 个湖泊数据分析的基础上，提出了 AHOD 的计算公式，参见式（3.1-17）和式（3.1-18）。

利用该公式，Charlton 对大量的湖库 AHOD 进行了验证计算，取得了良好的结果。后续的学者在对 AHOD 进行研究时，对 Charlton 公式也均多有提及。

根据 Charlton 公式对大黑汀水库在缺氧区形成关键期的滞温层 AHOD 进行计算。6月坝前水温实测数据显示，当月水库热分层中滞温层顶部水深为 4.5m，6 月坝前水深约为 20m，由此计算滞温层厚度约为 15.5m。6 月滞温层顶端至水库底层的平均温度为 8.07℃，水库表层的叶绿素平均浓度为 12.32μg/L，根据 Charlton 公式计算可得大黑汀水库滞温层平均 AHOD 数值为 1.05gO₂/（m²·d）。

事实上，Charlton 也意识到湖库水体在热分层期间滞温层水体溶解氧消耗中应当还包括沉积物相关反应对溶解氧浓度的影响，应该对湖泊沉积物耗氧部分给予更多的关注并对公式进行相应的完善。他认为该公式在大多数湖泊中的验证结果较好，主要有两个方面的原因：一是验证使用的湖泊底质污染相对较轻，沉积物造成的滞温层溶解氧消耗所占比例不大，而公式中的截距部分（0.12）即代表了沉积物耗氧部分的相关影响；二是该公式中在沉积物耗氧部分的不足影响很小，因为 SOD 通常会受到滞温层水体含氧量极限的限制，当滞温层含氧量达到阈值极限时，SOD 将不会再继续增加。通过研究发现，对于大黑汀水库而言，Charlton 所提出的两点原因却正是该公式的不足之处，大黑汀水体在 21 世纪初期开展大规模的网箱养殖活动，导致库底区域沉积了大量的富含有机质的污染型沉积物，底质对水体溶解氧消耗的影响较大。在缺氧区形成的早期阶段，滞温层内含有较为充足的氧气通量，使沉积物有充足的氧气消耗来源，不会因为氧气总量的限制而制约 SOD 的贡献值。根据前文介绍可知，Charlton 在计算水体滞温层 AHOD 时并没有考虑水体表层溶解氧扩散对下层水体溶解氧含量的补充，这就使得公式的计算结果与实际的溶解氧消耗过程存在更大的偏差。

3.4.3.2　S-AHOD 概念的提出

根据大黑汀水库水体内部不同水层处溶解氧消耗的速率差异特征，在国外学者常用的 AHOD 概念基础之上，提出了"分层面积均化水体溶解氧消耗率"的概念（S-AHOD），认为在底质污染程度较重的湖库水体中，SOD 占水体耗氧量的比重相对较大，在滞温层内不同水层间的溶解氧消耗水平也存在着明显的差异，因此使用全滞温层平均的溶解氧消耗率不能体现污染底质对水体氧气含量消耗的影响程度，应使用 S-AHOD 概念对这一类型湖库不同水体层位处的溶解氧消耗水平进行分别评价，以全面反映水体的溶解氧消耗状态。

3.4.3.3　基于 S-AHOD 概念的溶解氧消耗因素及影响比例分析

1. 计算使用的概念模型

本次高频溶解氧监测仅在坝前布置了一条监测垂线，在利用单垂线数据计算大黑汀水库坝前滞温层缺氧区 S-AHOD 时，提出以下假设：在缺氧区发生的一定范围内，平面各处的溶解氧垂向分布结构基本相同。这一假设可以从 3.2.2 节及 3.3.3 小节中得到证实。因此对于大黑汀水库而言，可以使用单垂线溶解氧监测数据来代表水库坝前滞温层缺氧区内的溶解氧消耗过程。

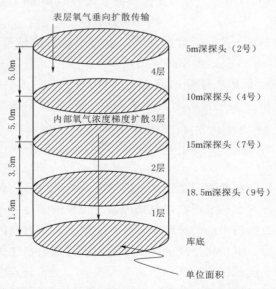

图 3.4-4　大黑汀水库 S-AHOD 计算概念模型

在上述假设的基础上，给出计算过程使用的概念模型（图 3.4-4）。本次使用高频溶解氧监测垂线数据进行分析，根据前文提出的假设，在该监测垂线周围一定范围内的溶解氧分布结构是基本相同的，为计算方便，在概念模型内首先给定一个单位横截面积为 $1m^2$ 的标准水柱。该水柱深度与 6 月大黑汀水库坝前水深相同，4 个溶解氧监测探头分别位于水面以下 5m、10m、15m 及 18.5m 处，其中最下层探头距离库底约 1.5m。从图中可以看出，每个探头均代表了相应层位水柱内部溶解氧消耗率状况，在这一消耗速率中包含了下层水体溶解氧浓度变化对本层水体溶解氧浓度变化的影响，因此反映了沉积物耗氧反应在本层位的影响贡献量。

在 S-AHOD 概念模型中还将考虑水库表层水体对滞温层水体溶解氧的扩散补充，在这方面采用 David 给出的公式进行计算，该计算方法直接将溶解氧的垂向补充量转化为了滞温层内的溶解氧消耗率[232]。他认为，溶解氧在垂向方向上的交换量会对 AHOD 的计算产生一定影响，因此需要根据相关条件对 AHOD 的计算数据进行修正。他认为溶解氧垂向交换产生的消耗率是垂直热交换系数和层间溶解氧浓度差异的函数：

$$DO_{flux} = v_t \ (DO_u - DO_d) \qquad (3.4-1)$$

其中

$$v_t = \frac{V_h}{A_t \times t_s} \ln \frac{T_{h,i} - \overline{T}_u}{T_{h,s} - \overline{T}_u} \qquad (3.4-2)$$

式中：DO_{flux} 为层间氧传递后的溶解氧消耗率，$gO^2/(m^2 \cdot d)$；v_t 为垂直热交换系数，m/d，由 Chapra[234] 给出；DO_u 为上层溶解氧浓度，mg/L；DO_d 为滞温层溶解氧浓度，mg/L；V_h 为滞温层体积，m^3；A_t 为滞温层面积，m^2；t_s 为溶解氧消耗持续时间，d；$T_{h,i}$ 为滞温层起始时段水温，℃；$T_{h,s}$ 为滞温层终点时段水温，℃；$\overline{T}_u$ 为上层水体平均水温，℃。

2. S-AHOD 计算结果及滞温层溶解氧消耗机理分析

根据实测数据计算得出的各层位处水体的 S-AHOD 数值见表 3.4-2（同时提供了国外相关湖泊的参考数值）。将本计算结果与 Charlton 公式计算结果配合就能够计算并分析水体在不同层位处有机物分解耗氧及底质耗氧的贡献程度。通过对结果的分析可以看出：

表 3.4-2　　　　　　　　　　大黑汀水库 S-AHOD 计算结果

水层	S-AHOD	Charlton 公式	David 修正后	差值	SOD 影响比例
1	1.86			0.65	41.4%
2	1.45			0.24	24.7%
3	1.25	1.05	1.21	0.04	13.0%
平均	1.52			0.31	28.3%

北美有关湖泊 AHOD 数值：苏必利尔湖为 0.40；安大略湖为 1.25；伊利湖中央湖区为 0.33；伊利湖东部湖区为 0.61；密歇根湖为 0.88

（1）与国外相关湖库对比，由于大黑汀水库具有较高的水体营养化程度及较重的底质污染程度，使得水体溶解氧消耗率数值较高，在热分层期间，底部水体更容易产生缺氧现象。

（2）大黑汀水库坝前滞温层内水体溶解氧消耗率在层间有较为明显的差异，底部水体的消耗速率最大，由底层向表层方向逐渐降低。通过对比 Charlton 公式的计算结果可知，根据实测数据计算的得到的 AHOD 数值均大于公式计算值，这说明实测数据中充分反映了滞温层水体内部有机质分解及底质耗氧两方面共同产生的溶解氧消耗率，而 Charlton 公式由于仅考虑了水体内有机质耗氧部分而未能充分反映出大黑汀水库水体在缺氧区形成关键期的溶解氧消耗机理。

（3）实测数据与公式计算结果（修正后）的差值即是底质耗氧在该水层处造成的溶解

氧消耗贡献部分，将两者差值与 Charlton 公式截距（Charlton 认为截距部分在一定程度是表示了水体内部 SOD 的贡献量）加和后即可得到水库滞温层不同深度处底质耗氧贡献量。根据贡献量影响比例的计算结果可以看出，SOD 在大黑汀底层水体溶解氧消耗中所占比例相对较大，可以达到 41.4%；随着水深的降低，底质耗氧对于滞温层水体内部溶解氧消耗率的影响也将逐渐降低，在水深 5m 及 10m 处影响比例分别为 24.7% 及 13.0%。这说明 SOD 对于水体内溶解氧的消耗影响将随着水深的减小而逐渐降低，受其影响的区域主要位于水体的下层。（当距离沉积物无限远处，底质耗氧作用将逐渐趋近于 0，此时水体内的溶解氧消耗率将与 Charlton 公式的计算结果无限接近，这也间接说明了 Charlton 公式在计算水体有机质分解耗氧部分的可用性和准确性）。

（4）大黑汀水库在热分层季节缺氧区的产生是由有机物分解及底质耗氧共同造成的。在滞温层的不同水深处，两者的影响程度不同，其中底质耗氧在其中扮演了十分重要的角色（从平均数值来看，SOD 约可占全部滞氧层耗氧量的 30%）。

综上所述，水库水体内部较高的营养化程度及较重的底质污染使得水体内溶解氧消耗率相对较高，在热分层稳定期比较容易形成稳定的缺氧区域。在滞温层缺氧区形成的关键期内，水体内有机质分解耗氧及沉积物耗氧是驱动缺氧区形成的关键因素，其中沉积物耗氧过程产生的影响不可忽视。

3.4.3.4　Charlton 公式修正式

最后，根据上述数据的计算成果，提出了更适用于大黑汀水库缺氧区形成关键期的 Charlton 公式修正式：

$$S\text{-}AHOD = 3.80 \times \left[f(Chl\text{-}a) \times \frac{\overline{Z}_\eta}{50 + \overline{Z}_\eta} \times 2^{\frac{\overline{T}_\eta - 4}{10}} \right] + AHOD_{flux} + 0.0005 \, Z^{2.479} \quad (R^2 = 0.943)$$

$$(3.4\text{-}3)$$

式中：Z 为滞温层水体内部水深，m；$AHOD_{flux}$ 为溶解氧垂向交换产生的消耗率。

式（3.4-3）的基本含义是，在对底质污染程度较高的湖库进行滞氧层溶解氧消耗率分析时，应针对不同层位的状况进行分层分析，同时在进行计算时应注意考虑溶解氧垂向交换产生的消耗率贡献量，这样才能够完整和准确地描述滞氧层内缺氧这一重要的现象。需要特别指出的是，式（3.4-3）中的有关系数是依据大黑汀水库的实测数据确定的，在应用到其他水库时，需要进行适当的修正。式（3.4-3）的提出主要是为其他类似水库的滞氧层溶解氧消耗率分析提供一个新的方法和思路。

3.5　本章小结

（1）水库溶解氧垂向结构由上至下可划分为混合层、氧跃层及滞氧层，本书提出了用于定量描述缺氧区演化、分布及程度的缺氧指数（AI）概念及计算方法，结合实测溶解氧数据对大黑汀水库缺氧区时空演变特征进行了研究。认为大黑汀水库氧分层及缺氧区的演化表现出明显的季节变化规律特征，缺氧区的时间演化可主要分为混合期、形成发展期、稳定期及消退期等四个主要时段。由于缺氧区的产生是在水体内部耗氧反应影响下逐渐形成的，因此缺氧区的年内演化规律较氧分层演化过程会滞后一定的时间。从大黑汀水库的空间演化特征来看，在水库完全混合季节（无热分层），库区由库尾至坝前无明显的氧分层结构特征，水体内部总体溶解氧含量较高；在热分层季节，水体内部随即出现明显的溶解氧分层特征。氧分层特征由库尾至坝前逐渐增强。在坝前深水区域内，逐渐出现了水体缺氧现象。

（2）提出了高频水库垂向溶解氧监测技术，以及分层面积均化水体溶解氧消耗率（S－AHOD）的概念，修正了传统的单位面积氧消耗率（AHOD）计算方法，定量化地研究了水体耗氧特征的垂向差异，识别了大黑汀水库滞氧层内溶解氧消耗因素的影响比例。研究认为，底质耗氧量（SOD）在大黑汀底层水体溶解氧消耗中所占比例相对较大，可以达到 41.4%（滞氧层内平均占比约 30%）。水库水体内部较高的营养化程度及较重的底质污染使得水体内溶解氧消耗率相对较高，有机质分解耗氧及沉积物耗氧是驱动大黑汀水库缺氧区形成的关键因素，其中沉积物耗氧过程产生的影响不可忽视。

（3）大黑汀水库的缺氧区是在气象、水温、水质、地形及动力学等多种因素共同影响下产生的。其中，气象、热分层结构及水库地形条件为缺氧区的产生提供了重要的外边界条件，水体内部的营养化程度及污染型沉积物是导致缺氧区形成的重要内在驱动因素。外边界条件的变化为大黑汀水库的缺氧区在年内形成与消亡创造了规律性条件，内在驱动因素使得水体在外边界条件满足要求时能够快速形成缺氧现象。水动力学条件既是缺氧区稳定性的保障又是抑制缺氧现象的重要手段，是人为干扰缺氧问题的主要途径。

第4章 大黑汀水库缺氧区水质响应特征研究

4.1 大黑汀水库污染特征分析

4.1.1 流域基本概况

潘家口水库、大黑汀水库（以下简称"潘大水库"）是天津及唐山两市重要的饮用水水源地，两水库也是我国第一个跨流域供水工程——引滦入津工程的源头水库。潘大水库水源地位于河北省迁西县的滦河干流上，地跨兴隆、宽城、承德、迁西等四市、县（其中大黑汀水库主要位于唐山市迁西县）。潘家口水库是引滦入津工程的主要蓄水水库，大黑汀水库作为潘家口的下游水库，其主要作用是调节上游水库的来水，同时为向下游地区（天津、唐山）供水创造水力条件。两水库位于同一流域，首尾相接（中间以潘家口水库下池相隔）布置在滦河干流上，因此两库周边的基本概况类似且互相关联，同时大黑汀水库的相关水质问题与潘家口水库及其周边的基本情况也有着密切的联系，因此将两库的流域基本概况进行统一介绍。

4.1.1.1 流域概况

潘家口、大黑汀水库位于唐山市迁西县城北的滦河干流上，位于东经 $115°32'\sim118°56'$、北纬 $40°12'\sim42°44'$ 之间，控制流域面积 35635km²，占滦河流域面积的 80%。滦河发源于河北省丰宁县，流经河北省、内蒙古自治区，于乐亭县入海，全长 888km，流域面积 44600km²。

滦河水系支流众多，较大的支流有柳河、瀑河、洒河等。其中，柳河发源于兴隆县雾灵山，全长 130km，于石佛汇入潘家口水库；瀑河发源于河北省平泉市，全长 114km，于大桑园汇入潘家口水库；洒河发源于兴隆县，河长 89km，在潘家口水库下游洒河桥流入大黑汀水库。

4.1.1.2 流域地质地貌

潘大水库以上包括两大地系单元，一是内蒙古高原，一是冀北山地。内蒙古高原（俗称坝上）面积 10909km²，占潘大水库以上总面积的 30.6%，地势平缓，海拔 1300～1800m，风蚀严重，沙化和潜在沙漠化面积占 1/3。冀北山地由燕山和七老图山脉构成。

潘大水库处燕山山区，地貌主要为中山、低山、丘陵河谷地。潘大库区内地层主要有太古界片麻岩，震旦系石英岩、页岩、石灰岩，以及侏罗系砂页岩等，水质类型为重碳酸盐钙镁型。

4.1.1.3 流域土壤概况

潘大水库上游土壤主要有 13 类，其分布特点是：

（1）内蒙古高原以栗钙土、草甸土、风沙土和沼泽土为主体（高原区东北部，分布有大面积的灰色森林土和零星的黑土、高山草甸土）。

（2）冀北山地则以棕壤和褐土分布最广。棕壤自北向南分布在海拔 1000～600m 以上的中山和低山上部；褐土则分布在上述高程以下的低山、黄土丘陵和平坦的阶、台地。棕壤和褐土的土体结构较好，矿质养分丰富，酸碱度适中，有利于农业生产。承德市土壤资源十分丰富，土壤类型多样，有适宜以农为主的褐土、部分栗钙土、部分草甸土和棕壤土；有适宜以林为主的灰色森林土、棕壤、淋溶褐土、风沙土和部分黑土性土、暗林钙土等；有适宜以牧为主的栗钙土、草甸土、褐土性土、部分灰土性土、沼泽土；还有可发展蒲苇种植和渔业的沼泽土。

4.1.1.4 流域植被概况

冀北山地因地势和气候的差异变化较大，在海拔 1700m 以上的中山，植被覆盖度在 90％以上；在海拔 600～1700m 的山地，分布的主要是针阔混交林、灌木和草本植被带，植被覆盖度一般在 40％～70％之间；在低山丘陵地带，分布的主要是旱生阔叶林、灌木和草本植被带；在河流两岸的河谷地带，主要是草甸植被；人工植被主要是松、杨、榆、槐及苹果、山楂、梨、板栗等干鲜果树，农作物主要是玉米、谷子、水稻、小麦、豆类及各种蔬菜。

4.1.1.5 流域气象条件

滦河流域位于副热带季风区，夏季较短但气温较高且降雨量大，蒸发较强。冬季气温较低，气候干燥。降雨量自南部海岸区向北部逐渐增加，经过长城一线后又逐渐减小。降雨的中心区域集中在潘家口、柳河及洒河一带，流域冬季降水较少，夏季受大陆低压及副高压控制，降雨充沛。区域降雨的特点是降雨集中、暴雨较多。

潘大水库所在区域属燕山山区，冬季受蒙古高气压控制，夏季受海洋暖风调节，系中纬度大陆性气候，多年平均气温 10.2℃，最高气温 39.4℃，最低气温－25.0℃；无霜期较短（90～180 天），冰冻期较长（120～200 天），冬季为偏北风，夏季为偏南风；上游为大陆性季风气候，昼夜温差大，大风日数多，降雨量年际变化大；多年平均降水量自北向南为 500～800mm，雨量年内分配很不均匀，汛期主要集中在 6—9 月，汛期水量占全年总水量的 75％～85％；年蒸发量 1200～1800mm。

4.1.1.6 流域水系、水文概况

滦河发源于河北省丰宁县，向北流入内蒙古自治区多伦县，再向南流回丰宁县境内，往下顺流进入潘家口水库及大黑汀水库，经迁西、迁安、滦县入冀东平原，于河北省乐亭县入渤海。滦河在承德、唐山境内主要的一级支流有瀑河、洒河及柳河等。

滦河水量充沛，多年平均年径流量约为 47 亿 m³，其中潘家口以上多年平均年径流量约为 24.5 亿 m³。径流量在年内具有分配集中的特点，但是年际变化十分明显。年内径流主要集中在 7—8 月，该时段的来水量可占全年来水量的 60％以上。

4.1.1.7 流域社会经济概况

潘大水库上游涉及河北、内蒙古两省（自治区）的 17 个县（区、旗），两库上游总面积中，内蒙古自治区 6864.16km²，占 19.26％；河北省 28771.01km²，占 80.74％。潘大水库上游农地总面积为 3403.7km²，占总面积的 10％。

潘大水库地区自然条件十分优越，矿产资源十分丰富，现已查明黑色金属、可燃性有机岩、非金属矿藏等 40 多种，主要有煤、金、银、铜、钼、钨、锌、铂、铁、高岭土、硫铁矿等。大黑汀水库周边地区（大黑汀水库大坝以上至洒河桥以下）采矿、选矿企业约 12 家（均已停产）。

潘大水库上游地区地域辽阔，土地资源十分丰富，主要作物以玉米为主，沿滦河两岸种植水稻，山地种植谷子、大豆等耐旱作物，潘家口水库周边种植有核桃、板栗等果树，其产品远销日本。

潘大水库上游地区林业、畜牧业发达，林业资源比较丰富，有干鲜果、山杏仁、花椒、蚕桑等，承德市滦河流域草场面积约为 140 万 hm^2，其中草场可利用面积为 1903.8 万亩。

4.1.2　大黑汀水库水质状况及变化趋势分析

4.1.2.1　大黑汀水库主要污染源

1. 面源

对于大黑汀水库而言，面污染源主要是流域内化肥农药使用及水土流失造成的污染。

潘大水库上游地区水土流失相当严重，1991 年被列为国家水土保持重点防治区，由于投资少，治理速度缓慢，现仍有各类水土流失面积 17906km^2。以河北省承德市为例，在 14042km^2 的水土流失面积中，轻度［侵蚀模数 500～2500t/(km^2·a)］7215km^2，中度［2500～5000t/(km^2·a)］5519km^2，强度［5000～8000t/(km^2·a)］1217km^2，极强度［8000～15000t/(km^2·a)］91km^2。年土壤侵蚀总量 4047 万 t，平均土壤侵蚀模数 2882t/(km^2·a)。滦河上游地区土壤质地主要是沙壤和壤质，土壤中平均含氮量 0.084%，含磷量 10.9mg/kg，含有机质 1.64%。大量的土壤养分随暴雨径流进入河道和水库中。

据调查，在上游地区 34 万 hm^2 农田中，年施用化肥总量 90504t，其中磷肥 26140t，钾肥 5232t，复合肥 39363t，其他肥 19769t；施用各种农药总量 1036t，以有机磷农药为主。在雨季，氮磷等营养物质随降雨径流进入河道，造成库区水质下降。

根据大黑汀水库年径流量及水质状况计算的水库各典型年入库面污染负荷见表 4.1-1。

表 4.1-1　　　　　　　大黑汀水库典型年面污染负荷计算结果

水库名称	典型年	总氮/t	总磷（可溶性磷）/t
大黑汀水库	平水年（1998 年）	816	177（9.8）
	丰水年（1994 年）	169	6.6（3.8）
	枯水年（1997 年）	40.1	2.8（1.09）

2. 点源

对于大黑汀水库而言，点污染源主要是水库周边区域与人类社会活动有关的污染物以点状形式排放而使水体造成污染的发生源。点源一般包括工业废水及居民生活污水，这类污染源一般由排放口集中排入库区水体并造成污染。

近年海河水利委员会引滦工程管理局对潘家口、大黑汀水库周边地区的点源污染源进行了系统梳理和调查。经核查，大黑汀水库周边区域可能对水库水质造成影响的点污染源共计 99 个（类），主要类别包括库区周边村庄生活污水、旅游设施（别墅、酒店）生活污水、库边支沟沿线污水汇入、养殖场、鱼塘、原库区周边铁选企业尾矿库、工矿企业污水、库区周边餐饮酒店、库区水面旅游及管理船只等。

大黑汀水库位于潘家口水库下游，因此潘家口上游及周边地区的点源污染负荷也会随下泄的水量进入到大黑汀水库。目前潘家口水库上游地区的点源污染主要包括生活污水、工矿企业及旅游产业等，其中工业企业污染物主要来自食品、造纸、选矿等行业。在生活污水方面，潘家口水库周边地区有大量的常住居民，每年生活污水排放量近 30 万 t，污水中主要污染物为细菌、COD_{Mn}、氨氮、挥发酚等。在潘家口水库目前有大量旅游船只，旅游活动也给库区带来一定程度的污染。

据核算，洒河总氮入库负荷 21.32t；潘家口水库供水产生负荷 3707t；洒河总磷入库负荷 0.15t；潘家口来水总磷入库负荷 45.01t；洒河氨氮入库负荷 0.944t；潘家口来水氨氮入库负荷 240.1t；洒河 COD_{Mn} 入库负荷 4.42t；潘家口来水 COD_{Mn} 入库负荷 2362t。

3. 网箱养殖

网箱养殖是将由网片制成的箱笼放置到一定水域进行水产养殖的一种方式，它在获得良好的经济效益的同时，也会对水域产生大量的污染。相比池塘养殖，网箱养殖高密度、集约化，未食饲料和鱼的排泄物等有机质以及渔药残留大量进入水体，网箱大部分设在湖泊、水库、河沟等开放水域，污水直接排放将污染整片水域，造成水体富营养化。在网箱养殖中，污染最重的是投饵式网箱养鱼。

相关研究表明，网箱养殖中投放的饵料只有一少部分会被鱼类食用，其余部分会直接进入养殖水体环境造成污染。有研究显示，用于鱼类增加体重的饵料仅占投放总量的 25%～35%，而其余的 65%～75% 将残留于水体环境[235-236]。相关研究认为，网箱养殖将在很大程度上增加水体富营养化水平，大约每生产 1t 鱼就需要向水体排放磷 85～90kg、氮 12kg。对于磷元素而言，约有 20% 以溶解态存在于水中，约 80% 沉积在水体底部，形成污染底质。

潘大水库的网箱养殖始于 20 世纪 80 年代，自 20 世纪 90 年代以来库区养殖规模不断增加，网箱数量迅猛增长。2003 年后，政府为发展地方经济，增加群众的收入水平，开始鼓励在库区发展网箱养殖。自此，万余名库区居民在潘大水库从事养殖业，网箱数量高达几万箱，成为当地群众的主要经济收入来源。

2011 年，引滦工程管理局对大黑汀水库库区水体内的网箱养殖规模进行了详细统计。调查结果表明，大黑汀水库内共存在各式网箱 21000 箱，养殖的鱼类种类包括鳙鱼、武昌鱼、鲫鱼、鲤鱼、鲢鱼等；在养殖密度方面，鲤鱼为 8000～10000 条/箱，鳙鱼、花白鲢为 3000～4000 条/箱，水库鱼类总产量约为 12000t。

大黑汀水库网箱养殖的规模逐年增加，2012 年大黑汀水库年产鱼 1.9 万 t，按 1kg 鱼投饵 2.5kg 计算，饵料平均含氮 5%，含磷 1%。假设投放的饵料中的氮和磷有 35% 被鱼类吸收并通过捕捞而被带出水体，65% 未被吸收进入库区。以氮按照 85% 溶入水中、15% 沉入水底计，磷按照 30% 溶入水中、其余沉入水底计，计算可得大黑汀水库网箱养殖在 2012 年进入水体中的污染物负荷量为：总氮 1312.2t、总磷 92.6t、COD_{Mn} 759t、氨氮 99t，分别占当年水体污染负荷（与点源、面源相对而言）的 15.8%、50.9%、22.3%

和 18.6%；其中，总磷占比较高，成为水库磷负荷的主要来源。在网箱养殖期间，大黑汀水库水体水质状况也在不断下降。

为彻底消除潘家口、大黑汀水库网箱养殖造成的水体污染，为天津、唐山两市提供优质水源，2016 年 10 月，河北省正式启动潘大水库的网箱养殖取缔活动，截止到 2017 年 5 月，共组织出鱼 4336.3757 万 kg，清理网箱 27462 箱。相关研究表明，网箱清理后，大黑汀水库水质出现了明显的好转趋势[237]。但不可忽视的是，虽然网箱养殖从水体中清理出去，每年因投饵和鱼类排泄进入水体的氮磷污染负荷被消除，但近 10 年的大规模养殖产生的污染型沉积物却依然存在于库区底部。

4.1.2.2　大黑汀水库水质现状特征

为分析大黑汀水库现状条件下库区水质特征，根据海河水利委员会引滦工程管理局提供的近三年水质数据对水库水质状况进行分析，分析选取的指标包括 COD_{Mn}、总磷、氨氮、总氮。大黑汀水库 2016—2018 年各月水质状况及水质类别见表 4.1-2～表 4.1-4。

表 4.1-2　　　　　　　　　大黑汀水库 2016 年坝前水质状况

时　间	COD_{Mn}		总　磷		总　氮		氨　氮	
	浓度/(mg/L)	水质类别	浓度/(mg/L)	水质类别	浓度/(mg/L)	水质类别	浓度/(mg/L)	水质类别
2016 年 1 月	5.2	Ⅲ	0.81	劣Ⅴ	2.9	劣Ⅴ	0.890	Ⅲ
2016 年 2 月	4.71	Ⅲ	0.78	劣Ⅴ	2.32	劣Ⅴ	0.830	Ⅲ
2016 年 3 月	4	Ⅲ	0.63	劣Ⅴ	2.87	劣Ⅴ	0.510	Ⅲ
2016 年 4 月	4.3	Ⅲ	0.54	劣Ⅴ	2.37	劣Ⅴ	0.350	Ⅱ
2016 年 5 月	4	Ⅲ	0.40	劣Ⅴ	1.67	Ⅴ	0.290	Ⅱ
2016 年 6 月	5.1	Ⅲ	0.22	劣Ⅴ	1.75	劣Ⅴ	0.281	Ⅱ
2016 年 7 月	5.1	Ⅲ	0.10	Ⅴ	2.21	劣Ⅴ	0.246	Ⅱ
2016 年 8 月	6.3	Ⅳ	0.08	Ⅳ	2.22	劣Ⅴ	0.245	Ⅱ
2016 年 9 月	4.5	Ⅲ	0.07	Ⅳ	4.96	劣Ⅴ	0.200	Ⅱ
2016 年 10 月	4.2	Ⅲ	0.14	Ⅴ	5.05	劣Ⅴ	0.158	Ⅱ
2016 年 11 月	3.4	Ⅱ	0.31	Ⅴ	4.53	劣Ⅴ	0.118	Ⅱ
2016 年 12 月	3.4	Ⅱ	0.50	劣Ⅴ	4.38	劣Ⅴ	0.337	Ⅱ

表 4.1-3　　　　　　　　　大黑汀水库 2017 年坝前水质状况

时　间	COD_{Mn}		总　磷		总　氮		氨　氮	
	浓度/(mg/L)	水质类别	浓度/(mg/L)	水质类别	浓度/(mg/L)	水质类别	浓度/(mg/L)	水质类别
2017 年 1 月	4.2	Ⅲ	0.39	劣Ⅴ	4.2	劣Ⅴ	0.300	Ⅱ
2017 年 2 月	3.8	Ⅱ	0.37	劣Ⅴ	4.57	劣Ⅴ	0.182	Ⅱ
2017 年 3 月	3.2	Ⅱ	0.36	劣Ⅴ	3.84	劣Ⅴ	0.249	Ⅱ
2017 年 4 月	4	Ⅲ	0.38	劣Ⅴ	4.15	劣Ⅴ	0.346	Ⅱ
2017 年 5 月	3.5	Ⅱ	0.25	劣Ⅴ	3.76	劣Ⅴ	0.311	Ⅱ
2017 年 6 月	6	Ⅳ	0.16	Ⅴ	3.26	劣Ⅴ	0.261	Ⅱ

续表

时间	COD_Mn		总磷		总氮		氨氮	
	浓度/(mg/L)	水质类别	浓度/(mg/L)	水质类别	浓度/(mg/L)	水质类别	浓度/(mg/L)	水质类别
2017年7月	4.9	III	0.09	IV	2.43	劣V	0.217	II
2017年8月	4.2	III	0.10	V	2.77	劣V	0.240	II
2017年9月	3.8	II	0.08	IV	4.41	劣V	0.095	I
2017年10月	3.4	II	0.03	III	4.97	劣V	0.289	II
2017年11月	3.1	II	0.08	IV	4.21	劣V	0.257	II
2017年12月	3.4	II	0.11	V	4.51	劣V	0.439	II

表 4.1－4　　　　　　　　　　大黑汀水库 2018 年坝前水质状况

时间	COD_Mn		总磷		总氮		氨氮	
	浓度/(mg/L)	水质类别	浓度/(mg/L)	水质类别	浓度/(mg/L)	水质类别	浓度/(mg/L)	水质类别
2018年1月	3	II	0.100	IV	4.57	劣V	0.323	II
2018年2月	2.9	II	0.080	IV	4.22	劣V	0.422	II
2018年3月	3.1	II	0.090	IV	3.82	劣V	0.303	II
2018年4月	3.28	II	0.170	V	3.46	劣V	0.042	I
2018年5月	3.24	II	0.060	IV	3.26	劣V	0.057	I
2018年6月	3.3	II	0.049	IV	3.29	劣V	0.043	I
2018年7月	4.5	III	0.025	III	1.80	V	0.029	I
2018年8月	4	III	0.034	III	5.42	劣V	0.230	II
2018年9月	4.4	III	0.034	III	5.11	劣V	0.452	I
2018年10月	4.5	III	0.048	III	4.37	劣V	0.054	I
2018年11月	5.3	III	0.078	IV	4.25	劣V	0.078	I
2018年12月	2.2	II	0.063	IV	5.08	劣V	0.271	II

从 2016—2018 年大黑汀水库坝前水质数据可以看出，在参与评价的各项指标中，COD_{Mn} 及氨氮指标总体状况良好，3 年来均维持了较好的水质水平。总氮及总磷是制约大黑汀水库水质状况的主要污染指标，指标的总体浓度较高，污染程度较重。

网箱养殖是大黑汀水库水体内部磷负荷的主要来源，在网箱养殖活动的高峰时段，其为水库带来的磷负荷曾一度高达 50%。2016 年底至 2017 年上半年大黑汀水库开展了大规模的库区网箱养殖的清理活动，给水质带来的最明显变化就是水体内总磷浓度的降低。图 4.1－1 给出了 2016—2018 年大黑汀水库坝前各月总磷浓度变化值，图 4.1－2 给出了 2016—2018 年大黑汀水库坝前各月总磷浓度数据特征。从图中可以明显看出，库区各月总磷浓度在网箱养殖清理后明显下降，总磷年均浓度值下降明显且年内变化幅度明显降低。

事实上，如果将 COD_{Mn} 及氨氮 2016—2018 年的数据进行分析，也可以得到与总磷类似的演化特征。以上这些数据的变化趋势似乎表明，在网箱养殖清理后，大黑汀水库的水质状况正在出现显著的好转趋势。相关的研究成果也支持这一结论：王佰梅等通过对大黑汀水库 2017 年库区实测水质数据的分析表明，总磷是大黑汀水库的主要污染物，而网箱养殖是水库的磷污染负荷的主要源头，网箱养殖被清理后，大黑汀水库总磷浓度下降明显[237]；翟卫东等认为，大黑汀水库网箱养殖被取缔后，水体的总磷浓度迅速下降，水质改善效果非常明显[238]。

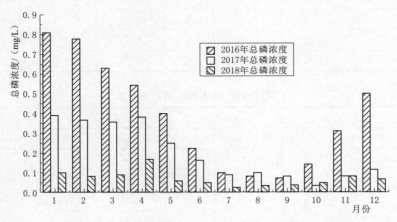

图 4.1-1　大黑汀水库 2016—2018 年坝前总磷浓度比较

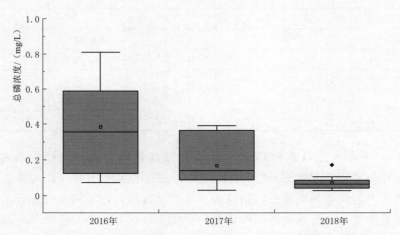

图 4.1-2　大黑汀水库 2016—2018 年坝前总磷浓度年内各月浓度特征

　　然而，通过对上述水质数据的进一步分析可知，事实却并非如此简单。为水库管理部门提供定期水质数据的水样主要取自水库表层水体（具体为水面以下 0.5m 处），监测数据体现出的库区水质改善趋势的确存在，但仅仅是表现出了水体表层区域的趋势和状况，由于大黑汀水库坝前区域存在近 30m 的水深，因此需要采用分层的水质数据来对库区的水质进行综合分析。

　　现选取海河水利委员会引滦工程管理局在热分层关键期对水库坝前垂向三层（表、

中、底）的水质监测数据（2017 年）及本研究开展的坝前垂向水质监测数据进行分析（2018 年），见图 4.1-3 和图 4.1-4，其中 2017 年分层监测数据为 7—9 月，2018 年为 4—8 月及 10 月。

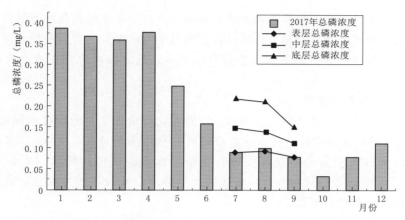

图 4.1-3 大黑汀水库 2017 年坝前表层总磷浓度与分层浓度比较

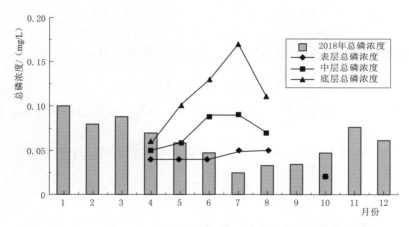

图 4.1-4 大黑汀水库 2018 年坝前表层总磷浓度与分层浓度比较

　　从大黑汀水库总磷表层例行监测数据与分层水质数据对比可以看出，尽管水库表层总磷浓度相对较低，但从垂向分布情况来看，水质浓度水平还存在着明显的差异。距离库区底部越近的水层总磷浓度越高，以 2017 年为例，水库表层总磷浓度基本可以达到Ⅳ类水平，但同期库区底部的总磷浓度则为Ⅴ类和劣Ⅴ类水平。究其原因，虽然大黑汀水库表层水体水质在网箱养殖清理后出现了明显的好转，但多年来饵料投放以及养殖活动产生的鱼类粪便累积，使得水库底部存留了大量的污染型沉积物，这些沉积物在条件适当的时候依然会持续不断地向水体内部释放污染物质。尽管水体表层水质出现了一定的好转迹象，但在年内特定时段还会导致水体底层水质恶化。Burns 在研究湖泊沉积物对缺氧区及湖泊水质时就曾经提出"由于大量先前沉降的有机材料的延迟氧化,沉积物对溶解氧的消耗可能显著高于预期[231]。在考虑湖泊对减少的外部负荷响应时,应充分考虑这种'历史'的溶解氧消耗需求,因为它可以在湖泊外部负荷减少后的多年时间内继续对湖泊产生影响。"

从上述分析可以看出,水库总磷浓度的垂向差异与库区水体热分层及氧分层特性关系密切,在年内热分层及氧分层显著的时段,底质污染物浓度会与表层差异明显,这说明水库的水温及溶解氧状况会对水体水质造成直接影响。这方面内容将在本章后续部分进行分析。

4.1.2.3   大黑汀水库富营养化状态评价

采用中国环境监测总站《湖泊(水库)富营养化评价方法及分级技术规定》(总站生字〔2001〕090 号)提出的综合营养状态指数法,利用大黑汀水库 2018 年水质监测结果对库区坝前深水区水质富营养化程度进行评价。该方法采用叶绿素 a(chl-a)、总磷(TP)、总氮(TN)、透明度(SD)、高锰酸盐指数(COD_{Mn})作为综合评价因子,分别计算各项指标的营养状态指数:

$$TLI(Chl-a) = 10 \times (2.5 + 1.086 \ln chla) \tag{4.1-1}$$

$$TLI(TP) = 10 \times (9.436 + 1.624 \ln TP) \tag{4.1-2}$$

$$TLI(TN) = 10 \times (5.453 + 1.694 \ln TN) \tag{4.1-3}$$

$$TLI(SD) = 10 \times (5.118 - 1.94 \ln SD) \tag{4.1-4}$$

$$TLI(COD_{Mn}) = 10 \times (0.109 + 2.66 \ln COD) \tag{4.1-5}$$

计算出各指标的 TLI 指数后,再计算水体的综合营养指数:

$$TLI = \sum_{j=1}^{m} W_j \cdot TLI(j) \tag{4.1-6}$$

式中:$TLI(j)$ 为第 j 种参评的营养状态指数;W_j 为第 j 种 参数的营养状态指数的相关权重。

以 chl-a 为基准参数,第 j 种参数的归一化的相关权重系数计算公式为

$$W_j = \frac{r_{i,j}^2}{\sum_{j=1}^{m} r_{i,j}^2} \tag{4.1-7}$$

式中:$r_{i,j}$ 为第 j 种参评指标与叶绿素 a 的相关系数。

由此计算大黑汀水库 2018 年 4—11 月库区坝前深水区富营养化状态,计算结果见表4.1-5 和图 4.1-5。由计算结果可以看出,大黑汀水库在年内的 6—8 月属于轻度富营养化水平,其中 6 月、7 月已经接近中度富营养化水平;其余月份为中营养化水平,但是除11 月略低外,其余月份也已接近轻度富营养化水平。总体而言,大黑汀水库水体的富营养化程度较高,对水库供水安全的水质威胁较大。

表 4.1-5   大黑汀水库 2018 年各月综合营养状态指数

时间	4 月	5 月	6 月	7 月	8 月	9 月	10 月	11 月
TLI	46.4	49.7	57.1	57.9	52.7	—	47.2	43.1
营养化水平	中营养	中营养	富营养	富营养	富营养	—	中营养	中营养

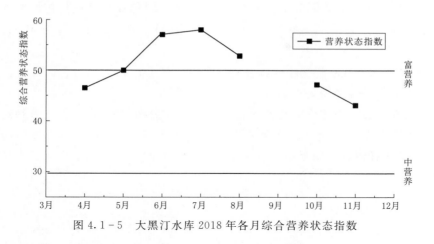

图 4.1-5 大黑汀水库 2018 年各月综合营养状态指数

4.1.3 大黑汀水库底质污染特征分析

4.1.3.1 大黑汀水库底质调查点位

2016 年 7 月,对大黑汀水库沉积物进行采样调查,在水库内共设置 9 个点样断面,为保证采样数据的代表性,在每个采样断面分别设置左、中、右三个采样点,用三个采样点的平均测定值作为该断面的代表值,大黑汀水库采样断面布设见图 4.1-6。

4.1.3.2 沉积物的分析测定方法

总磷及磷酸盐含量测定使用钼酸铵分光光度;总氮使用碱性过硫酸钾消解紫外分光光度法;氨氮使用纳氏试剂分光光度法;硝酸盐使用酚二磺酸分光光度法。

在沉积物中,磷元素采用淡水沉积物磷形态分离法进行形态分级,得到的磷形态分别为总磷(TP)、铁铝磷(Fe/Al-P)、钙磷(Ca-P)、无机磷(IP)和有机磷(OP)。总氮使用碱性过硫酸钾消解-紫外分光光度;氨氮及硝酸盐使用氯化钾溶液提取-分光光度法;有机氮含量由总氮含量减去无机氮含量进行估算。

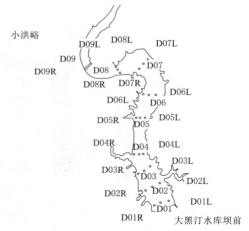

图 4.1-6 大黑汀水库底质污染
特征调查采样断面

根据 Fick 扩散定律计算氮和磷元素在沉积物-水界面的扩散通量:

$$F = \varphi_0 D_s \frac{\partial c}{\partial x}\bigg|_{x=0} \qquad\qquad (4.1-8)$$

$$D_s = \varphi D_0 \qquad \varphi < 0.7 \qquad\qquad (4.1-9)$$

$$D_s = \varphi^2 D_0 \qquad \varphi > 0.7 \qquad\qquad (4.1-10)$$

以上式中:F 为分子在沉积物-水界面上的扩散通量,mg/(m²·d);φ_0 为沉积物的空隙度,mg/dm²,取 0.3;$\frac{\partial c}{\partial x}\bigg|_{x=0}$ 为分子在沉积物-水界面的浓度梯度,mg/(L·cm);D_s 为

考虑了沉积物弯曲效应的实际分子扩散系数；D_o 为无限稀释溶液理想扩散浓度，cm^2/s；在 25℃下，$NO_3^- - N$ 取 19.0×10^{-6}，$NO_2^- - N$ 取 19.1×10^{-6}，$NH_4^+ - N$ 取 17.6×10^{-6}，P 取 7.0×10^{-6}。

4.1.3.3　大黑汀水库沉积物污染特征及空间分布

1. 沉积物中氮含量及分布特征

大黑汀水库表层沉积物总氮及各形态氮含量空间分布见图 4.1-7。由测定的数据可知，大黑汀水库中表层沉积物总氮含量平均值约为 1634mg/kg，水库总氮空间分布差异较大，D2、D3 采样点含量明显高于其余采样点，在空间分布上，表现出自库尾到坝前逐渐升高的趋势。

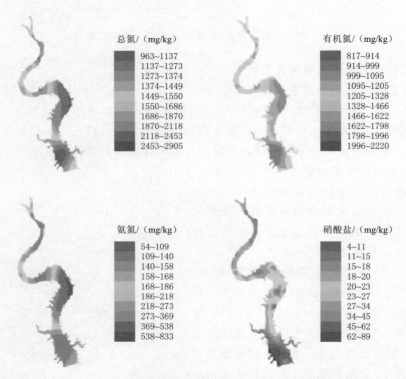

图 4.1-7　大黑汀水库表层沉积物总氮及各形态氮含量空间分布

大黑汀水库中表层沉积物氨氮含量平均值约为 233mg/kg，空间分布特征与总氮较为相似。硝酸盐含量平均值约为 32.95mg/kg，总体含量较低，在空间分布特征上表现为库尾高于坝前。亚硝酸盐是氨氮通过硝化反应向硝酸盐转化的中间产物，在环境中十分不稳定，含量极低，平均值为 0.75mg/kg。通过检测数据可知，在大黑汀表层沉积物中，有机氮是总氮中的主要组成部分，大黑汀水库有机氮含量平均含量约为 1367mg/kg，约占总氮含量的 78%～90%。

在氮元素扩散通量方面，大黑汀水库坝前硝酸盐扩散通量为 -50.03mg/（$m^2 \cdot d$）；亚硝酸盐扩散通量为 -0.01mg/（$m^2 \cdot d$），氨氮扩散通量为 -107.89mg/（$m^2 \cdot d$）。这

表明氮元素从沉积物向水体进行扩散。

2. 沉积物中磷含量及分布特征

大黑汀水库表层沉积物总磷及各形态磷的含量及分布见图 4.1-8。由测定的数据可知，大黑汀水库中表层沉积物总磷含量平均值约为 2985mg/kg，水库总磷空间分布呈现明显梯度差异，库尾至坝前沉积物中总磷含量逐渐升高。

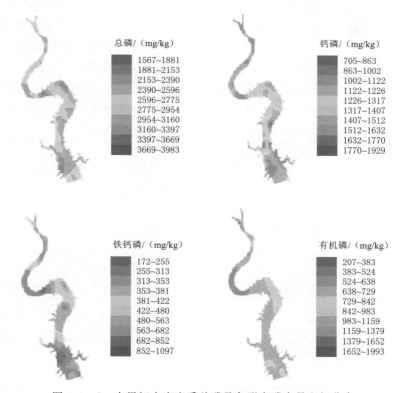

图 4.1-8　大黑汀水库底质总磷及各形态磷含量空间分布

大黑汀水库沉积物的磷元素含量中总体上以无机磷为主，通过检测数据可知，无机磷含量占总磷含量的比例为 53%～73%，沉积物中的平均含量约为 1940mg/kg，在空间上表现出自库尾到坝前逐渐升高的趋势；有机磷的平均含量约为 1045mg/kg，空间上分布无明显规律。在无机磷中，主要以铁铝磷和钙磷的形态出现：钙磷含量占无机磷含量的比例为 61%～82%，平均含量约为 1368mg/kg；铁铝磷平均含量约为 580.12mg/kg。

在磷元素扩散通量方面，大黑汀水库坝前磷扩散通量为 -0.003mg/（m² · d）；表明氮元素从沉积物向水体中扩散。

3. 沉积物中有机质含量及分布特征

大黑汀水库沉积物中的有机质含量平均约为 12.34%（图 4.1-9），在空间分布上，表现出自库尾到坝前逐渐升高的趋势。

4.1.3.4　大黑汀水库沉积物污染状况与国内湖库对比

对我国部分湖库中沉积物的相关数据进行整理，给出相关湖库中总氮、总磷及有机质

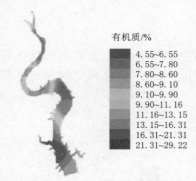

有机质/%
4.55~6.55
6.55~7.80
7.80~8.60
8.60~9.10
9.10~9.90
9.90~11.16
11.16~13.15
13.15~16.31
16.31~21.31
21.31~29.22

图 4.1-9　大黑汀水库底质
有机质含量空间分布

测定数据，并与大黑汀水库进行对比，见表 4.1-6、图 4.1-10～图 4.1-12。从数据中可以看出，与国内其他湖库对比，大黑汀水库底质中总氮含量处于平均水平，与同为北方地区水库的北京密云水库、天津于桥水库较为接近；总磷含量则明显高于其他湖库，甚至高于与其最为接近的武汉南湖近 2 倍；底质中有机质含量也较为丰富，仅低于太原晋阳湖，高于大部分湖库数倍。这说明大黑汀水库表层沉积物的营养程度非常高，内源负荷不容忽视。大黑汀水库坝前沉积物中"三氮"及磷的扩散通量均显示为营养盐由沉积物向水体扩散，说明沉积物已经对库区坝前水体水质产生了一定影响。

表 4.1-6　　　　　　　　　大黑汀水库底质状况与国内部分湖库对比

湖泊名称	总氮/（mg/kg）	总磷/（mg/kg）	有机质/%
大黑汀水库	1634	2985	12.3
重庆长寿湖	2255	622	2.8
武汉南湖	3972	1711	6.58
江苏洪泽湖	1020	580	1.36
山西晋阳湖	2810	309	14.8
安徽巢湖	918	684	4.79
江浙太湖	859	560	1.45
北京密云水库	1900	895	2.0
北京官厅水库	1200	841	2.13
天津于桥水库	1364	480	3.6

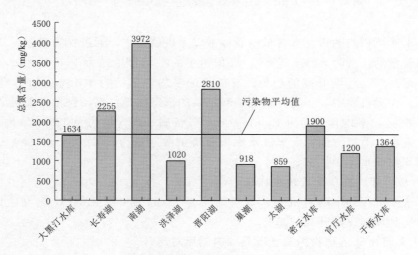

图 4.1-10　大黑汀水库底质总氮含量与国内部分湖库对比

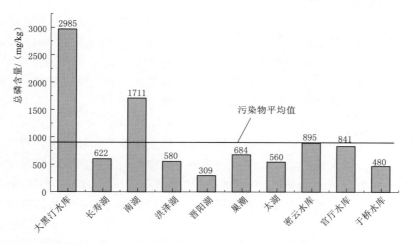

图 4.1-11 大黑汀水库底质总磷含量与国内主要湖库对比

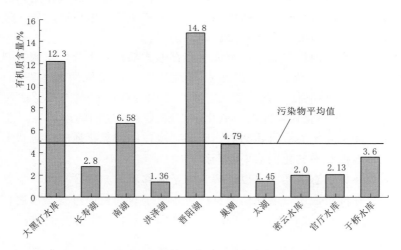

图 4.1-12 大黑汀水库底质有机质含量与国内主要湖库对比

4.2 水库缺氧对水质影响的理论基础

水库水体底部的厌氧或缺氧条件会导致多种化学反应过程，如沉积物中氨和正磷酸盐的释放，从而使库区水体水质降低。这种现象被称为水体内部营养负荷，会导致水体富营养化的发生。同时沉积物在缺氧条件下还会释放铁、锰等金属物质及其他还原性化合物（如硫化物），导致水体水质下降。这种条件将进一步改变水体内水生生物群（包括贝类、底栖无脊椎动物和鱼类）的生存、行为、生理、生长和生殖反应，是最显著的局部效应之一。

4.2.1 水体中的氧化还原反应

在水体内部，非生物环境与生物环境之间存在着非常紧密的联系。在水中，当光线充足时，水生植物利用光能进行光合作用，在这一过程中 CO_2 被还原，H_2O 被氧化并生成氧气，同时产生的还原产物以有机物的形式被存储在水中。而在生物的产能呼吸作用中，相应的还原产物被氧化，在这一过程中水中的氧气被消耗，有机物被分解。这两个水中的主要反应过程维持了水体中的氧化还原反应平衡，即

$$6CO_2 + 6H_2O \Longrightarrow C_6H_{12}O_6 + 6O_2 \tag{4.2-1}$$

有机物的分解过程使得水体中的碳及相关营养物质能够被循环利用，同时还能够驱动水体内氧、氮、铁、锰及硫的循环过程并间接驱动磷循环。在湖沼学的研究中，通常使用水体内的氧化还原电位（oxidation-reduction potential 或 redox potential）来衡量水体的氧化还原特性，它是一个反映水体系统中氧化能力与还原能力的综合表征指标，还可以反映氧化过程与还原过程的平衡程度。氧化还原电位为正电位时，表示水体处于相对氧化状态，负电位则表示水体处于相对还原状态。水体内部的光合作用与呼吸作用随昼夜、季节、水体内水层位置的不同而存在着动态的平衡关系。如在白天，水体表层区域，其光合作用的影响超过了呼吸作用；而在水下无光区域或沉积物表面，呼吸作用则占据了主导地位。这种主导作用的不同也导致了水体内部不同区域氧化还原电位的差异，进而对水体内的生物区系（从微生物到鱼类）产生重要影响。

氧化还原反应对水体内许多元素的浓度与存在形式都具有十分重要的影响，主要包括有机碳、溶解氧、氮元素、硫元素、铁元素及锰元素等〔无机磷元素只有一种氧化态（PO_4^{3-}），因此磷不是一种氧化还原元素，它在水体中的存在状态主要受铁的氧化态与铝离子浓度的影响〕。许多氧化还原元素的氧化状态都决定了它们的溶解性，即是否存在于水体中或不溶于水而沉降至底层沉积物内。因此，水体中的氧化还原反应状态是水体内部水质状况及沉积物源汇状态转化的重要驱动因素。

水体内的氧化还原状态事实上可以理解为电子的移动，亦即环境水体主要是倾向于接受还是提供电子。在纯溶液中，氧化还原反应可用电子对的传递过程来描述，其中还原剂（电子的供体）释放电子而被氧化，而氧化剂（电子的受体）接受电子被还原。该过程可以表示为

$$还原剂 1 + 氧化剂 2 \Longrightarrow 氧化剂 1 + 还原剂 2 \tag{4.2-2}$$

上述反应与水体的溶解氧含量密切相关。在溶解氧相对丰富的情况下，水体具有较高的氧化还原电位，此时占优势的异养生物在有机质的有氧氧化中以溶解氧作为电子的最终受体进行反应，其中的电子是在还原性有机物被氧化的代谢过程中产生的；但是当水体内的溶解氧被消耗殆尽或水体处于厌氧或缺氧状态时，其他一些氧化性较弱的化学物质（如 Mn^{4+}、NO_3^-、Fe^{3+}、SO_4^{2-} 等）就会根据氧化性的强弱依次从氧化态有机物中获得电子而被还原，水体内部有氧及缺氧条件下的氧化还原反应过程见图 4.2-1。总体来说，在富氧水体中，溶解氧是氧化还原反应首选的电子受体，而在厌氧或缺氧水体中，其他电子受体会替代溶解氧被依次还原（氧化还原反应的顺序见图 4.2-2）。例如，在涉及硝酸盐还原的微生物氧化反应中，反硝化细菌作为兼性厌氧性生物（facultative anaerobes），当水体内的溶解氧在有机物质氧化的好氧呼吸中被消耗殆尽后，电子受体便由溶解氧转变

为硝酸盐，此时将由NO_3^-继续为特定的微生物提供细胞生存和生长的能量。在水体底部无光条件下，化能合成菌在有氧条件下能够通过产能反应还原相关组分。与有光条件下的光合作用不同，化能合成菌主要是从还原性化合物中获得能量，在无光的条件下合成有机物。在这一过程中，微生物获得了生长所需的能量，即缺氧条件下产生的还原态化合物会

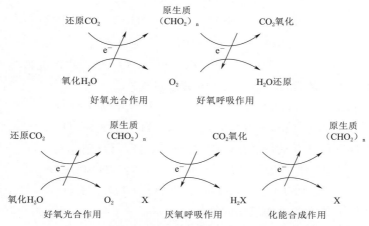

图 4.2-1　水体在有氧及缺氧条件下氧化还原反应示意图

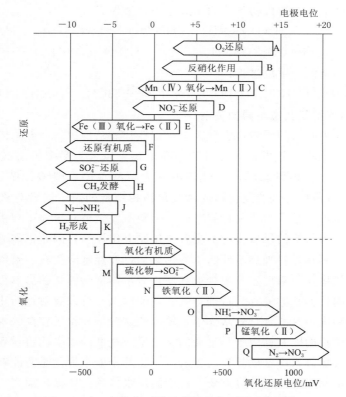

图 4.2-2　水体中不同元素的氧化还原反应顺序

在溶解氧浓度升高时作为电子的供体，为其他类型的微生物提供能量。以下给出一些在水体底部无光条件下，有氧和缺氧条件下的典型元素氧化还原反应过程。

（1）有氧条件下化能合成菌氧化还原态无机物：

$$CH_4 + 2O_2 \longrightarrow CO_2 + 2H_2O \tag{4.2-3}$$

$$HS^- + 2O_2 \longrightarrow SO_4^{2-} + H^+ \tag{4.2-4}$$

$$2NH_4 + 3O_2 \longrightarrow 2NO_2^- + 4H^+ + 2H_2O（亚硝化反应） \tag{4.2-5}$$

$$2NO_2^- + O_2 \longrightarrow 2NO_3^-（硝化反应） \tag{4.2-6}$$

$$4Fe^{2+} + O_2 + 4H^+ \longrightarrow 4Fe^{3+} + 2H_2O（铁的再沉淀） \tag{4.2-7}$$

（2）厌氧条件下伴随有机物氧化的 Mn 释放过程：

$$(CH_2O)_{106}(NH_3)_{16}（H_3PO_4）+ 236MnO_2 + 472H^+ \longrightarrow \tag{4.2-8}$$

$$236Mn^{2+} + 106CO_2 + 8N_2 + H_3PO_4 + 366H_2O \tag{4.2-9}$$

（3）厌氧条件下伴随有机物氧化的硝酸盐还原过程（反硝化）：

$$(CH_2O)_{106}(NH_3)_{16}(H_3PO_4) + 94.4HNO_3 \longrightarrow \tag{4.2-10}$$

$$106CO_2 + 55.2N_2 + H_3PO_4 + 177.2H_2O \tag{4.2-11}$$

（4）厌氧条件下伴随有机物氧化的铁释放过程：

$$(CH_2O)_{106}(NH_3)_{16}(H_3PO_4) + 212Fe_2O_3 + 848H^+ \longrightarrow \tag{4.2-12}$$

$$424Fe^{2+} + 106CO_2 + 16NH_3 + H_3PO_4 + 530H_2O \tag{4.2-13}$$

（5）厌氧条件下伴随有机物氧化的硫酸盐还原过程：

$$(CH_2O)_{106}(NH_3)_{16}(H_3PO_4) + 53SO_4^{2-} \longrightarrow \tag{4.2-14}$$

$$106CO_2 + 16NH_3 + 53S^{2-} + H_3PO_4 + 106H_2O \tag{4.2-15}$$

（6）厌氧条件下的产甲烷过程：

$$(CH_2O)_{106}(NH_3)_{16}(H_3PO_4) \longrightarrow 53CO_2 + 53CH_4 + 16NH_3 + H_3PO_4 \tag{4.2-16}$$

4.2.2　水体中的溶解氧状态与磷的关系

磷是生命活动中必需的元素，它存在于一切核苷酸结构中。一般水体内的磷以无机磷和有机磷两种形式存在，其中，无机磷的存在形式可以分为易交换态或弱吸附的磷、铝磷、铁磷、钙磷、原生碎屑态磷；有机磷可分为磷酸单酯、磷酸二酯、磷脂、DNA 及 RNA 等形态。铁磷是指与铁的氧化物或氢氧化物相结合的磷，铁磷对氧化还原电位的变化十分敏感，铁磷被广泛认为是易释放态磷。铝磷主要是磷酸根离子与铝氧化物或氢氧化物相结合形成的，由于铝的氢氧化物不受氧化还原电位控制，因此铝磷通常被认为是较难被利用的磷形态。钙磷是各种难溶性的磷酸钙矿物，如羟基磷灰石、氟磷灰石和过磷酸钙等，钙磷是相对较稳定的磷形态，很难被利用，对水体富营养化的影响很小。通常的概念认为，减少水体内营养盐的输入（特别是氮、磷的输入）可以有效地防止水体富营养化情况的发生。在中纬度地区的贫营养水体中，较低的磷含量导致了较高的水体氮磷比，使得磷元素成为藻类生长的限制性因子。过高的磷含量或过低的氮磷比将导致水体富营养化现象的发生。对于大黑汀水库这样具有高含磷沉积物的水库来说，是否能够有效地控制沉积物中的磷释放对水库水质而言十分重要。对于湖库水体内的磷循环而言，学术界主要经历了以下几个主要发展阶段。

4.2.2.1　经典的磷循环理论

20世纪40年代，Einsele通过磷添加研究了湖泊磷的转化和循环，其后 Ohle 在德国、Mortimer 在英国也开展了相应的磷循环研究，建立了经典的磷循环理论。该理论认为，磷酸根（PO_4^{3-}）能够与铁的氢氧化物紧密结合与吸附，或者在氧化条件下生产难溶于水的 $FePO_4$ 沉淀。通过上述反应，PO_4^{3-} 在进入湖泊水体后，吸附在难溶于水的铁的氢氧化物聚合物 $Fe(OOH)$ 絮凝体或有机颗粒上而沉淀下来。PO_4^{3-} 与 $Fe(OOH)$ 形成的聚合物在沉积物表面为氧化态时可以继续有效吸附磷元素，成为磷由沉积物间隙水内扩散至上覆水体的有效屏障。它们不仅能够有效吸附沉积物中有机物分解释放出来的磷，更重要的是形成阻止 PO_4^{3-} 向水体扩散的屏障，阻止厌氧沉积物中的 PO_4^{3-} 进入上覆水层。Mortmer（1941）以氧化还原电位 200mV 作为了划分沉积物处于氧化态还是还原态的界限值，当沉积物处于氧化态时 Fe 处于三价态（Fe^{3+}），能够形成大量的 $Fe(OOH)$ 从而对 PO_4^{3-} 进行吸附；当沉积物处于还原态时 Fe 处于二价态（Fe^{2+}），此时 Fe^{2+} 与 PO_4^{3-} 均溶解于水中。

在一般的非富营养化水体中，水体底部的溶解氧状态为富氧或有氧状态。水体内部的 200mV 氧化还原电位分界线主要位于沉积物内部。当湖泊水体有机污染加剧、湖泊的富营养化程度增加时，由于沉降下来的更多有机物的分解，导致 200mV 氧化还原电位分界线逐渐上移至沉积物表层，此时，当湖泊滞温层及沉积物表层处于缺氧状态时，Fe^{3+} 将在厌氧条件下被还原为 Fe^{2+} 而进入溶解态，同时 $Fe(OOH)PO_4$ 复合聚合物溶解，释放出 PO_4^{3-}；Fe^{2+} 与 PO_4^{3-} 将同时扩散至水体底部并进入环境水体中。由于这种污染型底质在特定的条件下会对环境水体水质造成影响，因此被称为内源负荷（internal loading）。当湖库水体底部含氧量较高时，水体会重新回到氧化态，此时沉积物中还原性元素（如 Fe^{2+}、NH_4^+、NO_2^-、S^{2-}）又将成为微生物好氧分解有机物的电子供体被氧化，磷元素又会进入被吸附状态。

4.2.2.2　经典磷循环模型的发展

在经典磷循环模型提出后一段时间，Hasler 等提出了包含硫元素在内的更为复杂的磷酸盐-铁循环模型[239]。该模型将硫离子考虑到水体内磷循环的体系中，认为硫离子也是影响缺氧底质中磷元素释放的重要原因之一。根据厌氧条件下伴随有机物氧化的硫酸盐还原过程，当底质表层处于缺氧条件时，在专性厌氧微生物催化下，有机物被氧化同时将 SO_4^{2-} 还原，同时产生还原态的 S^{2-}，而 S^{2-} 可以和水体中的铁离子形成难溶于水的 FeS 和 FeS_2，这样就会减少水体内部铁离子的含量。当铁离子减少到一定程度时，磷元素就会解吸附出来，造成磷元素释放量的增加。因此水体内的铁磷比（Fe：P）就成为评价含硫水体中磷释放量的一个重要指标。实际观测数据表明，在含硫量高的水体确实表现出铁离子含量较低且铁磷比值较小的特征。在 SO_4^{2-} 含量远远高于 Fe^{3+} 的碳酸钙型湖泊中，硫元素对缺氧条件下磷的释放量影响最为明显。但是对于硫元素含量少的火成型湖泊，由于其具有较高的铁磷比，因此硫元素对磷释放的影响就相对较小。

20世纪80年代，该模型得到了进一步的发展。学者们发现当沉积物表层铁磷比为 15～20 或更大时，可以忽略有氧条件下磷元素的释放量，但是当铁磷比下降至 10 以下时，磷元素的释放量将大大增加。Jensen 等认为，这是由于当水体内铁磷比较低时，缺乏足够的铁离子来吸附磷元素，导致了水体内溶解态的磷扩散至上覆水体中[240]。

在经典的磷循环模型提出后，开始出现了一些对这一理论的讨论。Hasler 等的研究结果表明，水体内 PO_4^{3-} 的释放量要大于其与铁离子的结合量[239]。还有部分学者的研究结果表明，经典的磷循环模型并不适用于所有的湖泊，这些讨论促使磷模型的进一步发展。

4.2.2.3　现代磷循环模型

经典的磷循环模型认为，水体内部磷的释放主要是受化学过程控制的，微生物通过利用溶解氧、Mn^{4+}、NO_3^-、Fe^{3+}、SO_4^{2-} 等分别作为电子受体进行反应，可以影响到这些物质在水体中的溶解度，从而影响到磷元素的释放。但是近年来的研究表明，磷释放可能不仅仅是经典磷模型提出的化学过程，而是一种由生物充分参与条件下的生物化学综合过程。综合相关的研究成果，生物作用在促进磷释放方面主要有以下三个体现：

（1）生物作用对磷释放的直接影响。水体内微生物的分解作用显著影响着磷元素的释放。尹大强等在对太湖五里湖沉积物磷释放的影响研究中指出，微生物作用可以把沉积物中的有机磷转化、分解成无机磷，在这一过程中释放磷酸盐，而且把不溶性的磷化物转化成可溶性磷并释放至水体内部[241]。步青云指出在沉积物中，微生物引起的磷元素释放是沉积物中释放磷的重要机制之一[242]。细菌的分解作用可以使沉积物中的有机化合物释放多磷酸盐，并把不溶性的磷转化为可溶性的磷并向水体释放。

（2）生物作用对铁离子的影响。部分研究成果认为，Fe^{3+} 的减少（转化为 Fe^{2+}）并不完全由水体内的溶解氧控制，因为还原条件并不足以使 Fe^{3+} 完全转化为 Fe^{2+}，因为在 Fe^{3+} 聚合物的外层包裹着一层稳定的有机物，其性质十分稳定，一般的还原条件无法导致 Fe^{3+} 被还原，而水体内部的铁还原细菌（指以有机物为电子供体，Fe^{3+} 为末端电子受体，将 Fe^{3+} 还原成 Fe^{2+} 并获得能量生长的一类微生物总称，如 Geobacter metallire - ducens GS - 15）则可以将 Fe^{3+} 作为有机物好氧分解的电子受体，降低铁离子的价态生成 Fe^{2+}。这样的生物作用将促进 Fe（OOH）与磷元素聚合物的溶解，导致磷释放。孙晓杭等对太湖沉积物磷释放的研究表明，生物对磷释放促进作用的主要途径之一是通过增加铁的还原实现的，当水体处于厌氧环境下时，有微生物作用的 Fe^{2+} 浓度要大幅度高于无微生物作用的水体（由 0.82mg/L 增加至 72.8mg/L）[243]。

（3）生物作用对于水体溶解氧的消耗。在水体内部的反应初期，溶解氧含量相对较为充足。此时占优势的异养生物在有机质的有氧氧化中以溶解氧作为电子的最终受体进行反应，而水体内的生物作用则直接加快了溶解氧的消耗[241]，导致其他氧化性较弱的化学物质（如 Fe^{3+}）替代溶解氧从氧化态有机物中获得电子而被还原，从而促进了磷酸盐的释放。

通过磷循环模型发展历程可知，学术界对底质磷释放方面的认识是逐渐加深的，从最早的简单化学过程到复杂化学过程直至现在的生物化学过程，在磷释放机理和规律方面的研究也越来越深入和完善。通过对上述理论的研究发现，水体内磷的释放是生物作用及化学作用影响下的共同结果，在有氧条件下，磷元素可以通过微生物的作用产生释放，在缺氧条件下，生物作用加上化学作用，可使得磷释放的通量进一步增强[246]（表 4.2-1）。因此，对于受风浪扰动较小的深水型湖库来说，缺氧是导致沉积物中磷释放进一步增加的重要条件，解决湖库水体缺氧是缓解沉积物磷释放的最根本手段。

表 4.2-1   水体内微生物及溶解氧对磷释放的影响

条　件	起始总磷浓度/（mg/L）	释放后总磷浓度/（mg/L）	变化量/（mg/L）
无菌（有氧）	0.037	0.051	0.014
有菌（有氧）	0.037	0.063	0.026
无菌（缺氧）	0.065	0.119	0.054
有菌（缺氧）	0.065	0.161	0.096

4.2.3 水体中的溶解氧状态与氮的关系

氮元素在水体中十分重要，氮和磷同样都是水体内植物及异氧型微生物所需的重要营养元素。氮元素在水体中有许多的氧化态和还原态，因此可以作为许多氧化还原反应的电子供体与受体参与到营养盐循环和生物地球化学循环中。氮元素在水中主要包括无机氮和有机氮两种存在类型，其中无机氮包括溶解态的氮气、氨氮、硝酸盐、亚硝酸盐，有机氮包括氨基酸、蛋白质、核酸和腐殖酸等。

空气中约80%的氮气不能被植物直接利用，而固氮微生物（光合细菌或异养细菌）能够将氮气转化为植物可利用的氨氮，这一过程被称为生物固氮作用，该过程是生态系统中氮的主要来源。通过生物固氮作用，在酶催化下，分子氮被还原为氨，进入氮循环过程（图 4.2-3）。氮循环过程主要就是指有机氮、氨氮、硝酸盐、亚硝酸盐及氮气的相互转化过程。这些过程主要包括物理过程、物理化学过程及生物化学过程。

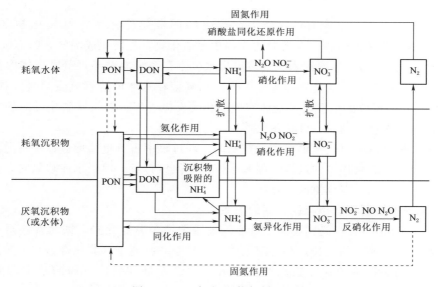

图 4.2-3　水-沉积物氮循环过程

4.2.3.1 氨化作用

氨化作用是指有机氮转化为无机氨氮的过程，这一过程主要通过厌氧和好氧微生物对有机物的降解和矿化作用来完成。底质中易降解的有机氮在异养微生物作用下降解、氨化，生成的 NH_4^+—N 进入间隙水后通过扩散作用进入到上覆水中。

4.2.3.2　硝化作用

硝化作用（nitrification）是指在微生物催化作用下 NH_4^+ 被氧化转变为 NO_3^- 的过程，微生物在这个过程中获取新陈代谢所需的能量。硝化作用是生物主导过程而非化学氧化过程。其反应式为

$$NH_4^+ + 2O_2 \Longrightarrow NO_3^- + H_2O + 2H^+ \qquad\qquad (4.2-17)$$

事实上，硝化作用可以分为两个主要阶段，分别为亚硝化阶段和硝化阶段，即

$$NH_4^+ + 1\frac{1}{2}O_2 \Longrightarrow NO_2^- + 2H^+ + H_2O \qquad\qquad (4.2-18)$$

$$NO_2^- + \frac{1}{2}O_2 \Longrightarrow NO_3^- \qquad\qquad (4.2-19)$$

硝化作用反应式显示，将 1mg 的 NH_4^+ 氧化为 NO_3^- 需要 4mg 的溶解氧，因此硝化作用对湖库水体滞温层溶解氧的消耗量很大，安大略湖 20 世纪 80 年代的数据显示，其湖区下层因硝化反应而消耗的氧气比例高达 40%。硝化作用主要发生在有氧和无氧的水层或沉积物之间的界面（溶解氧梯度较大的区域）。Prosser 认为硝化反应的速率主要是 NH_4^+（或 NO_2^-）浓度、溶解氧浓度及影响新陈代谢速率的水温的函数[244]。在缺氧区内（一般发生底质沉积物与底层水体之间），由于氨化作用会导致出现相对较高的 NH_4^+ 含量，在缺氧条件下，NH_4^+ 到 NO_2^- 阶段就会停止[245]，不过这时相关的兼性细菌依然存在，当水体溶解氧浓度再次升高时，硝化作用就会重新继续进行。

4.2.3.3　反硝化作用

反硝化作用（denitrification）是指在微生物的催化作用下，氮氧化物（NO_3^- 或 NO_2^-）完成的异化还原过程。在反硝化作用中氮氧化物首先转化成为气态的 NO 或 N_2O，最后转化为氮气（N_2），散逸进入大气后退出水生生态系统氮循环，造成水体内氮元素的损耗。反硝化作用的本质就是异养兼性厌氧菌和真菌在水体内溶解氧受限时，利用 NO_3^- 或 NO_2^- 作为呼吸反应的最终电子受体完成的相关反应过程。参与反硝化反应的主要包括假单胞杆菌属、无色杆菌属、杆状菌属等。

从上述分析可以看出，溶解氧含量在氮的循环过程中占有重要地位：丰富的溶解氧环境可以有效地促进硝化作用的进行，削减水体中的氨氮含量；但当水体缺氧时，则会对硝化反应过程进行限制并造成氨氮的累积。

4.2.4　水体中的溶解氧状态与铁、锰的关系

铁（Fe）和锰（Mn）是植物生长所必需的重要微量营养元素，铁元素甚至可以控制内陆湖库水体内部藻类的生长。在纯溶液中，铁离子和锰离子（非化合态）的溶解度是非常低的。根据相关研究成果，铁离子在溶解氧含量充足且酸性较弱的水中溶解度低于 $10\mu g/L$。

当水体内溶解氧含量丰富且无大量溶解性有机物的情况下，三价铁（Fe^{3+}）将会形成大量的难以溶解的氧化物或过氧化物（FeOOH）。这些氧化物会沉淀在水体底部形成覆盖沉积层的棕红色表层。这种现象一般会发生在溶解氧含量较高的水体中。当水体内的微生物对有机物进行氧化时，溶解氧、锰、硝酸盐及铁会根据氧化性的强弱依次被当作反应的最终电子受体而被还原。当锰开始作为电子受体出现时，水体即已开始进入缺氧状态。

对于铁元素而言，当水中无还原性硫时，二价铁元素（Fe^{2+}）在缺氧条件下是可溶解的并且能够从沉积物中扩散至上层水体中。自沉积物中扩散至水体内部的 Fe^{2+} 相对浓度较高，在某些非石灰质湖泊中下层滞温层内的浓度甚至可以达到 $1mg/L$。但是在湖库热分层结束后的混合期，Fe^{2+} 会因与湖库水体中上层的溶解氧进行接触后而被快速氧化。氧化后形成的 Fe^{3+} 又会再次形成 $FeOOH$ 聚合物而沉降到湖库水体的底部，等待下一次缺氧区发生时的再次溶解。Cook 的研究结果表明，约有超过 90% 的参与循环的铁元素来自沉积物表层[246]。滞温层缺氧区中含有高浓度的铁是富营养化湖库的典型特征之一，同时由于缺氧条件下 $FeOOHP$ 化合物的溶解，水体内磷的浓度也会相应较高。

　　对于锰元素而言，在缺氧条件下，锰氧化物（如 Mn^{4+}）能在高于 Fe^{3+} 和 SO_4^{2-} 的氧化还原电位的条件下被还原，亦即当氧化还原电位下降时，锰元素能够先于铁元素及硫酸盐作为电子最终受体参与有机物的氧化反应而被还原。此时 Fe 尚且处在不溶解的 $FeOOH$ 状态中，而当水体中溶解氧浓度上升时，溶解性的 Mn^{2+} 又会以 Mn^{4+} 的氢氧化物絮状体的形式沉淀下来。

　　锰和铁在水体的循环过程非常相似，它们都是在有氧条件下以金属氧化物、金属盐晶体的形式产生沉淀，而在缺氧条件（还原条件）下发生再溶解。Balistrieri 给出了华盛顿 Sammamish 湖在年内湖区滞温层处铁、锰含量的变化过程（图 4.2 – 4）[247]。从图中可以看出，湖区滞温层在热分层形成且溶解氧含量急剧下降后，水体内的铁、锰含量开始明显上升，直至年内混合期到来后，铁、锰在氧化作用下重新进入沉淀状态，水体中浓度开始明显下降。同时还可以看出水体内部的锰要先于铁溶解于水体中，这是因为锰元素的氧化性高于铁元素。

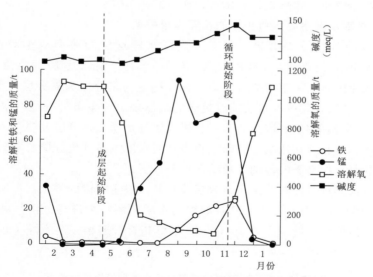

图 4.2 – 4　Sammamish 湖年内滞温层区域铁、锰含量变化

　　通过以上分析可以看出，湖库水体内部的铁、锰元素的含量及浓度与水体内部的溶解氧含量直接相关，当水体富氧时，铁、锰元素均以沉淀的形式沉积在底部沉积层；而当水

体出现缺氧状态时，铁、锰元素就会依次由沉积态转换为溶解态并影响水质状况。溶解氧是驱动水体内铁、锰元素含量的主要因素。

4.3　水质对大黑汀水库缺氧区的响应关系

4.3.1　大黑汀水库水质监测方案

为全面分析大黑汀水库沿程及垂向水质结构特征、缺氧区对大黑汀水库水质的影响，对大黑汀水库水质开展了监测和调查。

4.3.1.1　常规水质监测

采用美国 YSI 便携式水质监测仪对库区坝前至库尾共 13 个监测垂线（后期为网状监测）开展定期水质监测（每月至少一次），主要监测指标包括水温、水深、压强、电导率、pH 值、溶解氧、叶绿素 a、TDS（总溶解性固体）等。具体监测点位及时间见表 2.1－1和图 2.2－1。

4.3.1.2　水库垂向多参数水质监测

由于便携式监测仪器的监测指标有限，为分析大黑汀水库坝前深水区在年内热分层及缺氧时段的垂线水质变化情况以及缺氧区对库区坝前水体水质的影响。自 2018 年 4 月开始，委托专业水质监测机构定期（每月）对大黑汀水库坝前垂向水质状况开展全指标监测，监测时间分别为 2018 年 4—8 月和 10 月，主要监测指标包括高锰酸盐指数、氨氮、溶解氧、化学需氧量、BOD_5、总磷、总氮、有机氮、叶绿素 a、电导率、硫酸盐、氯化物、硝酸盐、亚硝酸盐、磷酸盐、硫化物、铁、锰共 18 项。

4.3.2　大黑汀水库坝前主要水质指标的相互作用关系

从前述章节的分析可以看出，对于大黑汀水库这样的典型双季对流混合型水库（dimictic reservoirs）而言，在全年时段内，4 月、5 月之前以及 10 月之后水库均处于完全混合状态，从库区水温、溶解氧来说均不存在稳定的热分层和氧分层现象（见第 2 章、第 3 章）。在这些时段，库区的水质情况更多的是体现出气象条件变化对水体常规的影响（如冬季叶绿素水平偏低等）。因此，为了分析大黑汀水库在热分层及缺氧条件下的水质情况以及各水质指标的相互作用关系，以下将重点对水库坝前（热分层及缺氧区现象最为显著）在热分层和氧分层显著时段的水质情况展开分析。

根据前述对大黑汀水库热分层、氧分层及缺氧区发生时段的判断，选取 2017 年 8 月、9 月、10 月及 2018 年 6 月、9 月、10 月的坝前水质监测结果进行分析，对主要监测指标中水深、水温、溶解氧、叶绿素 a、pH 值及 TDS 指标开展相关性分析（见图 4.3－1～图4.3－6 和表 4.3－1～表 4.3－6）。

表 4.3－1　　　2017 年 8 月大黑汀水库坝前主要水质指标相关性分析

分析指标	相关系数	水深	水温	溶解氧	叶绿素 a	pH 值	TDS
水深	r	1	0.96959**	0.90565**	0.86779**	0.90882**	−0.96129**
	P		<0.01	<0.01	<0.01	<0.01	<0.01

续表

分析指标	相关系数	水深	水温	溶解氧	叶绿素 a	pH 值	TDS
水温	r	0.96959**	1	0.92562**	0.90334**	0.93407**	−0.99563**
	P	<0.01		<0.01	<0.01	<0.01	<0.01
溶解氧	r	0.90565**	0.92562**	1	0.9648**	0.89571**	−0.91259**
	P	<0.01	<0.01		<0.01	<0.01	<0.01
叶绿素 a	r	0.86779**	0.90334**	0.9648**	1	0.89224**	−0.88183**
	P	<0.01	<0.01	<0.01		<0.01	<0.01
pH 值	r	0.90882**	0.93407**	0.89571**	0.89224**	1	−0.92517**
	P	<0.01	<0.01	<0.01	<0.01		<0.01
TDS	r	−0.96129**	−0.99563**	−0.91259**	−0.88183**	−0.92517**	1
	P	<0.01	<0.01	<0.01	<0.01	<0.01	

** 表示在 0.01 水平（双尾）相关性显著。

表 4.3−2　　　　2017 年 9 月大黑汀水库坝前主要水质指标相关性分析

分析指标	相关系数	水深	水温	溶解氧	叶绿素 a	pH 值	TDS
水深	r	1	0.98698**	0.93078**	0.77548**	0.94499**	−0.98161**
	P		<0.01	<0.01	<0.01	<0.01	<0.01
水温	r	0.98698**	1	0.93482**	0.79772**	0.94593**	−0.99507**
	P	<0.01		<0.01	<0.01	<0.01	<0.01
溶解氧	r	0.93078	0.93482	1	0.92572	0.99131	−0.95283
	P	<0.01	<0.01		<0.01	<0.01	<0.01
叶绿素 a	r	0.77548**	0.79772**	0.92572**	1	0.92392**	−0.83357**
	P	<0.01	<0.01	<0.01		<0.01	<0.01
pH 值	r	0.94499**	0.94593**	0.99131**	0.92392**	1	−0.95899**
	P	<0.01	<0.01	<0.01	<0.01		<0.01
TDS	r	−0.98161**	−0.99507**	−0.95283**	−0.83357**	−0.95899**	1
	P	<0.01	<0.01	<0.01	<0.01	<0.01	

** 表示在 0.01 水平（双尾）相关性显著。

表 4.3−3　　　　2017 年 10 月大黑汀水库坝前主要水质指标相关性分析

分析指标	相关系数	水深	水温	溶解氧	叶绿素 a	pH 值	TDS
水深	r	1	0.94858**	0.93662**	0.93631**	0.94892**	−0.94373**
	P		<0.01	<0.01	<0.01	<0.01	<0.01
水温	r	0.94858**	1	0.95051**	0.93036**	0.96587**	−0.98021**
	P	<0.01		<0.01	<0.01	<0.01	<0.01
溶解氧	r	0.93662**	0.95051**	1	0.98968**	0.99177**	−0.97881**
	P	<0.01	<0.01		<0.01	<0.01	<0.01

续表

分析指标	相关系数	水深	水温	溶解氧	叶绿素 a	pH 值	TDS
叶绿素 a	r	0.93631**	0.93036**	0.98968**	1	0.98195**	−0.95803**
	P	<0.01	<0.01	<0.01		<0.01	<0.01
pH 值	r	0.94892**	0.96587**	0.99177**	0.98195**	1	−0.98987**
	P	<0.01	<0.01	<0.01	<0.01		<0.01
TDS	r	−0.94373**	−0.98021**	−0.97881**	−0.95803**	−0.98987**	1
	P	<0.01	<0.01	<0.01	<0.01	<0.01	

＊＊表示在 0.01 水平（双尾）相关性显著。

表 4.3 - 4　　　　　　**2018 年 6 月大黑汀水库坝前主要水质指标相关性分析**

分析指标	相关系数	水深	水温	溶解氧	叶绿素 a	pH 值	TDS
水深	r	1	0.81755**	0.93507**	0.68412**	0.95827**	−0.78427**
	P		<0.01	<0.01	<0.01	<0.01	<0.01
水温	r	0.81755**	1	0.72487**	0.77385**	0.72051**	−0.97832**
	P	<0.01		<0.01	<0.01	<0.01	<0.01
溶解氧	r	0.93507**	0.72487**	1	0.6993**	0.97758**	−0.73068**
	P	<0.01	<0.01		<0.01	<0.01	<0.01
叶绿素 a	r	0.68412**	0.77385**	0.6993**	1	0.67749**	−0.73491**
	P	<0.01	<0.01	<0.01		<0.01	<0.01
pH 值	r	0.95827**	0.72051**	0.97758**	0.67749**	1	−0.70121**
	P	<0.01	<0.01	<0.01	<0.01		<0.01
TDS	r	−0.78427**	−0.97832**	−0.73068**	−0.73491**	−0.70121**	1
	P	<0.01	<0.01	<0.01	<0.01	<0.01	

＊＊表示在 0.01 水平（双尾）相关性显著。

表 4.3 - 5　　　　　　**2018 年 9 月大黑汀水库坝前主要水质指标相关性分析**

分析指标	相关系数	水深	水温	溶解氧	叶绿素 a	pH 值	TDS
水深	r	1	0.88275**	0.90781**	0.90269**	0.93525**	−0.88103**
	P		<0.01	<0.01	<0.01	<0.01	<0.01
水温	r	0.88275**	1	0.83076**	0.9708**	0.86313**	−0.99344**
	P	<0.01		<0.01	<0.01	<0.01	<0.01
溶解氧	r	0.90781**	0.83076**	1	0.90233**	0.7544**	−0.8705**
	P	<0.01	<0.01		<0.01	<0.01	<0.01
叶绿素 a	r	0.90269**	0.9708**	0.90233**	1	0.78099**	−0.98867**
	P	<0.01	<0.01	<0.01		<0.01	<0.01

续表

分析指标	相关系数	水深	水温	溶解氧	叶绿素 a	pH 值	TDS
pH 值	r	0.93525**	0.86313**	0.7544**	0.78099**	1	−0.83843**
	P	<0.01	<0.01	<0.01	<0.01		<0.01
TDS	r	−0.88103**	−0.99344**	−0.8705**	−0.98867**	−0.83843**	1
	P	<0.01	<0.01	<0.01	<0.01	<0.01	

** 表示在 0.01 水平（双尾）相关性显著。

表 4.3－6　2018 年 10 月大黑汀水库坝前主要水质指标相关性分析

分析指标	相关系数	水深	水温	溶解氧	叶绿素 a	pH 值	TDS
水深	r	1	0.95506**	0.94538**	0.96291**	0.89624**	−0.92402**
	P		<0.01	<0.01	<0.01	<0.01	<0.01
水温	r	0.95506**	1	0.98845**	0.87015**	0.95823**	−0.98263**
	P	<0.01		<0.01	<0.01	<0.01	<0.01
溶解氧	r	0.94538**	0.98845**	1	0.88292**	0.93038**	−0.99523**
	P	<0.01	<0.01		<0.01	<0.01	<0.01
叶绿素 a	r	0.96291**	0.87015**	0.88292**	1	0.76676**	−0.86096**
	P	<0.01	<0.01	<0.01		<0.01	<0.01
pH 值	r	0.89624**	0.95823**	0.93038**	0.76676**	1	−0.91907**
	P	<0.01	<0.01	<0.01	<0.01		<0.01
TDS	r	−0.92402**	−0.98263**	−0.99523**	−0.86096**	−0.91907**	1
	P	<0.01	<0.01	<0.01	<0.01	<0.01	

** 表示在 0.01 水平（双尾）相关性显著。

通过对数据的分析可以得出各水质监测指标的相互作用关系及相关分析结论如下：

（1）大黑汀水库坝前水深、水温、溶解氧、叶绿素 a、pH 值及 TDS 指标呈现出了极强的相关性，绝大部分指标之间的 Pearson 相关系数 r 均大于 0.9，P 值均小于 0.01。这说明在水库热分层期间，各指标之间相互作用关系明显，彼此之间影响作用显著。

（2）从水深方向来看，该指标与水温、溶解氧、叶绿素 a 均呈现极强的正相关关系。说明在水库坝前，随着水深的增加，水温呈现明显的下降趋势，而溶解氧也随着水深的降低而明显下降，这与水库热分层与氧分层期间坝前垂向的水温和溶解氧结构有关（见前述章节）。从叶绿素 a 浓度的垂向曲线可以看出，在热分层与氧分层期间，水库也出现了较为明显的叶绿素 a 分层结构。这主要反映出水体内浮游植物主要分布在水体的上层区域，在水体中下层的含量急剧降低，这与水体内部的水温及光照条件有关。

（3）对于水温而言，除与 TDS 呈现显著的负相关关系外，与其他相关指标均呈现显著的正相关关系。其中水温与溶解氧的关系与前文水库缺氧区驱动因素的分析结论一致，大黑汀水库水体热分层是驱动水库缺氧区形成和发展的根本性因素，热分层的周期性变化决定了缺氧区在年内的演化规律。水温与叶绿素的关系表明在其他条件一致的情况下，水体温度是决定浮游植物生物量的主要驱动因素之一。

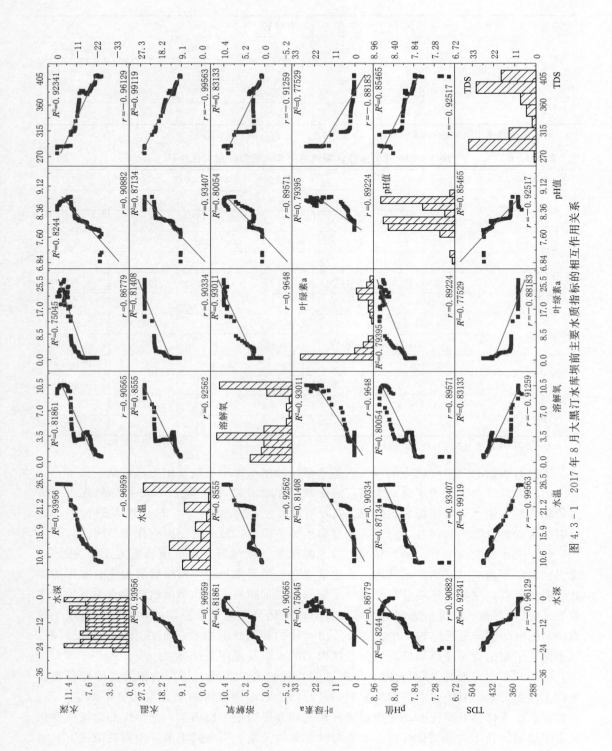

图 4.3 - 1　2017 年 8 月大黑汀水库坝前主要水质指标的相互作用关系

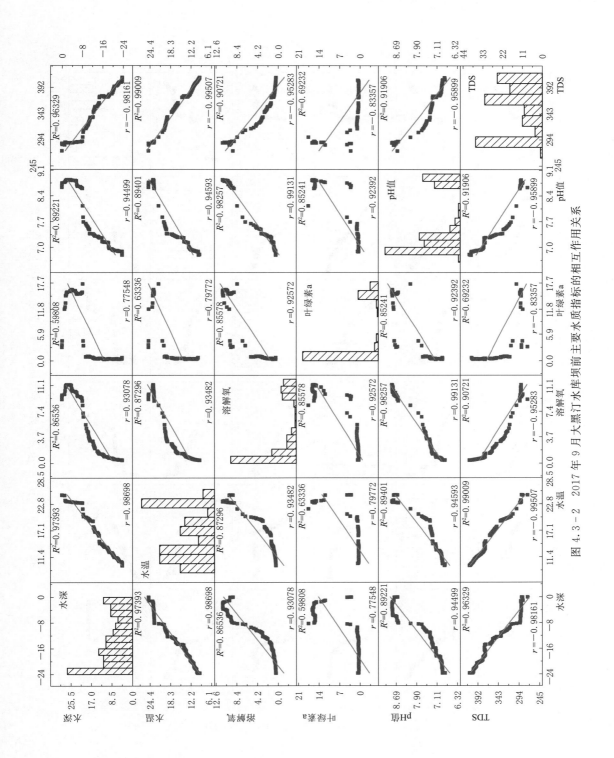

图 4.3-2 2017 年 9 月大黑汀水库坝前主要水质指标的相互作用关系

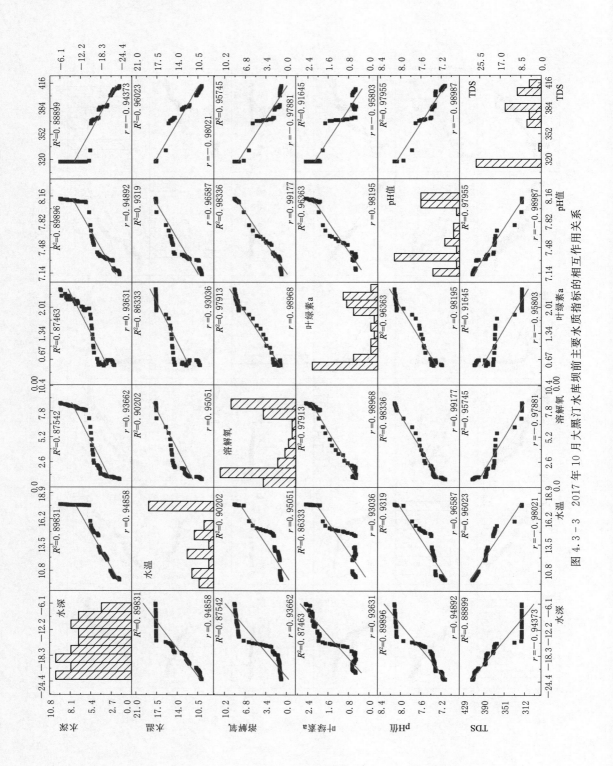

图 4.3-3　2017 年 10 月大黑汀水库坝前主要水质指标的相互作用关系

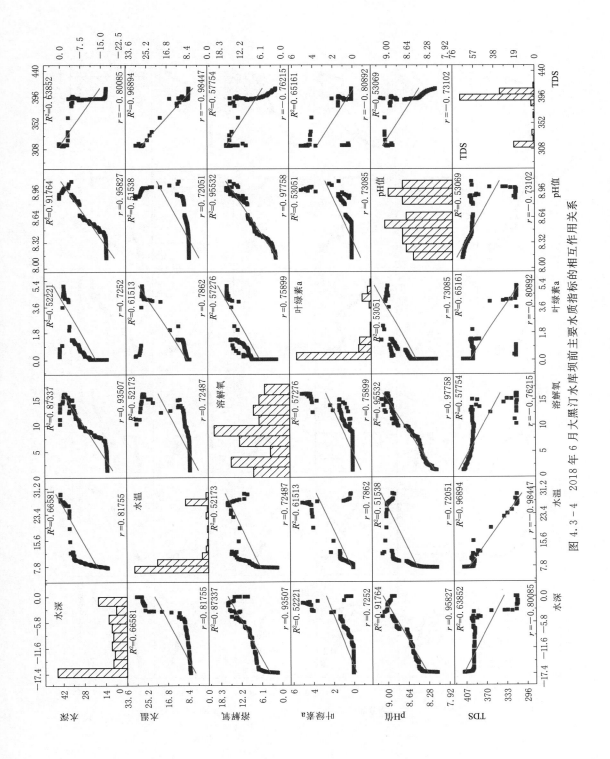

图 4.3-4　2018 年 6 月大黑汀水库坝前主要水质指标的相互作用关系

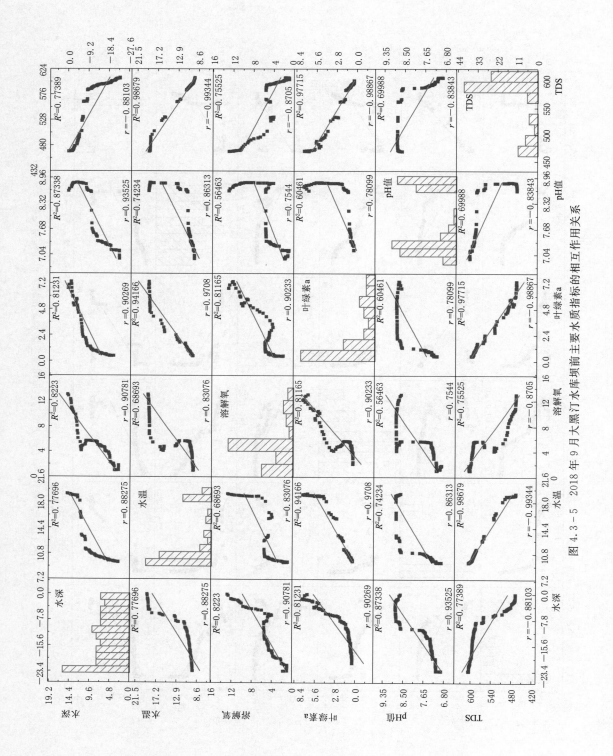

图 4.3－5　2018 年 9 月大黑汀水库坝前主要水质指标的相互作用关系

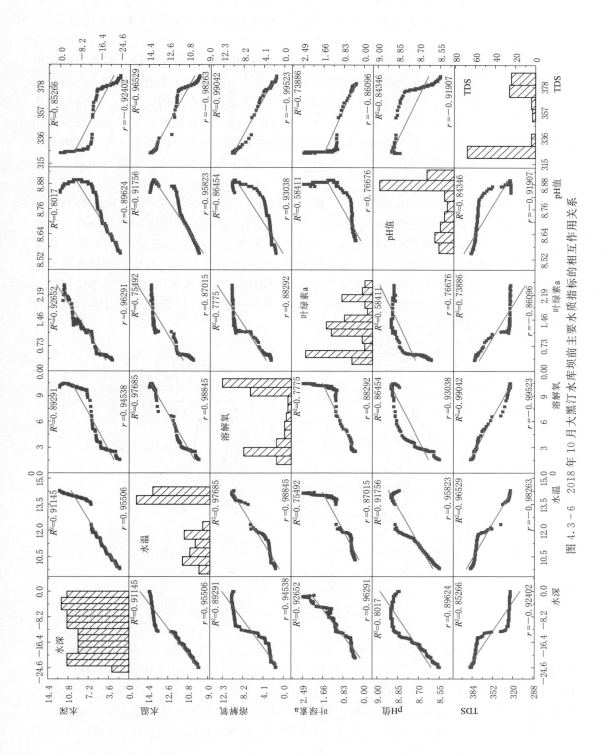

图 4.3-6　2018 年 10 月大黑汀水库坝前主要水质指标的相互作用关系

123

（4）对于水体溶解氧浓度，该指标与水深、水温、叶绿素 a、pH 值呈现显著的正相关关系，与 TDS 呈现显著的负相关关系。对于溶解氧与水深及水温的关系前文已有分析，此处不再赘述。

（5）对于叶绿素指标，叶绿素的高低反映了水体内浮游植物分布情况。从垂向分布情况来看，大黑汀水库水体表层叶绿素浓度明显高于水体中下层，在适当的温度及光照条件下，光合作用强烈，导致水体内部溶解氧呈现过饱和状态，在水体的中下层，浮游植物含量急剧下降，使水体内部的溶解氧失去了重要的补给来源，在有机物分解及底质耗氧作用的影响下逐渐被消耗殆尽而形成缺氧区。因此水体中下层叶绿素浓度含量下降也是驱动水体缺氧区形成的重要因素（这一因素并非对溶解氧含量单独产生影响，需要与水温、光照条件共同配合）。

从 pH 值的垂向变化曲线可以看出，在水库热分层及氧分层季节，pH 值也呈现出了显著的分层结构。pH 值在水体表层的高值与浮游植物活动有关，而底部的低值则与溶解氧浓度有关。pH 值与溶解氧的显著相关性仅在水体中下部与溶解氧有实质上的影响关系。在水体表层较高的叶绿素含量表明了该处浮游植物生物量较高，相应的光合作用也最为强烈，在光合作用反应过程中水体中 CO_2 被充分消耗，导致水体酸性下降，pH 值明显升高（图 4.3-7）。从水库表层叶绿素浓度与 pH 值的对比中可以看出，两者年内时间过程相关性显著（$r = 0.808$，$P = 0.001$），见图 4.3-8。

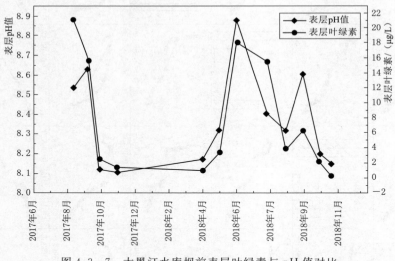

图 4.3-7　大黑汀水库坝前表层叶绿素与 pH 值对比

当水库处于氧分层且水体出现缺氧区时，水体底部将出现以其他一些氧化性较弱的化学物质（如 Mn^{4+}、NO_3^-、Fe^{3+}、SO_4^{2-} 等）替代氧元素作为电子受体的氧化还原反应，此时兼性厌氧菌的新陈代谢及其矿化降解作用占据主导地位。从 4.2.1 节介绍可知这类反应均是产生 CO_2 的，随时水体中不断产生 CO_2，酸性不断加强，使水体 pH 值明显降低（图 4.3-9）。从水库底层叶绿素浓度与 pH 值的对比中可以看出，两者年内时间过程相关性显著（$r = 0.754$，$P = 0.005$），见图 4.3-10。

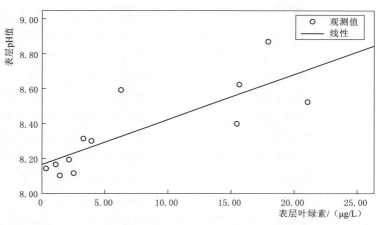

图 4.3-8 大黑汀水库坝前表层叶绿素与 pH 值相关关系

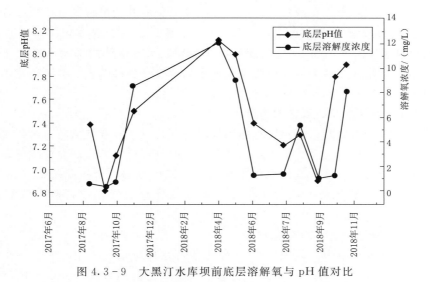

图 4.3-9 大黑汀水库坝前底层溶解氧与 pH 值对比

图 4.3-10 大黑汀水库坝前底层溶解氧与 pH 值相关关系

（6）对于溶解氧与 TDS 指标，TDS 指标主要表现了水体内部离子含量的高低。从数据分析可以看出，水库水深及溶解氧浓度均与 TDS 呈显著的负相关关系，说明随着水深的增加及溶解氧含量的降低，水体内的离子含量显著升高。这与水体中的氧化还原反应关系密切：当水库水底缺氧时氧化还原电位明显降低时，水体内的 Mn^{4+}、NO_3^-、Fe^{3+}、SO_4^{2-} 离子会根据氧化还原电位的强弱依次参与到氧化还原反应中，在反应过程中铁、锰等元素将由沉积态转化为溶解态进入到水体中，从而导致了水体内部离子浓度的上升。

通过上述分析可知，对于热分层及氧分层期间的大黑汀水库而言，其坝前水体内部的相关指标呈现出了明显的相互作用与相互影响关系。随着水体水深的不断增加，水温出现了明显的分层结构，在水温和光照条件的影响下，浮游植物的生物量呈现出明显的分层现象，导致水体表面溶解氧浓度显著上升。同时，由于表层光合作用的影响，水体表层酸性逐渐减弱，pH 值呈现增加趋势。水库的热分层导致了水体表面与底层间热量和质量传递的阻隔，下层水体在无法得到充足的溶解氧补充情况下，开始在有机物分解及沉积物耗氧作用下逐渐进入缺氧状态。在缺氧条件下，氧化还原反应开始出现厌氧反应过程，大量离子由沉积态转化为溶解态进入水中，导致 TDS 浓度明显高于水体表层。同时由于大量 CO_2 的释放导致水体酸性加强，pH 值明显低于表层。水库水体内部的水质变化是一个综合性反应过程，各指标在这个体系中既是施加影响者又是受影响者，共同构建了目前水库在热分层和氧分层期间的水质格局。

4.3.3　水质对大黑汀水库缺氧区的响应

从前文的相关分析可知，当水库水体出现溶解氧含量下降或缺氧时，由于水体内缺乏氧分子作为氧化还原反应的电子受体，因此有机物的分解反应就会在兼性厌氧菌的影响下开始寻找新的电子受体。这些替代氧分子接受电子被还原的物质主要包括 Mn^{4+}、NO_3^-、Fe^{3+} 等，这些元素在氧化还原反应中由于价态改变导致的变化会直接导致水体水质的变化。

4.3.3.1　水体中磷与缺氧区的响应关系

利用海河水利委员会引滦管理局 2017 年大黑汀水库坝前表、中、底三层总磷监测数据及本研究对 2018 年坝前表、中、底三层总磷、磷酸盐监测数据，分析大黑汀水库缺氧区对水体中磷元素含量的影响（图 4.3 - 11～图 4.3 - 13）：

（1）大黑汀水库 2017 年热分层及缺氧区形成期间，水库坝前水体总磷呈现出明显的垂向分布特征。总磷浓度由库表至库底明显增加。其中分层期表层总磷浓度变化不大，约在 0.09mg/L，随着水深的增加及溶解氧含量的下降（见 3.2.2 节），总磷浓度迅速增加，其中 7 月总磷浓度达到了 0.25mg/L，是表层的近 3 倍。这一过程主要体现了在溶解氧含量降低后，氧化还原反应对磷元素释放的影响与贡献。

（2）2018 年选取了水库自非热分层期至热分层稳定期的总磷浓度变化情况。从图中的变化情况可以看出：在水库完全混合期（4 月），水库垂向总磷浓度差异并不明显；进入 5 月后，随着水温的总体上升，水体内微生物活动增强，水体底部的总磷开始在微生物的作用下释放进入水体（见 4.2.2 节），此时已能体现出总磷的垂向差异；进入 6 月、7 月后，水库底部开始出现缺氧现象，此时库区底部的总磷浓度在生物作用及化学作用的影响下开始持续累积，至 7 月时达到了 0.15mg/L，为表层总磷浓度的 5 倍；8 月，在水库

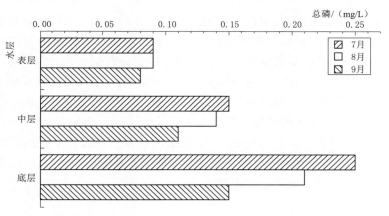

图 4.3-11 大黑汀水库 2017 年坝前表、中、底层总磷浓度

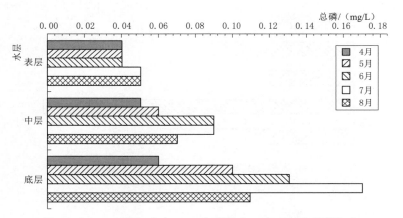

图 4.3-12 大黑汀水库 2018 年坝前表、中、底层总磷浓度

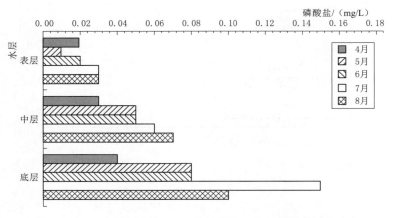

图 4.3-13 大黑汀水库 2018 年坝前表、中、底层磷酸盐浓度

127

大规模调度过程的影响下，水体底部溶解氧条件有所改善，总磷浓度有所下降。2018 年库区坝前垂向磷酸盐浓度作为总磷的主要组成部分，体现出了与总磷相同的年内变化趋势（从化学作用的角度而言，在缺氧期间磷酸盐的释放与铁聚合物的溶解有关，关于铁元素在缺氧期间的演化问题将在后文分析）。由 2018 年的监测数据可知，大黑汀水库沉积物总磷的释放是生物作用与化学作用的共同结果，缺氧期间底质的氧化还原反应加强了磷元素的释放，与生物作用叠加后，对水质造成了更大的影响。

4.3.3.2　水体中氮与缺氧区的响应关系

利用海河水利委员会引滦管理局 2017 年大黑汀水库坝前表、中、底三层氨氮监测数据及本研究对水库 2018 年坝前表、中、底三层氨氮监测数据，分析大黑汀水库缺氧区对水体中氮元素含量的影响（图 4.3-14 和图 4.3-15）：

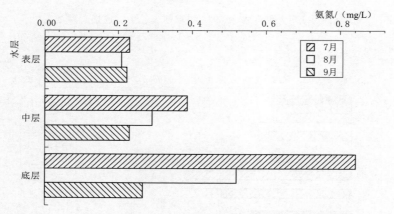

图 4.3-14　大黑汀水库 2017 年坝前表、中、底层氨氮浓度

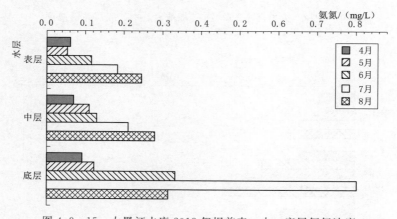

图 4.3-15　大黑汀水库 2018 年坝前表、中、底层氨氮浓度

（1）2017 年，水库热分层及缺氧期，库区表层氨氮浓度总体变化不大，均维持在 0.2mg/L 左右。随着水深的增加，氨氮浓度逐渐增加，在库区底部达到最大值，其中 7

月库区底部氨氮浓度达到 0.84mg/L，是同期表层的 3.6 倍。9 月，随着水库热分层程度的降低，氨氮表、底层浓度差异开始逐渐缩小。

（2）2018 年，在水库完全混合阶段，氨氮总体浓度较低且表、底层无明显的垂向差异，随着水库热分层程度的提高和水体底部溶解氧含量的降低，氨氮浓度开始在垂向上逐渐出现差异，至 7 月时水库表、底层浓度差异达到 0.6mg/L 左右，此时水库底层氨氮浓度已达到表层浓度的 4.4 倍。8 月，在水库大规模调度过程的影响下，水体底部溶解氧条件有所改善，水体垂向掺混作用加强，全库垂向氨氮浓度差异开始明显降低。

大黑汀水库底部沉积了大量的污染型沉积物，根据前文对大黑汀水库的沉积物分析可知，在大黑汀表层沉积物中，有机氮是总氮中的主要组成部分，约占总氮含量的 78%～90%。根据氨氮在水体内的演化机理，由于在库区底部的沉积物表层将会出现明显的氨化过程，此时在异养微生物作用下，底质中易降解的有机氮会被降解、氨化，生成的 NH_4^+-N 进入间隙水后通过扩散作用进入到上覆水中。因此在大黑汀水库年内非热分层时期，底部也会出现氨氮略微升高的现象。但此时由于水库底部溶解氧含量丰富（见3.2.2 小节），在氨化反应的同时，还会同时进行硝化反应，由氨化反应生成的 NH_4^+ 将在微生物催化作用下被氧化转变为 NO_3^-，因此在这种情况下，水体内氨氮含量总体较低。随着水库热分层的发展，水库底部溶解氧含量迅速下降，此时硝化反应由于溶解氧的缺乏而进入停滞阶段，但是此时沉积物表层的氨化作用却依然在进行（在有氧和无氧条件下，氨化反应均可以进行），一方面 NH_4^+ 的产出没有停止，另一方面 NH_4^+ 消耗的硝化反应却已经停滞，因此水体底部的氨氮浓度会出现明显升高的现象。大黑汀水库底部氨氮含量的增加主要是由于污染型沉积物中有机氮转换释放造成的，但水库的缺氧使得释放出的氨氮在库区底部累积，促进了水体氨氮浓度的进一步增加。

4.3.3.3 水体中铁、锰与缺氧区的响应关系

选取大黑汀水库坝前表、中、底层水体中铁、锰离子浓度监测数据，分析水库缺氧区对水体中铁、锰元素含量的影响，见图 4.3－16～图 4.3－19（水库仅在 6—8 月监测出铁、锰元素含量，因此仅用此 3 个月数据作图）。

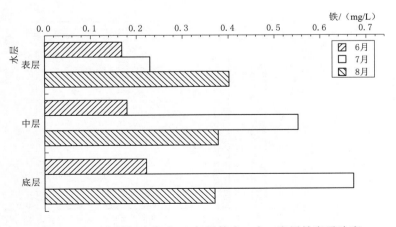

图 4.3－16　大黑汀水库 2018 年坝前表、中、底层铁离子浓度

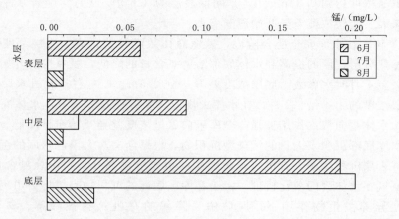

图 4.3-17　大黑汀水库 2018 年坝前表、中、底层锰离子浓度

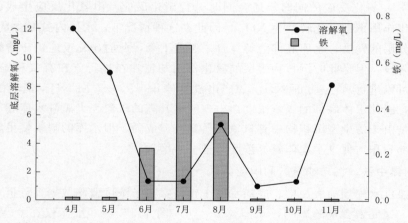

图 4.3-18　大黑汀水库 2018 年底层溶解氧浓度与底层铁离子浓度对比

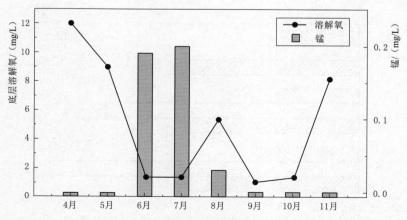

图 4.3-19　大黑汀水库 2018 年底层溶解氧浓度与底层锰离子浓度对比

从监测数据可以看出，在大黑汀水库热分层期间，库区坝前水体出现了明显的铁、锰离子释放现象。根据水体氧化还原反应相关机理，在水体内溶解氧相对丰富时，氧化还原反应是以溶解氧作为电子的最终受体而进行的。当出现溶解氧含量不足时，水体内的 Mn^{4+}、Fe^{3+} 元素会替代氧分子从氧化态有机物中获得电子而被还原。而 Fe^{3+} 与 Mn^{4+} 在正常状态下均是以沉积态存在于水体中的，当它们被还原后，就会由沉积态变化为溶解态（Fe^{2+}、Mn^{2+}）。大黑汀水库，在缺氧期库水底部的铁、锰元素含量明显高于表层水体，说明此时底部水体的溶解氧含量已不足以支持有机物完成分解反应，底质中的铁、锰沉积物开始参与到氧化还原反应中并由沉积态转化为溶解态。从水库年内底部溶解氧与铁、锰离子浓度的关系对比可以看出，年内库底铁、锰污染物只有在库底出现缺氧或低氧状态时才会出现在水中，铁、锰离子浓度与溶解氧浓度出现了明显的反比例关系，说明水库滞温层溶解氧缺乏是导致水体铁、锰离子浓度升高的主要驱动因素（图 4.3-17 与华盛顿 Sammamish 湖内的溶解氧与铁、锰离子释放过程关系基本一致）。同时对比前文水库总磷释放规律可以看出，正是由于缺氧导致的铁离子还原，使得 Fe（OOH）絮凝体与磷形成的聚合物溶解，增加了水体内部铁离子、总磷及磷酸盐浓度的上升。

4.3.4　大黑汀水库缺氧区水质响应特征总结

　　通过水库水质与缺氧区的关系及对大黑汀水库实际监测数据的分析可知，对于大黑汀水库而言，坝前深水区年内的缺氧过程是导致库区水质发生规律性演替的主要驱动因素。事实上，在水体内部各要素之间存在着复杂的相互影响关系，当水体内部营养化程度较高时，会出现大量的有机物分解反应，这些反应大量消耗水体内的溶解氧。当水库处于热分层时期时，底部滞温层溶解氧无法得到有效的补充，很快就会在耗氧反应的影响下消耗殆尽，使得水体由氧化态转化为还原态。底部缺氧的状态又会反过来导致更为严重的水质问题，缺氧情况下的氧化还原反应以多种氧化性较弱的化学物质作为最终的电子受体来完成反应过程，在这一过程中导致了化学物质性质的变化，增加了水体内部铁、锰、磷元素的浓度。同时，缺氧导致硝化反应过程停滞，使得沉积物氨化作用下产生的氨氮大量积累在水体底部。

　　由此可见，水库热分层是导致分层期水质问题的重要外部条件，它限制了底层水体溶解氧的补充；水体内部较高的营养化状态是导致水质问题的重要水体内部因素，它导致了滞温层水体溶解氧被迅速消耗；污染程度较高的沉积物是导致水质问题的主要水体内部污染源，它为缺氧情况下相关污染物的释放提供了主要供给。上述这些问题都是以水体缺氧为核心原因的，水体缺氧既是水体营养化程度较高的产物，又是水体水质恶化的主要驱动因素，因此，抑制水库水体的缺氧现象是在现有水库热分层格局情况下缓解水库底部区域水质状况的有效手段。

4.4　本章小结

　　（1）大黑汀水库总体水质无法满足现有功能区的相关要求，库区内总磷、总氮是其主要的超标水质因子。受水库周边污染源及历史上网箱养殖活动的影响，水库底质污染程度相对较高。在网箱养殖活动被取缔后，库区表层水体水质有了较为明显的改善。但是由于底质污染严重，在年内热分层及缺氧时段底质污染的释放仍然是水库水质安全的重大威胁。在底质问题无法得到有效解决的前提下，缺氧问题会对水库的供水水质安全造成较大风险。

（2）从水库水质监测数据分析可以看出，水库的缺氧现象已经对库区坝前底部区域水体水质产生了较大影响。在热分层期间，底部的缺氧状态导致了磷、铁、锰等元素的加速释放，使水体内氨氮浓度明显上升，是水库底部区域水质变化的主要驱动因素之一。

（3）根据缺氧区水质驱动机理，在大黑汀水库现有热分层格局条件下，抑制水库水体的缺氧现象是缓解水库水质问题的有效手段。

第5章 抑制大黑汀水库缺氧区的
分级调度原则及阈值分析

大黑汀水库的缺氧区是在库区气象、地形、水温、水质、库区水动力学影响下水体内部溶解氧演化规律过程中出现的一种特殊的水质变化特征。水库缺氧区在众多因素的影响下，在年内和年际呈现出了较为规律的时间和空间演化特征。在上述影响条件下，气象、热分层及水库地形条件为缺氧区的产生提供了重要的外边界条件，水体内部的营养化程度及污染型沉积物是导致缺氧区形成的重要内在驱动因素。外边界条件的变化为大黑汀水库的缺氧区现象在年内形成与消亡创造了规律性条件，内在驱动因素使得水体在外边界条件满足要求时能够快速形成缺氧现象。

而对于大黑汀水库库区水质而言，水体内部各要素之间又存在着复杂的相互影响关系。水体内部的高营养化程度导致大量的有机物分解反应，当水库处于热分层时期时，底部滞温层溶解氧很快就会在耗氧反应的影响下消耗殆尽，缺氧区形成，水体由氧化态转化为还原态。在这种情况下，氧化还原反应以多种化学物质作为最终的电子受体来完成反应过程，导致水体内部铁、锰、磷等元素浓度的增加，同时使得氨氮大量积累在水体底部。

由此可见，大黑汀水库年内的缺氧区的形成是导致库区水体水质状况下降的主要驱动因素之一，消除水体缺氧区可以有效遏制水体内部污染物的释放与积累。从缺氧区的形成与演化机理来看，气象、地形、水温等因素基本无法人为改变，而大黑汀属于人为调控下的水库水体，由泄水调度而产生的动力学条件变化则是可在一定程度内进行人为控制的。从前文数据分析可知，水库在调度期间的水动力学条件变化对于库区溶解氧分层结构及缺氧区的影响十分显著，大流量调度过程引起的强对流条件可以严重削弱甚至完全消除水体内的缺氧现象。这种对缺氧区的干扰还可以使得水体在调控期的后续时段无法再出现大规模的缺氧现象。这种水动力条件对缺氧区的干扰作用为在水库这种人工干预较强水体内消除水体缺氧现象提供了有效且可行的方法。而且大黑汀水库上游为潘家口水库，该水库总库容 29.3 亿 m^3，为多年调节水库，具备为大黑汀水库创造大流量调度条件，通过与大黑汀水库的联合调度可为缺氧区的抑制创造有利条件。因此可以对大流量调度条件下的水库缺氧区抑制问题进行充分的讨论和研究。

但对于水库这种承担着防洪、供水、发电等多重任务的水利工程来说，受工程来水条件、调度运行规则、供水功能要求等诸多条件限制，并不能完全以遏制缺氧区为单一目的进行随意调度，因此需要采用数学模型的手段，对大流量调度过程引起的强对流条件对缺氧区的影响展开定量化分析，给出遏制大黑汀水库缺氧区的分级调度原则及阈值条件，为通过水库调度缓解缺氧区引起的水质问题提供依据。采用由丹麦水利研究所（Danish Hydraulic Institute，DHI）研发的 MIKE 系列水环境管理软件开展相关定量化分析工作，由于大黑汀水库缺氧区问题是涉及水动力学、水温、水质的综合性三维问题，因此本次将使用 MIKE 系列软件中的 MIKE3 水动力模块及 Eco Lab 模块进行模拟分析。

5.1　模拟计算软件 MIKE3 介绍

MIKE 是由丹麦水利研究所研发的综合水环境模拟软件，该软件拥有包括地表水、地下水、城市供水和排水等一系列数值模拟软件及辅助软件，主要包括 MIKE11（一维河道及河网）、MIKE21（平面二维）和 MIKE3（三维）等模块。其中，MIKE3 是解决水体三维水动力学及水质问题的计算软件，该软件包含水动力模块（hydrodynamics）、对流扩散模块（AD）及水质生态模块（Eco Lab）。

5.1.1　MIKE3 水动力学方程

MIKE3 水动力学模型的基本数学方程是雷诺平均化的 Navier - Stokes（N - S）方程，基于三维不可压缩流体和静水压力假设，服从布西内斯克近似（Boussinesq approximation），认为密度的变化不显著改变流体的性质，同时在动量守恒方程中，认为密度变化对黏性力、压力差和惯性力的影响可忽略不计，只考虑质量力的影响。

（1）连续方程：

$$\frac{1}{\rho c_s^2}\frac{\partial p}{\partial t}+\frac{\partial u}{\partial x_i}=0 \tag{5.1-1}$$

（2）动量方程：

$$\frac{\partial u_i}{\partial t}+\frac{\partial(u_i u_j)}{\partial x_j}+2\Omega_{ij}u_j=-\frac{1}{\rho}\frac{\partial p}{\partial x_j}+g_i+\frac{\partial}{\partial x_j}\left[\upsilon_t\left(\frac{\partial u_i}{\partial x_j}+\frac{\partial u_j}{\partial x_i}\right)-\frac{2}{3}\delta_{ij}\right]+u_i s \tag{5.1-2}$$

（3）k 方程：

$$\frac{\partial k}{\partial t}+u_i\frac{\partial k}{\partial x_i}=\frac{\partial}{\partial x_i}\left(\frac{\upsilon_t}{\sigma_k}\frac{\partial k}{\partial x_i}\right)+\upsilon_t\left(\frac{\partial u_i}{\partial x_j}\frac{\partial u_j}{\partial x_i}\right)\frac{\partial u_i}{\partial x_j}+\beta g_i\frac{\upsilon_t}{\sigma_T}\frac{\partial\phi}{\partial x_i}-\varepsilon \tag{5.1-3}$$

（4）ε 方程：

$$\frac{\partial\varepsilon}{\partial t}+u_i\frac{\partial\varepsilon}{\partial x_i}=\frac{\partial}{\partial x_i}\left(\frac{\upsilon_t}{\sigma_\varepsilon}\frac{\partial\varepsilon}{\partial x_i}\right)+c_{1\varepsilon}\frac{\varepsilon}{k}\left[\upsilon_t\left(\frac{\partial u_i}{\partial x_j}\frac{\partial u_j}{\partial x_i}\right)\frac{\partial u_i}{\partial x_j}+c_{3\varepsilon}\beta g_i\frac{\upsilon_t}{\sigma_T}\frac{\partial\phi}{\partial x_i}\right]-c_{2\varepsilon}\frac{\varepsilon^2}{k} \tag{5.1-4}$$

上述各式中：ρ 为水体密度；c_s 为水体中的声速；u_i 和 u_j 分别为 x 和 y 方向上的速度分量；p 为压力；g_i 为重力矢量；δ 为克罗内克函数；Ω_{ij} 为柯氏张量；υ_t 为垂向紊动黏性系数；σ_T 为普朗克数；s 为源、汇项；β 为热膨胀系数；T 为温度；c_p 为水的比热容；t 为时间；k 为紊动动能。

5.1.2　MIKE3 热平衡方程

MIKE 软件中水温模块遵循能量守恒定律和 Fourier 热传导定律，在实际情况下忽略黏性耗散项时，不可压缩条件下的能量方程为

$$\frac{\partial T}{\partial t}+u_j\frac{\partial T}{\partial x_j}=\frac{\partial}{\partial x_j}\left(D\frac{\partial T}{\partial x_j}\right)+\frac{Q}{C_p} \tag{5.1-5}$$

式中：$D=\lambda/(\rho C_p)$ 为流体热扩散系数，C_p 为定压比热；λ 为流体热传导系数；Q 为热

交换量；其余符号意义同前。

将式（5.1-5）中水温和流体瞬时量分解为时均与脉动量之和，再根据雷诺平均法则进行时均化计算，可得到时均温度方程：

$$\frac{\partial T}{\partial t} + u_j \frac{\partial T}{\partial x_j} = \frac{\partial}{\partial x_j}\left(D\frac{\partial T}{\partial x_j}\right) - \frac{\overline{\partial u'_j T'}}{\partial x_j} + \frac{Q}{C_p} \tag{5.1-6}$$

式中 $\overline{-u'_j T'} = \frac{\upsilon_j}{p_n}\frac{\partial T}{\partial x_j}$ 以及 $D = \frac{\upsilon}{p_r}$，且分子普朗克数和湍流普朗克数具有相同的量级，因此，忽略式中的分子扩散项后得到

$$\frac{\partial T}{\partial t} + u_j \frac{\partial T}{\partial x_j} = \frac{\partial}{\partial x_j}\left(D_T\frac{\partial T}{\partial x_j}\right) + \frac{Q}{C_p} \tag{5.1-7}$$

在湖库水体中，水体的热交换主要来自太阳的辐射、大气与水体的热传导、水体蒸发及入流水体带入的热量等。在 MIKE3 模型中，热交换过程主要考虑太阳的短波辐射、大气-水界面的长波辐射，蒸发降雨热交换等因素。

在 MIKE 模型中（含 MIKE 软件的所有模块），热交换主要包含短波辐射、长波辐射、蒸发和降雨过程产生的热交换等。

（1）太阳短波辐射。太阳辐射在经过地球的大气及臭氧吸收后，仅短波辐射能够到达地球表面。短波辐射的强度与地球太阳的距离、太阳方位角、地球受辐射点所在纬度、地球外的太阳辐射、天空云量和大气中的水汽量等有关，地球外的太阳短波辐射热量为

$$H_0 = \frac{24}{\pi} q_{sc} E_0 \cos\phi \cos\delta \ (\sin\omega_{sr} - \omega_{sr}\cos\omega_{sr}) \tag{5.1-8}$$

式中：q_{sc} 为太阳辐射常数；E_0 为太阳轨道偏心率；ϕ 为纬度值；δ 为地球倾斜角；ω_{sr} 为太阳高度角。

当考虑大气中的云量条件时，太阳短波辐射热量 H 符合以下关系：

$$\frac{H}{H_0} = a_2 + b_2 \frac{n}{n_d} \tag{5.1-9}$$

式中：n 为日照时数；n_d 为日长。

小时平均的太阳短波辐射量 q_s 表达式为

$$q_s = \left(\frac{H}{H_0}\right) q_0 \ (a_3 + b_3 \cos\omega_i) \ \frac{10^6}{3600} \tag{5.1-10}$$

其中

$$a_3 = 0.409 + 0.5046\sin\left(\omega_{sr} - \frac{\pi}{3}\right) \tag{5.1-11}$$

$$b_3 = 0.6609 + 0.4767\sin\left(\omega_{sr} - \frac{\pi}{3}\right) \tag{5.1-12}$$

而到达水面后的短波辐射有一部分会因反射作用而损失掉，扣除反射损失的净短波辐射量 $q_{sr,net}$ 表达式为

$$q_{sr,net} = (1-\alpha) \ q_s \tag{5.1-13}$$

$$\alpha = \frac{1}{2}\left[\frac{\sin^2 \ (i-r)}{\sin^2 \ (i+r)} + \frac{\tan^2 \ (i-r)}{\tan^2 \ (i+r)}\right] \tag{5.1-14}$$

式中：i 为反射角度；r 为折射角度；α 为反射系数。

当短波辐射到达水体内部后，会由表层至底层逐渐衰减，其衰减过程服从比尔定律：

$$I(d) = (1-\beta) I_0 e^{-\lambda d} \tag{5.1-15}$$

式中：$I(d)$ 为水体表面以下 d 米深度的太阳强度；I_0 为水体表面的光强；β 为上层水体吸收光能的比例系数；λ 为光衰减系数。

（2）太阳净长波辐射量。净长波辐射量 $q_{lr,net}$ 主要与天空云量、气温、水汽压及相对湿度有关，其表达式为

$$q_{lr,net} = -\delta_{sb} (T_{air} + T_k) 4 (a - b\sqrt{e_d}) \left(c - d\sqrt{d\frac{n}{n_d}}\right) \tag{5.1-16}$$

式中：δ_{sb} 为玻尔兹曼常数；T_{air} 为大气温度；T_k 为热力学常数；e_d 为露点温度下测量的蒸汽压力。

（3）蒸发热量损失。蒸发热量损失 q_v 由道尔顿定律计算（主要与大气温度、水面温度、大气湿度、风速等有关）：

$$q_v = LC_e (a_1 + b_1 W_{2m}) (Q_{water} - Q_{air}) \tag{5.1-17}$$

式中：L 为蒸发潜热；C_e 为适度系数；W_{2m} 为水面上 2m 风速；Q_{water} 为水面蒸发密度；Q_{air} 为水在大气中的蒸发密度。

（4）对流交换热量。对流交换热量 q_c 由大气-水界面所决定：

$$q_c = \rho_{air} C_{air} C_c W_{10m} (T_{water} - T_{air}) \qquad T_{air} \geqslant T_{water} \tag{5.1-18}$$

$$q_c = \rho_{air} C_w C_c W_{10m} (T_{water} - T_{air}) \qquad T_{air} < T_{water} \tag{5.1-19}$$

式中：ρ_{air} 为空气密度；C_{air} 为空气比热；C_w 为水体比热；C_c 为传递系数；W_{10m} 为水面上 10m 风速；T_{water} 为水体绝对温度；T_{air} 为空气绝对温度。

由此，水体表面的总平衡热量为

$$Q_n = q_v + q_c + \beta q_{s,net} + q_{1,net} \tag{5.1-20}$$

（5）水体垂向内部热交换：

$$\hat{H} = \frac{\partial}{\partial z} \left(\frac{q_{sr,net}(1-\beta)e^{-\lambda(\eta-z)}}{\rho_0 c_p}\right) \tag{5.1-21}$$

（6）水体表面热交换：

$$\hat{H}' = \frac{q_v + q_c + q_{sr,net} + q_{lr,net}}{\rho_0 c_p} \tag{5.1-22}$$

5.1.3　Eco Lab 模块

Eco Lab 是 MIKE 软件包中的生态模拟工具。模型使用者可利用 Eco Lab 中的预设模板对水体中的生态过程进行模拟，也可以在现有模板上进行自定义的修改或自建模板进行计算。

5.1.3.1　Eco Lab 模块的构成

在 Eco Lab 的标准模板中，可分为 6 个主要部分，分别为状态变量（state variable）、常量（constant）、作用力（forcing）、辅助变量（auxiliary variable）、过程（process）和衍生结果。

（1）状态变量。状态变量用来表达环境的基本状态或者需要模型预测的主要指标。例如，想建立一个 BOD-DO 模型，这就需要将 BOD 和 DO 设置为状态变量。

(2) 常量。常量是模型内部数学公式中的自变量，在时间上保持不变，但可以在空间方向上有所变化。例如，BOD-DO 模型需要设定 BOD 的降解过程，可以利用一级降解表达式来描述，使用一个特定的降解速率，该降解速率在 Eco Lab 中就是一个常量。

(3) 作用力。作用力在物理过程的数据表达式中是作为自变量使用的。这些自变量是随时间和空间变化的，代表影响生态系统的外部自然变量。

(4) 辅助变量。辅助变量本身是一组数学公式，它的主要作用是将较长的数学表达式分为若干部分以便于用户阅读和理解，可以使过程表达式较为简单易读。

(5) 过程。过程用于描述影响状态变量的变换过程。

(6) 衍生结果。衍生结果是指利用模型的其他计算结果对该结果进行推算。例如利用将含氮结果进行加和获得总氮结果。在"推算结果"和"辅助变量"下计算总氮的区别在于，如果状态变量包含在表达式中，在辅助变量中计算总氮是基于前一次时间步长的结果的，但是在衍生结果中状态变量将是当前时间步长的更新结果。这是因为推算结果的计算是在微分方程整合之后进行的。

5.1.3.2 Eco Lab 预定义模板

Eco Lab 共有 27 个预定义模板，可以模拟从简单的水污染问题到复杂的生态系统。从功能上可分为水质模板、富营养化模板、重金属和异源物质模板三个主要类别。

(1) WQ-水质模块。水质模块主要针对水体污水排放引起的水质问题。目前水质模块应用领域主要包括与健康有关的微生物、耗氧物质、营养物质等。

Eco Lab WQ-水质模块中共有 6 个预定义模板用来分别处理各种污染问题，主要包括 WQsimple（基本 BOD/DO 关系）、WQsimpleColi（增加大肠杆菌）、WQsimpleTandS（增加温度盐度）、WQsimpleTandSColi（大肠杆菌及温度盐度）、WQnutrinets（增加氨氮、硝酸盐和磷酸盐）、WQnutrinetsChl（增加氨氮、硝酸盐和磷酸盐及叶绿素）。这些模板均以 BOD-DO 关系为基础。

以 WQ 模块中最为全面的 WQnutrinetsChl 模块为例，模块中关于溶解氧的平衡过程为：

DO＝reaera（大气复氧）＋phtsyn（光合作用）－respT（呼吸作用）－BodDecay（BOD 降解）－SOD（底泥耗氧量）－oxygen consumption from nitrification（硝化耗氧）

(2) EU-富营养化模块。Eco Lab EU-富营养化模块中共有 3 个预定义模板用来模拟富营养化问题。其中，EU1 主要模拟沉积物及底栖植物；EU1-SBV 在 EU1 的基础上增加营养盐循环过程，增加了对氮、磷和鳗草的模拟并考虑了大气沉降对氮元素的贡献量；EU2 进一步细化了水体中氮的循环，将 EU1 中的无机氮用氨氮和硝酸盐替换进行模拟，此外在作用力中增加了风速、水平向流速，及考虑垂向离散的影响。

(3) ME&XE-重金属和异源物质模板。重金属模块主要描述了重金属的吸附、解吸和再悬浮，也包括沉积物颗粒与沉积物孔隙水之间的重金属交换，可用于重金属散布和在沉积物中潜在累积的调查分析。该模板主要应用在以下领域：从城市或企业排出的重金属的扩散，重金属在处理现场的渗漏，重金属在水体中的堆积或废弃物处理过程中的扩散，重金属在沉积物或生物相中的累积，沉积物中累积的重金属的释放、疏浚或其他扰动导致的沉积物中已吸附重金属的重新释放。

5.1.3.3　Eco Lab WQ 模块常用数值公式

（1）氧平衡过程。

1）大气复氧：

$$大气复氧 = K_2 (C_s - DO) \tag{5.1-23}$$

式中：K_2 为大气复氧速率；C_s 为饱和溶解氧浓度。

2）光合作用产氧：

$$光合作用产氧 = P_{max} \cdot F_1 (H) \cdot \cos 2\pi (\tau/\alpha) \cdot \theta_1^{(T-20)} \tag{5.1-24}$$

式中：P_{max} 光合作用的最大产氧量；α 为相对日长；T 为温度；$F_1 (H)$ 为光消减函数；θ_1 为温度系数；τ 为光合作用最大产氧时刻的时间偏差小时数。

3）呼吸作用耗氧：

1～3 级：

$$呼吸作用耗氧 = R_1 \cdot F_1 (H) \cdot \theta_1^{(T-20)} + R_2 \cdot \theta_2^{(T-20)} \tag{5.1-25}$$

4 级：

$$呼吸作用耗氧 = R_1 \cdot F_1 (H) \cdot F (N, P) \cdot \theta_1^{(T-20)} + R_2 \cdot \theta_2^{(T-20)} \tag{5.1-26}$$

式中：R_1 为 20℃ 下光合作用的（自养型）呼吸速率；θ_1 为光合呼吸/产出的温度系数；R_2 为 20℃ 下动物和细菌（异养生物）的呼吸速率；θ_2 为异养生物呼吸作用温度系数；$F_1 (H)$ 为光衰减函数，H 为水深；$F (N, P)$ 为表达光合作用受到营养盐限制的函数关系。

4）硝化作用耗氧：

$$硝化作用耗氧 = K_4 \cdot NH_3 \cdot \theta_4^{(T-20)} \cdot \frac{DO}{DO + HS\_BOD} \tag{5.1-27}$$

式中：K_4 为硝化反应速度；NH_3 为氨氮浓度；θ_4 为温度系数；HS_BOD 为 BOD 的半饱和浓度。

5）底泥耗氧：

$$SOD = \frac{DO}{HS\_SOD + DO} \cdot \theta_3^{(T-20)} \tag{5.1-28}$$

式中：HS_SOD 为底质耗氧量的半饱和浓度；θ_3 为阿伦尼乌斯温度系数。

6）BOD 降解耗氧：

$$BOD_{decay} = K_3 \cdot BOD \cdot \theta_3^{(T-20)} \cdot \frac{DO}{DO + HS\_BOD} \tag{5.1-29}$$

式中：K_3 为 20℃ 下有机物的降解速率。

（2）BOD 过程：

$$\frac{d\,BOD}{d\,t} = -BOD_{decay} \tag{5.1-30}$$

$$BOD_{decay} = -K_3 \cdot BOD \cdot \theta_3^{(T-20)} \cdot \frac{DO}{DO + HS\_BOD} \tag{5.1-31}$$

（3）氮元素平衡。

1）BOD 降解过程产生氨氮：

$$BOD 降解产生的氨氮 = Y_{BOD} \cdot K_3 \cdot BOD \cdot \theta_3^{(T-20)} \cdot \frac{DO}{DO + HS\_BOD} \tag{5.1-32}$$

式中：Y_{BOD} 为有机物降解释放氨氮的产出率；BOD 为 BOD 的实际浓度。

2）硝化作用：

$$\text{氨氮向硝酸盐的转化} = K_4 \cdot NH_3 \cdot \theta_4^{(T-20)} \tag{5.1-33}$$

3）亚硝酸盐过程：

$$\frac{d NO_2}{dt} = \text{氨氮向亚硝氮的转化} - \text{亚硝氮向硝氮的转化} \tag{5.1-34}$$

$$\text{氨氮向亚硝氮的转化} = K_4 \cdot NH_3 \cdot \theta_4^{(T-20)} \cdot \frac{DO}{DO + HS\_nitr} \tag{5.1-35}$$

$$\text{亚硝氮向硝氮的转化} = K_5 \cdot NO_2 \cdot \theta_5^{(T-20)} \tag{5.1-36}$$

式中：HS_nitr 为半饱和浓度（硝化反应）；K_5 为转化速率；NO_2 为亚硝酸盐浓度。

4）硝酸盐过程：

$$\frac{d NO_3}{dt} = \text{亚硝氮向硝氮的转化} - \text{反硝化作用} \tag{5.1-37}$$

$$\text{亚硝氮向硝氮的转化} = K_5 \cdot NO_2 \cdot \theta_5^{(T-20)} \tag{5.1-38}$$

$$\text{反硝化作用} = K_6 \cdot NO_3 \cdot \theta_6^{(T-20)} \tag{5.1-39}$$

式中：K_6 为反硝化速率；NO_3 为硝酸盐浓度；θ_6 为反硝化作用的阿伦尼乌斯温度系数。

（4）磷元素平衡：

$$\text{BOD 降解产生的磷} = Y_2 \cdot K_3 \cdot BOD \cdot \theta_3^{(T-20)} \cdot \frac{PO_4}{PO_4 + HS\_PO_4} \tag{5.1-40}$$

式中：Y_2 为有机物降解释放磷的产出率；PO_4 为磷酸盐的实际浓度；HS_PO_4 为细菌摄取磷的半饱和浓度。

（5）叶绿素：

$$\frac{dCHL}{dt} = \text{叶绿素的净产量} - \text{叶绿素的死亡量} - \text{叶绿素的沉积量} \tag{5.1-41}$$

$$\frac{dCHL}{dt} = (P - R_1 \cdot \theta_1^{(T-20)}) \cdot K_{11} \cdot F(N, P) \cdot K_{10} - K_8 \cdot CHL - \frac{K_9}{H \cdot CHL} \tag{5.1-42}$$

式中：CHL 为叶绿素 a 浓度；P 为光合作用产氧量；K_{11} 为初级生产力的碳氧质量比；K_{10} 为叶绿素 a 与碳的质量比；K_8 为叶绿素 a 的死亡率；K_9 为叶绿素 a 的沉降率；H 为水深。

5.2 大黑汀水库三维水动力学水质模型构建

5.2.1 模型基本概况

本书为表现水库三维的水动力学、温度及溶解氧结构特征，采用 MIKE 系列软件中的 MIKE3 模块（水动力学及水温）及 Eco Lab 模块（溶解氧变化）共同完成大黑汀水库缺氧区状况的模拟。

5.2.1.1 大黑汀水库三维模型构建

考虑到模型计算的时间效率及大黑汀水库地形特征，采用结构网格构建水库三维水下地形，模拟的计算区域范围东西向（大坝轴线方向）长约 5.4km，南北向（大坝回水方向）长约 15km。在网格划分方面，网格大小为 108m（横向）×135m（纵向）。在垂向方向上，设定垂向网格高度为 2m。模拟范围内参与计算的网格数量为 5530 个。构建完成的模型地形文件见图 5.2-1。

5.2.1.2　大黑汀水库三维模型 Eco Lab 模板选择

为模拟大黑汀水库在水温及水质综合作用下形成的库区溶解氧变化及缺氧区演化特征，运用 MIKE 软件 Eco Lab 模块对水库溶解氧状况进行数值模拟。根据前文介绍可知，Eco Lab 模块中包含了 27 个预定义模板来满足不同水质模拟的需求。根据研究需要，选取 WQ-水质模板中较为复杂和全面的 WQ-nc（WQ with nutrients and chlorophyll-a）模板进行水库的缺氧区模拟计算。

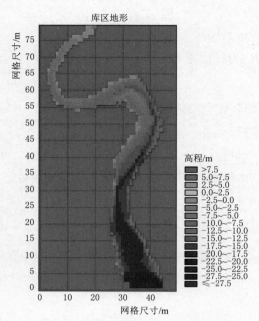

图 5.2-1　大黑汀水库模拟地形文件

WQ-nc 模板包含 9 个状态变量、13 个辅助变量、42 个常量、6 种作用力及 21 个过程。

状态变量包括 BOD、DO（dissolved oxygen）、叶绿素 a（chlorophyll-a）、氨氮（ammonia）、硝酸盐（nitrite）、亚硝酸盐（nitrate）、磷酸盐（phosphate）、粪大肠菌群（faecal coliforms）、总大肠菌群（total coliforms）。

辅助变量包括氧饱和浓度（oxygen saturation concentration），复氧率（reaeration rate），日变化的太阳辐射因子（solar irradiance factor for diurnal variations），日出时间（sunup），日落时间（sundown），相对日长（relative daylength），总氮（sum of NH_4，NO_2，NO_3），营养限制函数（nutrient limitation function），垂向光分布（vertical light distribution），温度、盐度及光校正（correction for temperature, salinity and light）等。

作用力主要包括温度、盐度、水深、水深层数、风速、水平流速等。

过程主要包括大气复氧过程、光合作用产氧过程、植物呼吸氧气消耗过程、BOD 降解、底质耗氧、BOD 降解的氨氮释放、BOD 降解的磷释放、植物氮吸收、植物磷吸收、细菌氮摄取、细菌磷摄取、硝化反应速率、反硝化反应速率、硝化反应耗氧、叶绿素产量、植物呼吸作用、叶绿素死亡、叶绿素沉降、总大肠菌群衰减、粪大肠菌群衰减等。

常量主要包括 BOD 一阶衰减速率、正午最大氧产量、半饱和溶解氧浓度等共 42 项，见图 5.2-2。

对于该模板来说，水体中的溶解氧来源主要考虑大气复氧及光合作用复氧，在耗氧方面主要考虑呼吸作用耗氧、BOD 降解耗氧、底质耗氧及硝化作用耗氧等几部分，这些因素共同决定了水体内溶解氧浓度变化情况。

No.	Description	Type
1	Latitude	Built-in
2	BOD Processes: 1st order decay rate at 20 deg. celcius (dissolved)	Constant
3	BOD processes: Temperature coefficient for decay rate (dissolved)	Constant
4	BOD Processes: Half-saturation oxygen concentration	Constant
5	Oxygen processes: Secchi disk depths	Constant
6	Oxygen processes: Maximum oxygen production at noon, m2	Constant
7	Oxygen processes: Time correction for at noon	Constant
8	Oxygen processes: Respiration rate of plants, m2	Constant
9	Oxygen processes: Temperature coefficient, respiration	Constant
10	Oxygen processes: Half-saturation conc. for respiration	Constant
11	Oxygen processes: Sediment Oxygen Demand per m2	Constant
12	Oxygen processes: Temperature coefficient for SOD	Constant
13	Oxygen processes: Half-saturation conc. for SOD	Constant
14	Nitrification: 1st order decay rate at 20 deg. C	Constant
15	Nitrification: 1st order decay rate at 20 deg. C	Constant
16	Nitrification: Temperature coefficient for decay rate, ammonia to nitrite	Constant
17	Nitrification: Temperature coefficient for decay rate, nitrite to nitrate	Constant
18	Nitrification: Oxygen demand by nitrification, NH4 to NO2	Constant
19	Nitrification: Oxygen demand by nitrification, NO2 to NO3	Constant
20	Nitrification: Half-saturation oxygen concentration	Constant
21	Ammonia processes: Ratio of ammonium released by BOD decay (dissolved	Constant
22	Ammonia processes: Amount of NH3-N taken up by plants	Constant
23	Ammonia processes: Amount of NH3-N taken up by bacteria	Constant
24	Ammonia processes: Halfsaturation conc. for N-uptake	Constant
25	Nitrate processes: 1 st order denitrification rate at 20 deg. C	Constant
26	Nitrate processes: temperature coefficient for denitrification rate	Constant
27	Phosphorus processes: Phosphorus content in dissolved BOD	Constant
28	Phosphorous processes: Amount of PO4-P taken up by plants	Constant
29	Phosphorous processes: Amount of PO4-P taken up by bacteria	Constant
30	Phosphorus processes: Halfsaturation conc. for P-uptake	Constant
31	Chlorophyll processes: Halfsaturation conc. for nitrogen, limitation for photo	Constant
32	Chlorophyll processes: Halfsaturation conc. for phosphorus, limitation for ph	Constant
33	Chlorophyll processes: Chlorophyll-a ro carbon ratio	Constant
34	Chlorophyll processes: Carbon to oxygen ration at primary production	Constant
35	Chlorophyll processes: Death rate of chlorophyll-a	Constant
36	Chlorophyll processes: Settling rate of chlorophyll-a	Constant
37	Coliform: 1st order decay 20 deg. C, fresh, dark (faecal)	Constant
38	Coliform: 1st order decay 20 deg. C, fresh, dark (total)	Constant
39	Coliform: Temperature coefficient for decay rate	Constant
40	Coliform: Salinity coefficient for decay rate	Constant
41	Coliform: Light coefficient for decay rate	Constant
42	Coliform: Maximum insolation at noon	Constant

图 5.2-2 WQ-nc 模板常量参数表

5.2.1.3 模拟时段

根据对大黑汀水库开展现场监测及研究的时间，选取 2017 年 8—11 月及 2018 年 4—11 月作为模型参数率定计算时间段。同时变更相应边界条件，将年内 4—11 月作为大黑汀水库缺氧区研究的重点时段。

5.2.2 模型边界条件设置

5.2.2.1 水动力学边界条件

（1）水位边界条件。在模型上边界，根据大黑汀水库实际运行调度数据，给定日均精度的水位数据。一般在年内 4—6 月，大黑汀水库为保证汛期防汛安全均会腾空库容，此时段内会出现年内最低水位。在年内汛期库区水位会快速上涨，直至年末均会保持相对较高的水位状态。水库年内水位变化一般为 3～5m。2017 年、2018 年水库实测水位数据见

图 5.2 - 3 和图 5.2 - 4。

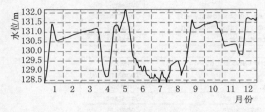

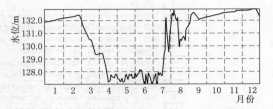

图 5.2 - 3　大黑汀水库 2017 年实测水位数据　　　图 5.2 - 4　大黑汀水库 2018 年实测水位数据

（2）流量边界条件。在模型下边界，根据大黑汀水库实际运行调度数据，给定日均精度的水库下泄流量数据。2017 年、2018 年水库实测下泄流量数据见图 5.2 - 5 和图 5.2 - 6，从数据可以看出，2018 年水库在上游来水及调度的影响下，下泄流量明显高于 2017 年。

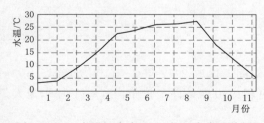

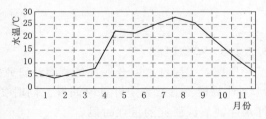

图 5.2 - 5　大黑汀水库 2017 年实测下泄流量数据　　图 5.2 - 6　大黑汀水库 2018 年实测下泄流量数据

5.2.2.2　水温边界条件

上游来水水温是水库中热量的来源之一，同样也是决定库区水体温度基本状态及水温结构的主要因素之一。在本模型中给定引滦入津管理局 2017 年、2018 年实测的月均精度入库水温数据，见图 5.2 - 7 和图 5.2 - 8。

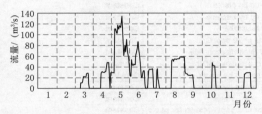

图 5.2 - 7　大黑汀水库 2017 年入库水温数据　　　图 5.2 - 8　大黑汀水库 2018 年入库水温数据

5.2.2.3　水质边界条件

在模型上边界中，根据 Eco Lab 模板的需要，结合引滦入津管理局 2017 年、2018 年月均精度实测数据，给定 BOD、叶绿素 a（chl - a）、溶解氧（DO）、氨氮（NH₄）、硝酸盐及磷酸盐浓度数据，见图 5.2 - 9。

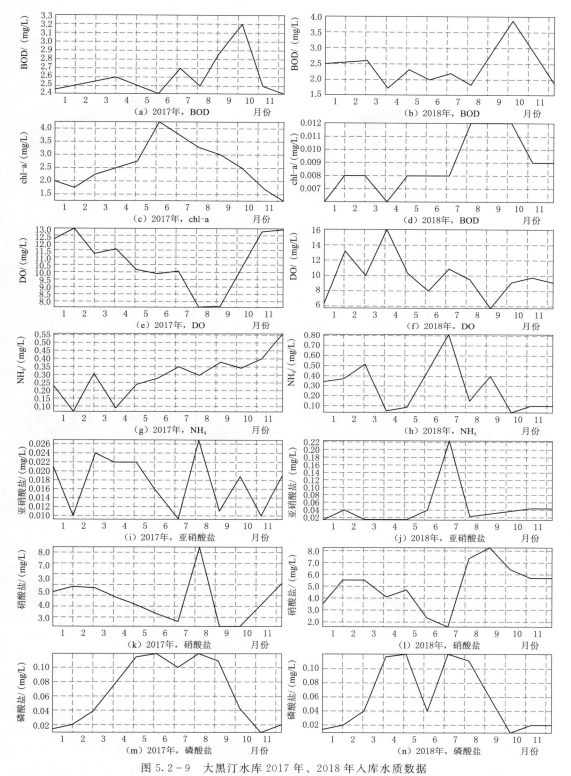

图 5.2-9 大黑汀水库 2017 年、2018 年入库水质数据

5.2.2.4　气象边界条件

根据计算需要，在模型中给定气象边界条件，根据引滦入津管理局 2017 年、2018 实测气象资料，给出气温、降雨、相对湿度及风力条件，见图 5.2-10～图 5.2-17。

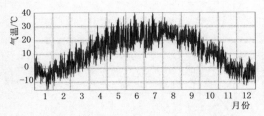

图 5.2-10　大黑汀水库 2017 年气温数据

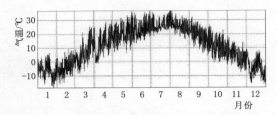

图 5.2-11　大黑汀水库 2018 年气温数据

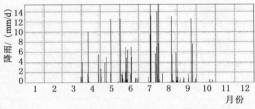

图 5.2-12　大黑汀水库 2017 年降雨数据

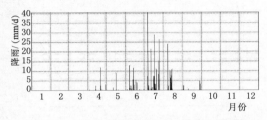

图 5.2-13　大黑汀水库 2018 年降雨数据

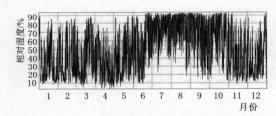

图 5.2-14　大黑汀水库 2017 年相对湿度数据

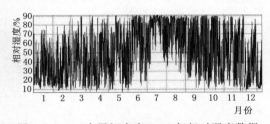

图 5.2-15　大黑汀水库 2018 年相对湿度数据

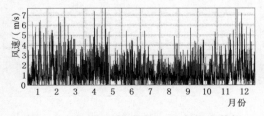

图 5.2-16　大黑汀水库 2017 年风速数据

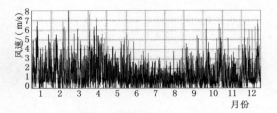

图 5.2-17　大黑汀水库 2018 年风速数据

5.2.3　模型水温及溶解氧率定结果

利用大黑汀水库逐月实测水温、溶解氧数据对模型参数进行率定，将率定后的计算结果与实测数据对比作图（图 5.2-18 和图 5.2-19），各月水温及溶解氧模拟结果与实测数据间的平均误差率计算见表 5.2-1。通过对比可知，所构建的大黑汀水库三维模型对库区水温、溶解氧模拟效果良好，计算结果符合实测数据分布状况，能够准确反应库区热分层、氧分层及缺氧区演化规律特征。

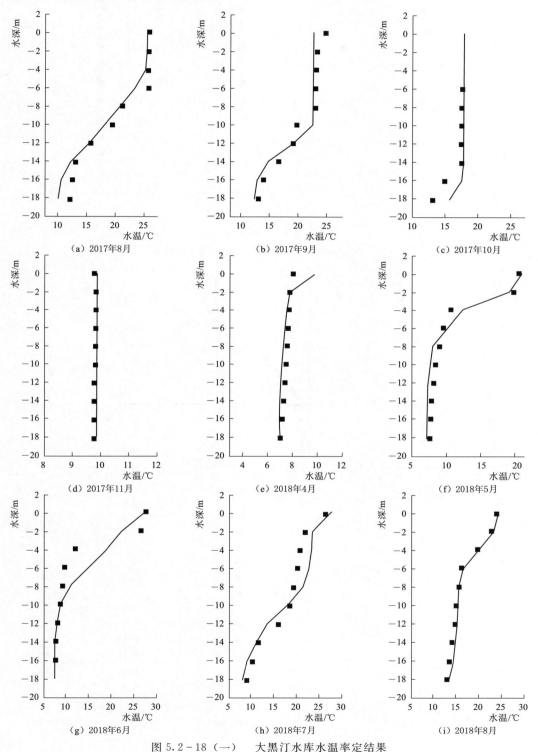

图 5.2 - 18 （一） 大黑汀水库水温率定结果

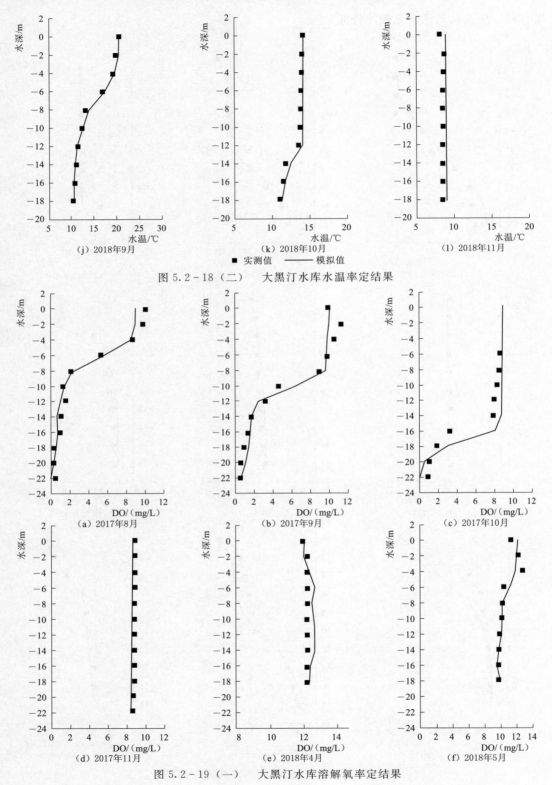

图 5.2-18（二）　大黑汀水库水温率定结果

图 5.2-19（一）　大黑汀水库溶解氧率定结果

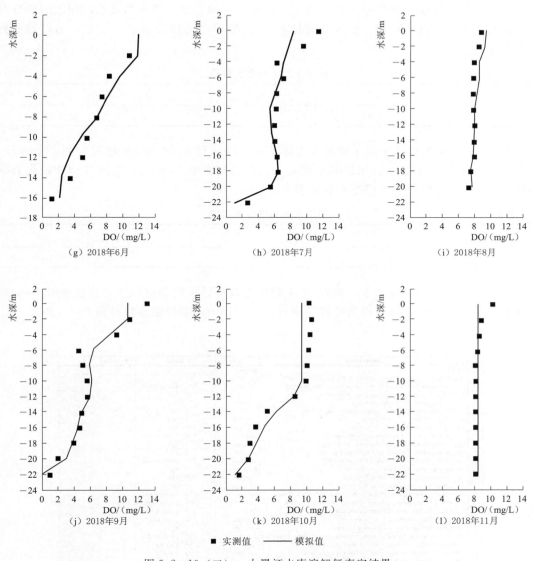

图 5.2-19（二）　大黑汀水库溶解氧率定结果

表 5.2-1　　　　　　模型水温及溶解氧模拟结果与实测结果误差率统计

时　间		2017 年 8 月	2017 年 9 月	2017 年 10 月	2017 年 11 月	2018 年 4 月	2018 年 5 月
误差率	水温	6.69%	5.39%	6.51%	0.92%	4.78%	7.37%
	溶解氧	17.15%	23.06%	29.54%	2.91%	2.20%	3.18%
时　间		2018 年 6 月	2018 年 7 月	2018 年 8 月	2018 年 9 月	2018 年 10 月	2018 年 11 月
误差率	水温	17.79%	8.89%	3.21%	1.96%	2.61%	5.81%
	溶解氧	24.00%	12.42%	4.95%	20.32%	15.07%	4.91%

5.2.4 模型水温及溶解氧模型参数取值

经大黑汀水库实测数据率定后，确定了模型中水动力学、热平衡及水质相关的参数取值。在水动力学方面，模型主要涉及的是 k-ϵ 湍流模型的经验系数，率定后的模型参数见表 5.2-2。

表 5.2-2 模型水动力学参数选取

c_μ	c_{1e}	c_{2e}	σ_k	σ_ζ
0.09	1.44	1.92	1	1.3

在 MIKE3 水温模块中，主要涉及水体垂向扩散系数 σ_T 和热交换过程中的 6 个参数，分别为道尔顿定律常数 a_1、风影响系数 b_1、太阳辐射参数 a_2 和 b_2、Beer 定律中的光衰减系数 β 和 λ。率定后的水温模型参数见表 5.2-3 所示。

表 5.2-3 模型水动力学参数选取

a_1	b_1	a_2	b_2	β	λ	σ_T
0.5	2	0.1	0.5	0.3	1	1.5

在 MIKE Eco Lab 模块中，共有 42 个相关参数可以进行调整，主要包括 BOD 一阶衰减速率、正午最大氧产量、植物呼吸速率等，率定后的水温模型参数见图 5.2-20。

No.	Description	Type	Value		File Name	
1	Latitude	Built-in				View
2	BOD Processes: 1st order decay rate at 20 deg. celcius (dissolved)	Constant	0.5	(/d)	...	View
3	BOD processes: Temperature coefficient for decay rate (dissolved)	Constant	1.07	dimensionless	...	View
4	BOD Processes: Half-saturation oxygen concentration	Constant	2	mg/l	...	View
5	Oxygen processes: Secchi disk depths	Constant	0.4	m	...	View
6	Oxygen processes: Maximum oxygen production at noon, m2	Constant	9	(/d)	...	View
7	Oxygen processes: Time correction for at noon	Constant	0	hour	...	View
8	Oxygen processes: Respiration rate of plants, m2	Constant	0.04	(/d)	...	View
9	Oxygen processes: Temperature coefficient, respiration	Constant	1.08	dimensionless	...	View
10	Oxygen processes: Half-saturation conc. for respiration	Constant	2	mg/l	...	View
11	Oxygen processes: Sediment Oxygen Demand per m2	Constant	3	(/d)	...	View
12	Oxygen processes: Temperature coefficient for SOD	Constant	1.07	dimensionless	...	View
13	Oxygen processes: Half-saturation conc. for SOD	Constant	2	mg/l	...	View
14	Nitrification: 1st order decay rate at 20 deg. C	Constant	0.05	(/d)	...	View
15	Nitrification: 1st order decay rate at 20 deg. C	Constant	1	(/d)	...	View
16	Nitrification: Temperature coefficient for decay rate, ammonia to nitrite	Constant	1.088	dimensionless	...	View
17	Nitrification: Temperature coefficient for decay rate, nitrite to nitrate	Constant	1.088	dimensionless	...	View
18	Nitrification: Oxygen demand by nitrification, NH4 to NO2	Constant	3.42	g O2/g NH4-N	...	View
19	Nitrification: Oxygen demand by nitrification, NO2 to NO3	Constant	1.14	g O2/g NO2-N	...	View
20	Nitrification: Half-saturation oxygen concentration	Constant	2	mg/l	...	View
21	Ammonia processes: Ratio of ammonium released by BOD decay (dissolved)	Constant	0.5	g NH4-N/g BOD	...	View
22	Ammonia processes: Amount of NH3-N taken up by plants	Constant	0.066	g N/g DO	...	View
23	Ammonia processes: Amount of NH3-N taken up by bacteria	Constant	0.109	g N/g DO	...	View
24	Ammonia processes: Halfsaturation conc. for N-uptake	Constant	0.05	mg/l	...	View
25	Nitrate processes: 1 st order denitrification rate at 20 deg. C	Constant	0.1	(/d)	...	View
26	Nitrate processes: temperature coefficient for denitrification rate	Constant	1.16	dimensionless	...	View
27	Phosphorus processes: Phosphorus content in dissolved BOD	Constant	0.06	g P/g BOD	...	View
28	Phosphorous processes: Amount of PO4-P taken up by plants	Constant	0.0091	g P/g DO	...	View
29	Phosphorus processes: Amount of PO4-P taken up by bacteria	Constant	0.015	g P/g DO	...	View
30	Phosphorus processes: Halfsaturation conc. for P-uptake	Constant	0.005	mg/l	...	View
31	Chlorophyll processes: Halfsaturation conc. for nitrogen, limitation for photo	Constant	0.05		...	View
32	Chlorophyll processes: Halfsaturation conc. for phosphorus, limitation for ph	Constant	0.01		...	View
33	Chlorophyll processes: Chlorophyll-a ro carbon ratio	Constant	0.025	mg CHL/mg C	...	View
34	Chlorophyll processes: Carbon to oxygen ration at primary production	Constant	0.2857	mg C/ mg O	...	View
35	Chlorophyll processes: Death rate of chlorophyll-a	Constant	0.01	(/d)	...	View
36	Chlorophyll processes: Settling rate of chlorophyll-a	Constant	0.2	m/day	...	View
37	Coliform: 1st order decay 20 deg. C, fresh, dark (faecal)	Constant	0.8	(/d)	...	View
38	Coliform: 1st order decay 20 deg. C, fresh, dark (total)	Constant	0.8	(/d)	...	View
39	Coliform: Temperature coefficient for decay rate	Constant	1.09	dimensionless	...	View
40	Coliform: Salinity coefficient for decay rate	Constant	1.006	dimensionless	...	View
41	Coliform: Light coefficient for decay rate	Constant	7.4	dimensionless	...	View
42	Coliform: Maximum insolation at noon	Constant	0.1	kW/m2	...	View

图 5.2-20 Eco Lab 模块相关参数选取

5.3 大黑汀水库缺氧区连续演化过程分析

对大黑汀水库相关实测溶解氧数据及水库溶解氧结构的分析可知，在地形、动力学、气象、水温、热分层、水质状况及底质等因素的共同作用下，水库底部水体会在年内出现规律性的缺氧现象。但由于大黑汀水库缺乏长系列的全库溶解氧连续监测数据，对水库缺氧区的演化分析也是基于 2017 年、2018 年每月 1 次的监测数据，体现的是水库缺氧区离散的演变特征，因此可以通过数学模型的手段，对水库在一般调度条件下相对连续的缺氧区发生发展过程展开分析。

5.3.1 缺氧区时间连续演化过程分析

对大黑汀水库 2010—2017 年逐日库区水位及下泄流量过程数据进行分析：在 2017 年调度过程中，水库汛前调度径流量属于多年平均水平，汛期调度径流量属于相对较低水平。在这种调度情形下，能够比较清晰地体现水库在相对静水条件下（动力学干扰相对较小）缺氧区的发生发展过程，因此利用模型计算的 2017 年溶解氧计算结果对大黑汀水库缺氧区连续演化过程进行分析。将水库缺氧区自产生至结束时期的库区缺氧区分布范围按每 10 天作图（图 5.3-1，其中横纵坐标数值为网格数）。同时统计各个时间段的缺氧区延伸长度、缺氧区面积（表 5.3-1 和表 5.3-2、图 5.3-2 和图 5.3-3）。

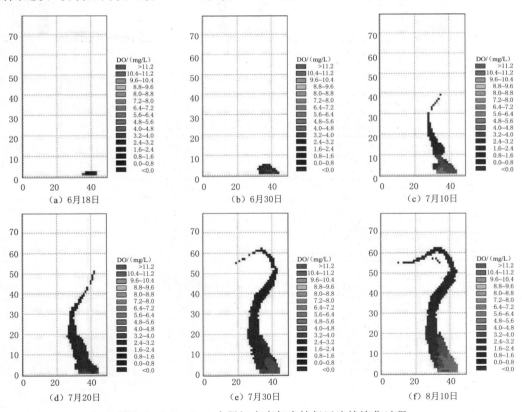

图 5.3-1（一）　大黑汀水库年内缺氧区连续演化过程

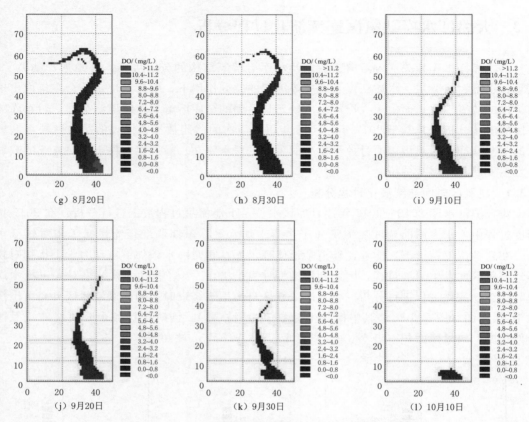

图 5.3-1（二）　大黑汀水库年内缺氧区连续演化过程

表 5.3-1　　　　　　　　　大黑汀水库各时段缺氧区长度统计信息

时　间	6 月 18 日	6 月 30 日	7 月 10 日	7 月 20 日	7 月 30 日	8 月 10 日
缺氧区长度/km	0.3	0.75	4.5	7.65	9.15	12.5
占库区长度比例	1.39%	3.47%	20.83%	35.42%	42.36%	57.87%
时　间	8 月 20 日	8 月 30 日	9 月 10 日	9 月 20 日	9 月 30 日	10 月 10 日
缺氧区长度/km	12.5	10.68	7.65	7.65	5.70	0.75
占库区长度比例	57.87%	49.44%	35.42%	35.42%	26.39%	3.47%

表 5.3-2　　　　　　　　　大黑汀水库各时段缺氧区面积统计信息

时　间	6 月 18 日	6 月 30 日	7 月 10 日	7 月 20 日	7 月 30 日	8 月 10 日
缺氧区面积/km^2	0.198	0.27	1.566	4.608	5.31	9.126
占库区面积比例	1.35%	1.85%	10.71%	31.53%	36.33%	62.44%
时　间	8 月 20 日	8 月 30 日	9 月 10 日	9 月 20 日	9 月 30 日	10 月 10 日
缺氧区面积/km^2	9.126	7.74	4.608	4.608	2.952	1.044
占库区面积比例	62.44%	52.96%	31.53%	31.53%	20.19%	7.14%

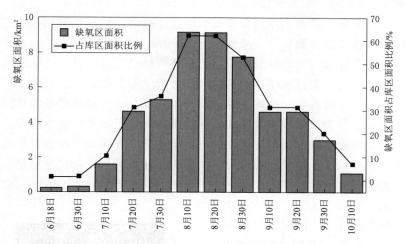

图 5.3-2　大黑汀水库年内缺氧区面积变化过程

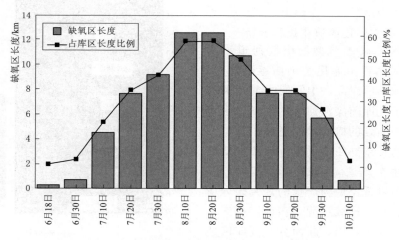

图 5.3-3　大黑汀水库年内缺氧区长度变化过程

由图及相关数据可以看出，大黑汀水库缺氧区自年内 6 月中旬开始出现至 10 月上旬基本消失，总共经历时间约 5 个月。这一过程可分为 4 个阶段：

（1）6 月中旬至 6 月下旬为缺氧区的产生期。在这一时期水库缺氧区刚刚出现，主要集中在坝前深水区域，总体面积及延伸长度均较小（分别为 0.198km² 及 0.3km）。

（2）在 7 月初至 7 月中旬，水库缺氧区进入发展期。缺氧区的厚度和长度均明显增加，至 7 月 20 日时，水库缺氧区长度已延伸至坝前约 7.65km 处，缺氧区面积也增加至约 4.61 km²。在 7 月下旬，水库缺氧区继续发展，至 7 月 30 日时，缺氧区延伸长度及面积分别发展至 9.15km 及 5.31km²。

（3）年内 8 月，大黑汀水库缺氧区进入稳定期。缺氧规模达到了年内的最大值，坝前延伸长度增加至 12.5km，缺氧区面积上升至 9.13km²。此过程持续时间约 1 个月。

（4）进入 8 月下旬，随着水库热分层过程的逐渐减弱，缺氧区开始进入消退期。至 9 月底时，缺氧区延伸长度和面积分别减少至 5.7km 及 2.95km²。在年内 10 月上旬时，水库坝前底部水体还存在着一定的缺氧现象，但总体规模已显著降低，全库绝大部分区域已无缺氧现象存在，至此大黑汀水库年内的缺氧区过程全部结束。

通过数据分析还可以看出，在库区热分层、水质状况、气象条件等的共同作用下，水库在年内的缺氧现象较为严重。水库的缺氧区持续时间接近半年，基本持续了热分层的全部过程时段，即在一般的调度情景下水库的热分层必然会导致库区缺氧现象的发生。同时水库出现缺氧的规模较大，从数据可以看出，不论是缺氧区的延伸长度还是发生缺氧的库区面积在稳定期的 8 月均达到了 60％左右（延伸长度占全库回水长度的 57.87％、缺氧面积占全库水面面积的 62.44％），即在年内的 8 月，大黑汀全库约有 2/3 的区域出现了缺氧现象。根据水体缺氧对水质的影响机理分析，大黑汀水库作为引滦入津的源头水库，如此大规模的缺氧区分布将会对供水水质造成极大的安全隐患。

5.3.2 缺氧区空间连续演化过程分析

大黑汀水库属于典型的山前河道型水库，库区地形高程由库尾至坝前逐渐降低。库区断面总体呈两岸高、中间低的 V 形河谷地貌。但由于成库前滦河河道的摆动，水库蓄水后相同断面处的横向水深还是出现了一定的差异。这种差异使得大黑汀水库在缺氧区分布方面也呈现了一定的空间分异特征。现选取水库缺氧现象最为严重的 8 月来分析缺氧区分布的空间连续过程。在库区由库尾至坝前共选取 6 个断面，断面分布及库区地形分布情况见图 5.3-4。各断面信息及横向溶解氧分布特征分析见表 5.3-3。

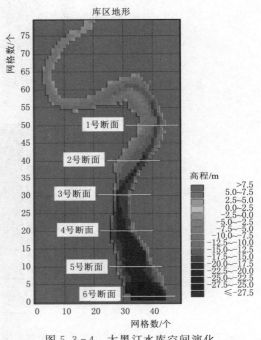

图 5.3-4 大黑汀水库空间演化分异特征分析断面选取

表 5.3-3　　　　　　　　大黑汀水库空间演化分异特征分析

断面序号	距坝距离/km	断面溶解氧分布	缺氧区分布分析
1	7.48		河道深泓点位于河道左岸，缺氧区主要位于库区左岸深水区

续表

断面序号	距坝距离/km	断面溶解氧分布	缺氧区分布分析
2	6.01		河道深泓点位于河道左岸，缺氧区主要位于库区左岸深水区
3	4.45		河道深泓点转向河道右岸，水库缺氧区产生相应偏移
4	3.38		河道深泓点位于河道中心偏右岸处，水库左岸浅水区处无缺氧现象
5	1.75		河道深泓点基本位于河道中心，水库左岸浅水区无缺氧现象
6	0.35		河道深泓点位于河道左岸，由于坝前各处均水深较大，因此缺氧区基本均匀分布，仅左岸浅水区处无缺氧现象

由上述坝前主要断面溶解氧横向分布情况及库区地形分布特征可知，在沿库区方向，大黑汀水库由库尾至坝前水深逐渐增加，断面内缺氧水体的厚度及缺氧水体总量逐渐上升，缺氧现象由库尾至坝前逐渐严重。在水库横断面方向，由于断面在横向方面的水深差异，体现出了局部空间范围内的分异特征。从大黑汀水库水下地形分布图（图 5.3-4）可以看出，由库中至坝前，库区水下地形的深泓点首先分布在靠近库区左岸方向，至坝前 6km 后，深泓点开始向水库右岸靠近。坝前 3km 至坝前区域，深泓点基本位于水库水面中心处，但在坝前两岸处均存在一定的浅水区。结合前述章节中关于水深与缺氧区的关系论述，从水库各断面垂向溶解氧分布图及可以看出，水库缺氧区的分布与河道地形条件密切相关：在坝前 6km 以远区域，断面横向高程差异明显，缺氧区主要分布在水库左岸的深水区域，河道右岸由于水深相对较浅，水体内部基本无缺氧现象发生；在坝前 6km 至 4km 区域，河道深泓点转向右岸，库区缺氧区也开始向右岸方向偏离；进入坝前 3km 范围后，水库水面宽度及水深均明显增加，库区底部的高程差异已不足以影响缺氧区的形成，水体缺氧区开始在断面横向方向上大面积出现，此时仅会在两岸明显浅水区处出现无缺氧的现象（事实上在大黑汀水库蓄水前，坝前滦河河道的深泓点是偏向左岸的，但由于库区坝前水体水深总体较大，因此坝前水体已无明显的缺氧区横向空间分布差异）。

由以上分析可以看出，库区水下地形在横向的差异导致了同一断面处缺氧区分布的空间差异，但由于水库横向及微地形方面的分异特征并不明显，因此横向空间差异相对较小。大黑汀水库缺氧区的空间分布表明：随着由库尾至坝前水体水深的增加，缺氧水体厚度及缺氧程度逐渐加大。

5.4　抑制大黑汀水库缺氧区的分级调度原则及阈值分析

通过前述章节中基于实测数据进行的水库水动力学条件变化（大规模调度过程）对水库缺氧区的影响分析内容可知，水库在调度期间的水动力学条件变化对于库区溶解氧分层结构及缺氧区的影响十分显著，大流量调度过程可以大大减轻甚至完全消除水体内的缺氧现象。同时，这种干扰作用还可以使得水体在后续的时段内即使满足缺氧区的产生条件，也会因为时间、温度等条件的限制而无法再出现大规模的缺氧现象。因此，对于大黑汀水库来说，利用调度手段来抑制库区内部的缺氧区规模和影响范围是有效且可行的方法。大黑汀水库上游为潘家口水库，该水库总库容 29.3 亿 m^3，为多年调节水库。两库同属引滦入津管理局管辖，可以较为方便地进行联合调度，为大黑汀水库创造大流量调度条件。

但是这种方法，有许多值得讨论的问题，如：到底下泄多大规模的流量可以达到抑制缺氧区的效果？下泄不同规模的流量对水库缺氧区的抑制效果有何不同？随着调度水量的增加，缺氧区抑制效果是如何变化的？等等。如果需要回答上述问题，进行现场调度试验显然是不现实的。因此，拟通过已构建完毕的大黑汀水库三维水动力学水质模型对不同调度过程条件下水库缺氧区的变化情况进行定量化讨论，对调度手段抑制缺氧区的效果进行分析。

5.4.1 不同调度规模对大黑汀水库缺氧区的抑制效果分析

根据实测逐日调度过程数据，2018 年大黑汀水库汛期下泄总量大约达到 14 亿 m³。这部分水量大部分是在 7 月 25 日至 8 月 28 日之间下泄的，在这种调度条件下水库的缺氧区受到了明显的抑制，同时该时期又是大黑汀水库缺氧区最为严重的时段，因此本节以该时段为基础，讨论不同调度规模条件下水库缺氧区的抑制效果。

模拟情景（情景 1）共设置了 6 种不同规模的下泄流量级别（6 种工况）来模拟不同泄流条件对水库缺氧区的抑制作用。在各工况中，年内 1—7 月及 9—12 月流量过程与 2017 年保持一致，对 8 月流量过程则给定不同的调度规模条件。各工况中，大流量下泄过程出现的时间段均设置在 8 月 1 日至 8 月 31 日，在这一时段中，每日的下泄流量均相同（不同工况日均流量不同）。各工况下日均下泄流量及总下泄径流量见表 5.4-1。本次计算的下泄日均流量由 100m³/s 逐渐增加至 600m³/s。在对各工况进行计算后，分别对比在正常流量过程条件下 8 月、9 月及 10 月库区相应时段缺氧区变化状况，分析不同调度规模对大黑汀水库缺氧区的抑制效果。模拟计算后得出的 8 月、9 月及 10 月各工况坝前垂向溶解氧结构见图 5.4-1～图 5.4-3、各工况下各月坝前垂向溶解氧演化过程对比见表 5.4-2，各工况条件下水库缺氧区分布见表 5.4-3～表 5.4-5。

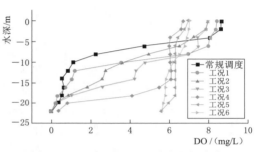

图 5.4-1 各工况下 8 月大黑汀水库
缺氧区抑制效果对比

表 5.4-1 不同调度规模对水库缺氧区抑制效果计算情景（情景 1）

下泄时段	8 月 1—31 日					
工况编号	1	2	3	4	5	6
日均流量/（m³/s）	100	200	300	400	500	600
总径流量/亿 m³	2.59	5.18	7.78	10.37	12.96	15.55

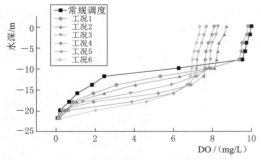

图 5.4-2 各工况下 9 月大黑汀水库
缺氧区抑制效果对比

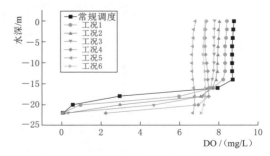

图 5.4-3 各工况下 10 月大黑汀水库
缺氧区抑制效果对比

表 5.4－2　　　　　　　　各工况下各月大黑汀水库缺氧区演化过程对比

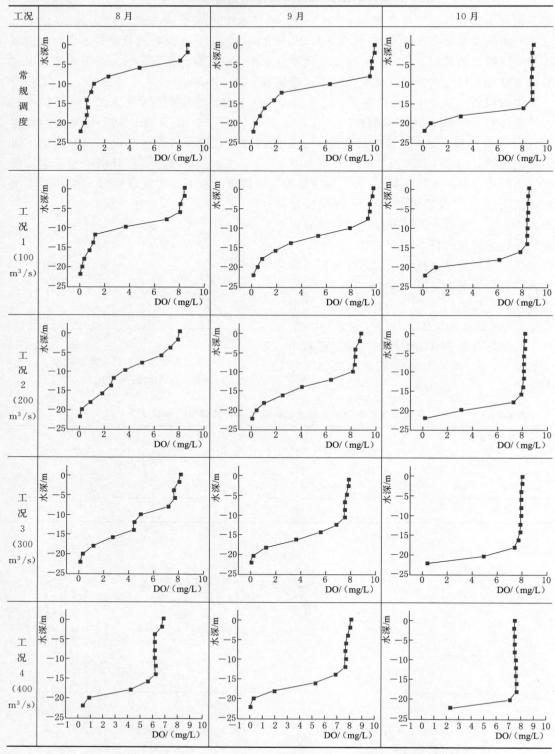

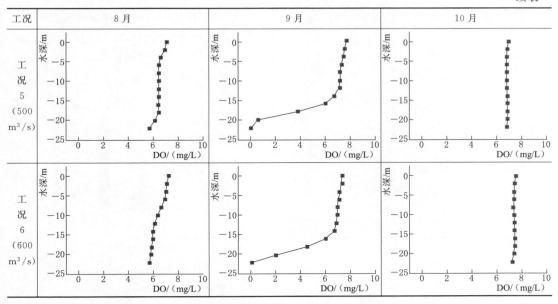

表5.4－3　　　　不同调度规模条件下8月大黑汀水库缺氧区空间分布特征

工况	缺氧区分布面积/km²	缺氧区延伸长度/km	大黑汀水库缺氧区分布范围
工况1	4.608	7.05	
工况2	2.448	3.21	

续表

工况	缺氧区分布面积/km²	缺氧区延伸长度/km	大黑汀水库缺氧区分布范围
工况 3	1.782	2.27	
工况 4	0.846	0.75	
工况 5	0	0	无缺氧区
工况 6	0	0	无缺氧区

表 5.4-4　　　不同调度规模条件下 9 月大黑汀水库缺氧区空间分布特征

工况	缺氧区分布面积/km²	缺氧区延伸长度/km	大黑汀水库缺氧区分布范围
工况 1	4.608	7.05	

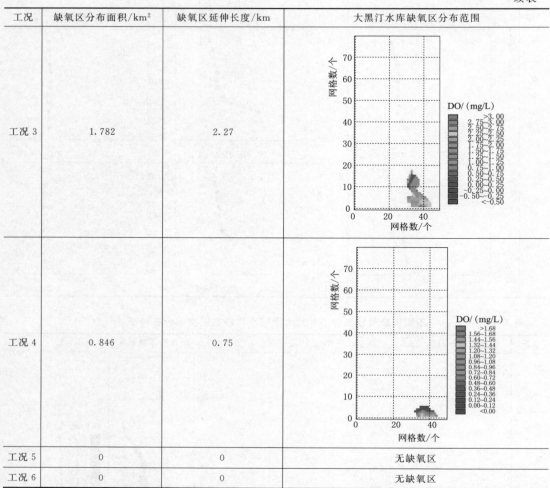

工况	缺氧区分布面积/km²	缺氧区延伸长度/km	大黑汀水库缺氧区分布范围
工况 2	2.952	5.97	
工况 3	2.952	5.97	
工况 4	1.044	1.36	

续表

工况	缺氧区分布面积/km²	缺氧区延伸长度/km	大黑汀水库缺氧区分布范围
工况 5	0.846	0.75	
工况 6	0.846	0.75	

表 5.4－5　　　　　不同调度规模条件下 10 月大黑汀水库缺氧区空间分布特征

工况	缺氧区分布面积/km²	缺氧区延伸长度/km	大黑汀水库缺氧区分布范围
工况 1	0.846	0.75	

续表

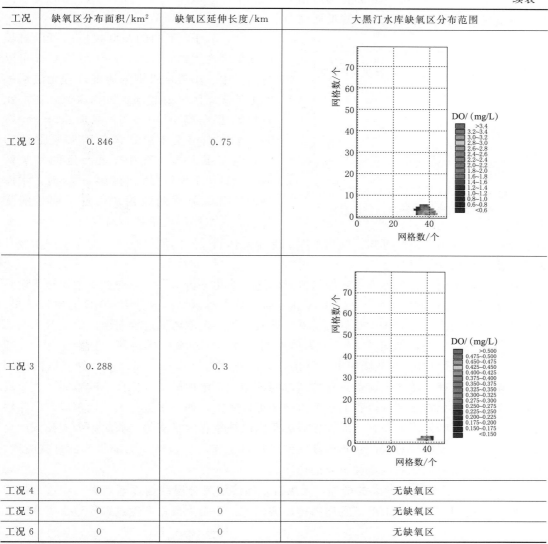

工况	缺氧区分布面积/km²	缺氧区延伸长度/km	大黑汀水库缺氧区分布范围
工况 2	0.846	0.75	
工况 3	0.288	0.3	
工况 4	0	0	无缺氧区
工况 5	0	0	无缺氧区
工况 6	0	0	无缺氧区

5.4.1.1　不同调度规模对大黑汀水库坝前溶解氧结构的影响

通过对不同规模的下泄流量条件下库区坝前溶解氧垂向结构情况计算结果进行分析可以看出，当水库在 8 月 1—31 日进行不同级别的调度措施后，均会对水库坝前溶解氧结构产生较为明显的影响，从坝前缺氧区的厚度、各层水体溶解氧含量及溶解氧垂向结构特征等方面均出现了较大的不同，因此总体来说水库通过调度手段来抑制水库缺氧区是可行的。但是对于不同的调度规模，水库坝前溶解氧分布特征及缺氧区的总体演化规律又各不相同，以下进行详细分析。

（1）对于常规调度情景下缺氧最严重的 8 月，不同下泄流量级别条件下的水库坝前溶解氧结构变化明显。随着下泄流量的不断增加，水体溶解氧含量在垂向的掺混逐渐加强，表层水体溶解氧浓度逐渐降低，中层及底层水体的溶解氧浓度逐渐增加，水体内缺氧区厚度逐步降低（图 5.4-4），由常规调度情景下的约 12m 减小至工况 5、工况 6 的完全消失。缺氧指数也随着缺氧程度的降低而明显下降，由 0.54 下降至 0。

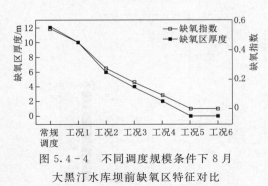

图 5.4-4　不同调度规模条件下 8 月
大黑汀水库坝前缺氧区特征对比

（2）8 月，不同的调度规模均可以对坝前缺氧区产生抑制效果，但从图 5.4-1 可以看出，中、小流量级别的调度过程无法从根本上消除库区坝前底部水体的缺氧状态，在日均调度规模由 100m³/s 增加至 400m³/s 时，水库表层及中层水体的溶解氧逐渐掺混，但底层水体一直存在着一定的缺氧区域。当日均下泄流量达到 500m³/s 时，水库坝前的溶解氧垂向结构才出现了明显的变化，此时水库坝前水体溶解氧完全掺混，缺

氧状态被完全抑制。由此可知，仅当水库下泄流量达到一定的阈值时，才能完全抑制 8 月大黑汀水库坝前的缺氧状态。

（3）根据常规调度条件下水库缺氧区时间连续演化分析结果，年内 8 月中旬至下泄是水库缺氧区发展的顶峰阶段，因此本次对比的 8 月溶解氧结构为 8 月 26 日的模拟结果。为分析大流量调度过程对水库缺氧区发展的抑制过程，选取调度过程前期、中期及末期的溶解氧结构对比作图，见图 5.4-5（为体现调度过程对缺氧区的抑制，选取工况 5，即 500m³/s 过程进行对比）。从图中可以看出，大流量调度过程对大黑汀水库缺氧区的抑制是一个渐进的过程，随着大流量过程持续时间的增加，水库缺氧区规模不断减弱，直至最后完全消失。对比常规调度过程的溶解氧结构可以看出，如果不进行大流量调度，水库缺氧区在 8 月会不断发展，至月底时会发展为年内的缺氧程度最高值。而实施大规模调度会明显抑制不断发展的缺氧区，将年内缺氧区发展最迅速的时段转变为缺氧区的衰减时段，将对抑制水库缺氧问题起到至关重要的作用。

（4）8 月，随着调度规模的增加，大黑汀水库溶解氧分层结构逐渐消失。在这一过程中，两方面的因素对坝前溶解氧垂向结构影响较大：一是大流量调度过程导致水库表底水

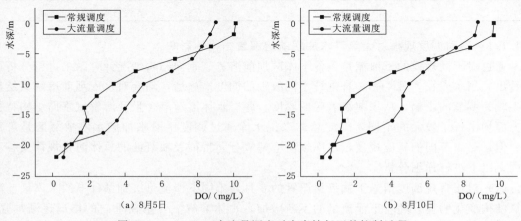

图 5.4-5（一）　大流量调度对水库缺氧区的抑制过程

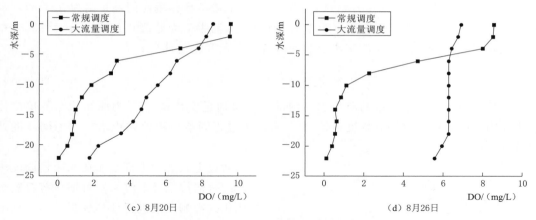

图 5.4 - 5（二）　大流量调度对水库缺氧区的抑制过程

体掺混，溶解氧浓度混合；二是在大流量调度影响下上游高含氧水体对中下层水体溶解氧的补充。这两种因素对水库缺氧区的抑制程度很难通过实测的手段进行判断，因此，有必要提出一套方法对上述两种作用的影响程度进行定量化判断。

根据前文溶解氧平衡的分析，水体内溶解氧的来源主要为大气复氧、光合作用复氧及上游来水对下游水体溶解氧的补充，而溶解氧的消耗主要是水体内有机质分解耗氧及湖库水体底质耗氧。对于库区中下层水体而言，水体内的溶解氧通量平衡可表示为

$$\frac{\mathrm{d}F}{\mathrm{d}t}=Q_{\mathrm{d}}+Q_{\mathrm{u}}-Q_{\mathrm{o}}-Q_{\mathrm{sed}} \tag{5.4-1}$$

式中：F 为中下层水体内溶解氧通量；t 为时间；Q_{d} 为上层水体在对流扩散作用下对下层水体溶解氧含量的补充；Q_{u} 为上游来水输入氧量；Q_{o} 为有机物分解耗氧量、Q_{sed} 为底泥耗氧量。

影响 Q_{d} 的主要因素为大气复氧量 Q_{air}、光合作用产氧量 Q_{p} 及水体垂向掺混强度。

当水库内出现大流量调度过程时，在上游大水量的带动作用下，水体流动状态、溶解氧平均浓度及垂向溶解氧结构均会产生明显的变化，势必会对大气复氧量、光合作用反应过程、有机质和底质耗氧反应过程产生一定影响。但在大流量调度过程中，相较水体动力学带来的不同区域水体溶解氧混合作用，上述反应过程变化产生的溶解氧通量增减比例相对较小，在分析缺氧区抑制因素强度时可适当忽略，因此式（5.4-1）可简化为

$$\frac{\mathrm{d}F}{\mathrm{d}t}=Q_{\mathrm{d}}{}'+Q_{\mathrm{u}} \tag{5.4-2}$$

式中：$Q_{\mathrm{d}}{}'$ 为仅考虑垂向掺混作用情景下上层水体对下层水体溶解氧通量的补充。

将上述研究区域扩展到垂向全部水体深度上时可以发现，根据质量平衡原理，在忽略复氧作用氧通量变化值的前提下，不同上游来水条件下水体内部的溶解氧通量变化量仅与上游来水补充氧量有关。也就是说，存在明显上游来水作用影响时，下游水体溶解氧浓度变化就表征了上游来水对水体溶解氧的补充。由此，可以通过对两种情景下水体溶解氧垂向浓度数据的计算得出上游来水对下游水体溶解氧通量的补充及对水体溶解氧结构变化的影响比例。

假设存在单位面积（1m²）水柱，其内部溶解氧浓度数据垂向间隔距离为 d（m），水柱内部不同高度处溶解氧浓度数据为 C_i（mg/L）（其中 i 为监测点位置，$i=1,2,\cdots,n$），当流量过程变化时，上游来水引起的溶解氧通量变化量计算式为

$$F = \sum_{i=1}^{n} C_{ie} \cdot d - \sum_{i=1}^{n} C_{is} \cdot d \tag{5.4-3}$$

式中：F 为由上游来水导致的单位水体内部溶解氧通量变化量；C_{is} 为原始状态下单位体积水柱内不同高度处溶解氧浓度；C_{ie} 为上游来水过程影响后单位体积水柱内不同高度处溶解氧浓度。

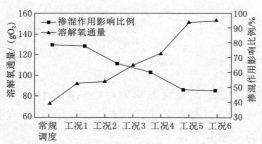

图 5.4-6　垂向掺混作用在水库缺氧区抑制中的作用比例

通过上式对大黑汀水库在大流量调度影响下的垂向掺混及上游来水对坝前溶解氧结构变化的影响比例进行计算分析，结果见图 5.4-6。从图中可以看出，在低流量工况情景下，水体掺混作用对水体缺氧区的抑制作用较大，在小于 300m³/s 时影响比例均在 60% 以上，此时水体溶解氧结构的变化及缺氧区的抑制主要以表层溶解氧水体对下层的补充作用为主；当水体下泄流量增加后，上游来水对中下层水体溶解氧的补充作用的影响比例开始明显上升，当下泄流量上升至 500m³/s 时，掺混作用的影响比例已下降至 48.3%，此时上游来水补氧作用已大于水体的掺混作用，成为改变溶解氧结构、抑制水体缺氧的主要因素。

5.4.1.2　不同调度规模对大黑汀水库缺氧区抑制的持续效果分析

（1）通过对不同下泄流量条件下 8 月、9 月、10 月连续的坝前溶解氧结构对比分析（表 5.4-2）可以看出，对比常规调度情景，8 月的大规模调度过程对后续水库在 9 月、10 月的溶解氧垂向结构也产生了明显的影响。在大流量调度后，9 月、10 月的水库缺氧现象也得到了明显的抑制，随着调度径流量的增加，抑制效果逐渐明显。从 9 月各月溶解氧垂向浓度数据分布（图 5.4-7）可以看出，调度流量增加使得水体氧分层程度在逐渐降低。

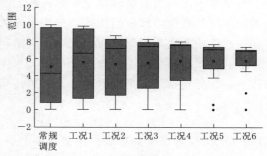

图 5.4-7　各工况条件下 9 月坝前溶解氧浓度数据分析

（2）对于大流量结束后的 9 月来说，在工况 5（即 500m³/s 流量过程）条件下，8 月水库坝前溶解氧浓度已完全掺混，不存在缺氧区；但 9 月又出现了一定的缺氧现象。这与大黑汀水库 2018 年的情景十分类似，当汛期大水量过程结束后，水体重新回到稳定状态，热分层现象重新出现在水体内部，底部水体在底质的耗氧作用下继续消耗水体溶解氧含量，造成了缺氧区的再次形成，但总体规模明显小于 8 月。

（3）对于10月而言，水库的缺氧区发展已进入消退期，在此时间段已基本不具备向缺氧程度更严重方向发展和演化的条件，该时段内的水库缺氧区仅仅是年内较早时段缺氧问题的延续。因此，抑制8月、9月的缺氧程度就可以对10月的缺氧状况产生较为明显的效果。

（4）将工况5及工况6进行对比可知，当大黑汀水库下泄超过一定的规模时，其对水库缺氧区的抑制效果将不会再出现明显变化，即超过抑制缺氧区的流量阈值后，再继续增加水库的下泄水量对抑制缺氧区的效果已不明显。

5.4.1.3　不同调度规模对大黑汀水库缺氧区分布的影响效果分析

从表5.4-3～表5.4-5可以看出，大流量调度过程对大黑汀水库在缺氧区平面上的分布也产生了较明显的抑制作用。与常规调度过程相比，缺氧区的分布面积及延伸长度均有了明显的降低（图5.4-8），其中8月大黑汀水库缺氧区的分布面积和延伸长度分别由$7.74km^2$、$10.68km$下降至0，9月由$4.06km^2$、$7.05km$下降至$0.85km^2$、$0.75km$，10月由$1.04km^2$、$0.75km$下降至0。从缺氧区面积和延伸长度占全库比例来看，8月由全

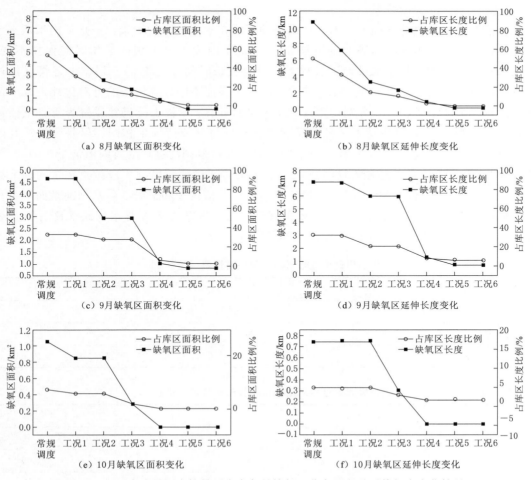

图 5.4-8　大流量调度情景下水库各月缺氧区分布面积及延伸长度变化情况

库约一半的水库面积（52.9%）和回水距离（49.4%）缺氧减至全库无缺氧，9月由全库约1/3的水库面积（31.5%）和回水距离（32.6%）缺氧减至约5%，10月由全库7.14%的水库面积和3.47%的回水距离缺氧减至全库无缺氧。

从以上数据可以看出，当水库开展大规模水量调度时，不但可以对坝前水体溶解氧结构及缺氧状况产生明显的抑制作用，还可以对全库的缺氧区分布产生明显影响，并且，当径流量规模过程达到一定程度并持续一段时间后时，可使得水库全库进入无缺氧状态。

5.4.2　调度时段及时长变化对大黑汀水库缺氧区的抑制效果分析

前面讨论了在大黑汀水库年内缺氧最为严重的时段采取大流量调度措施对水库缺氧区的抑制效果，认为在水库水量调度规模达到一定程度时可明显缓解水库的缺氧现象。但大黑汀水库下泄水量过程受上游区域产流量、潘家口水库下泄水量及供水调度任务需水量的影响较大，并不能保证每年均能实现计算提出的调度水量及过程。为此本节在前文的分析结论基础上，继续讨论大黑汀水库在调度时段变化及调度时长变化条件下，大流量调度过程对库区缺氧区的抑制效果。

在前文工况设置的基础上，本节提出两种可能在水库发生的情景：一是年内汛期来水量充足，但大流量出现时间提前（情景2）；二是年内大流量出现的起始时间保持不变，但来水量不足导致大规模水量调度过程无法维持较长时间（情景3）。根据上述情况设计了以下两种计算情景（表5.4－6、表5.4－7）。为保证不同计算情景的可对比性，以下两种情景也与上节情景相同，分别设置6种工况进行计算。6种工况仍然设置为每日下泄流量为100～600m³/s，其中情景2各工况下泄总水量与上节情景1相同，仅是流量过程的开始时间较情景1提前15天；在情景3中，大规模水量调度过程的时间由情景1的30天缩减为15天，较情景1总径流量削减50%。本节将通过数学模型手段讨论在这两种情景下大黑汀水库缺氧区的变化情况。模拟计算后得出的情景2和情景3各月坝前垂向溶解氧结构见图5.4－9～图5.4－14，情景2和情景3各工况条件下8月水库缺氧区分布见表5.4－8和表5.4－9。

表5.4－6　　　　　大规模调度过程出现时间提前情景（情景2）

工况编号	1	2	3	4	5	6
下泄时段	7月15日—8月15日					
日均流量/（m³/s）	100	200	300	400	500	600
总径流量/亿m³	2.59	5.18	7.78	10.37	12.96	15.55

表5.4－7　　　　　大规模调度过程无法维持较长时间情景（情景3）

工况编号	1	2	3	4	5	6
下泄时段	8月1—15日					
日均流量/（m³/s）	100	200	300	400	500	600
总径流量/亿m³	1.30	2.59	3.89	5.18	6.48	7.78

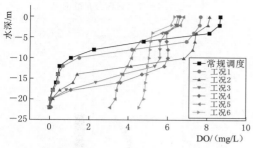

图 5.4-9 情景 2 各工况下 8 月大黑汀水库
缺氧区抑制效果对比

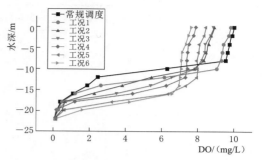

图 5.4-10 情景 2 各工况下 9 月大黑汀水库
缺氧区抑制效果对比

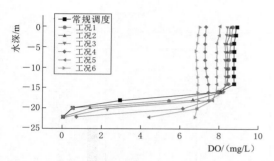

图 5.4-11 情景 2 各工况下 10 月大黑汀水库
缺氧区抑制效果对比

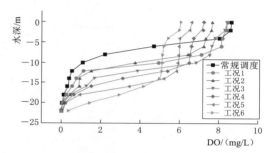

图 5.4-12 情景 3 各工况下 8 月大黑汀水库
缺氧区抑制效果对比

表 5.4-8　　　　　　　　　情景 2 各工况下 8 月缺氧区空间分布特征

工况	缺氧区分布面积/km²	缺氧区延伸长度/km	大黑汀水库缺氧区分布范围
工况 1	7.092	6.67	

工况	缺氧区分布面积/km²	缺氧区延伸长度/km	大黑汀水库缺氧区分布范围
工况 2	4.446	5.68	
工况 3	2.52	3.32	
工况 4	1.044	1.36	
工况 5	0	0	无缺氧区
工况 6	0	0	无缺氧区

表 5.4 - 9   情景 3 各工况下 8 月缺氧区空间分布特征

工况	缺氧区分布面积/km²	缺氧区延伸长度/km	大黑汀水库缺氧区分布范围
工况 1	6.048	5.8	
工况 2	4.482	5.1	
工况 3	3.978	3.61	

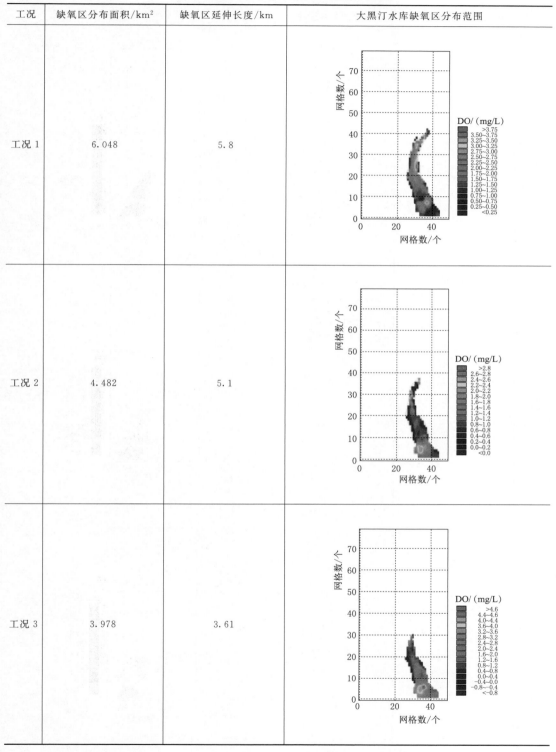

续表

工况	缺氧区分布面积/km²	缺氧区延伸长度/km	大黑汀水库缺氧区分布范围
工况 4	2.376	2.56	
工况 5	1.044	1.36	
工况 6	0.846	0.75	

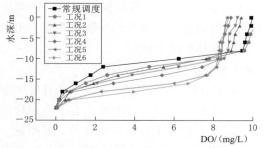

图 5.4-13 情景 3 各工况下 9 月大黑汀水库
缺氧区抑制效果对比

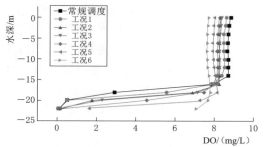

图 5.4-14 情景 3 各工况下 10 月大黑汀水库
缺氧区抑制效果对比

5.4.2.1 调度时段及时长变化对大黑汀水库坝前溶解氧结构的影响

从图 5.4-9～图 5.4-14 可以看出，不论是大流量调度过程提前出现还是大流量过程维持短时间的情景，各调度工况条件下，水库坝前垂向溶解氧结构均会受到较为明显的影响，缺氧区也可以得到一定程度的缓解；但对比情景 1 也有一些明显的差异，具体有以下几方面：

（1）从情景 2 及情景 3 的计算结果可以看出，不论大流量调度出现时间提前还是维持时间缩减，调度过程均对大黑汀水库坝前缺氧区产生了明显的抑制作用，缺氧区的缺氧指数明显下降（图 5.4-15），各层水体的溶解氧浓度有较明显的提升。由此可见，不论调度过程提前还是调度水量减少，都会对大黑汀水库的缺氧状况产生较好的抑制效果。

（2）对于情景 2 的 8 月而言，与情景 1 相同，在中、小流量级别的调度过程条件下无法完全消除水体的缺氧状态，当日均调度规模在 400m^3/s 以下时，虽然中上层水体溶解氧浓度持续上升，但水库区底部水体依然存在着一定的缺氧区域。当日均下泄流量达到 500m^3/s 以上时，水库坝前水体溶解氧才能够完全掺混并完全抑制缺氧区。

（3）对于情景 3 来说，由于大流量调度过程时间缩减，水体垂向掺混不足，使得最终也无法彻底消除水库坝前的缺氧区域。在 8 月末时，虽然水体中总体的溶解氧状况已较常规调度过程条件下有了较为明显的改善，但底部水体仍然处于缺氧状态。

（4）对比相同调度日均流量条件下情景 1、情景 2 及情景 3 在 8 月的坝前溶解氧结构特征（图 5.4-16）可以看出，情景 1（8 月 1—31 日进行调度）进行大流量调度对坝前溶

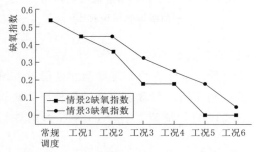

图 5.4-15 不同调度规模条件下 8 月大黑汀
水库坝前缺氧区特征对比

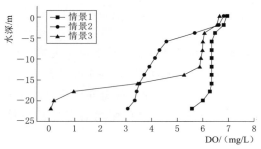

图 5.4-16 不同情景条件下 8 月
坝前溶解氧结构对比

解氧状况的改善作用最为明显；情景 2（7 月 15 日至 8 月 15 日进行调度）仍然可以完全消除 8 月的缺氧状态，但库区底部水体溶解氧浓度依然偏低，缺氧区的抑制效果弱于情景 1；情景 3（8 月 1—15 日进行调度）则无法完全消除水体的缺氧区域。

5.4.2.2　调度时段及时长变化对大黑汀水库缺氧区抑制的持续效果分析

（1）与情景 1 相同，在情景 2、情景 3 的水库调度过程依然对后续 9 月、10 月的溶解氧结构产生一定影响。在大流量调度后，9 月、10 月水体各层溶解氧浓度均有了一定程度的提高，缺氧现象受到了一定程度的抑制，且随着调度水量的增加，抑制效果逐渐明显。

（2）由于情景 2 调度过程的结束时间相比情景 1 提前了 15 天，情景 3 调度总径流量小于情景 1，因此两种情景对 9 月缺氧区的抑制情况与情景 1 相同，即在底质耗氧反应的影响下，9 月在库区坝前底层水体依然会出现缺氧现象。但是，情景 1 大流量下泄过程水量最大、持续时间最长，对 9 月缺氧区的抑制效果相对最为明显。情景 3 总下泄径流量最低、持续时间最短，对 9 月缺氧区的抑制效果相对最弱。不同情景条件下 9 月坝前溶解氧结构对比见图 5.4-17。

（3）在情景 2 条件下，10 月虽然调度总水量与情景 1 相同，但由于调度过程结束时间提前，使得泄水对缺氧区的抑制情况总体减弱，在 500m³/s 工况下，坝前水体虽无缺氧现象，但溶解氧含量依然偏低（4.45mg/L）。对于情景 3，由于总体调度水量减小，对缺氧区的抑制效果进一步下降，在 10 月 500m³/s 工况下，坝前底部水体依然存在着一定的缺氧区域。由此可见，相较情景 1，情景 2 及情景 3 在 8 月对库区缺氧区的抑制不够充分，导致了后续月份溶解氧结构特征的不同。不同情景条件下 10 月坝前溶解氧结构对比见图 5.4-18。

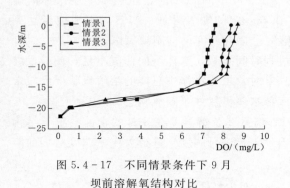

图 5.4-17　不同情景条件下 9 月
坝前溶解氧结构对比

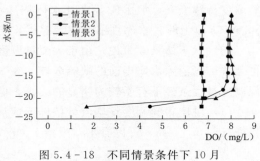

图 5.4-18　不同情景条件下 10 月
坝前溶解氧结构对比

5.4.2.3　调度时段及时长变化对大黑汀水库缺氧区分布的影响效果分析

从表 5.4-8 和表 5.4-9 可以看出，情景 2 及情景 3 条件下的大流量调度过程对大黑汀水库在缺氧区平面上的分布同样产生了较明显的抑制作用，与常规调度过程相比，缺氧区的分布面积及延伸长度均有了明显的降低，下面以两种情景条件下的 8 月为例进行分析。

在情景 2 条件下，8 月大黑汀水库缺氧区的分布面积和延伸长度分别由 7.74km²、10.68km 下降至 0；从缺氧区面积和延伸长度占全库比例来看，8 月由全库约一半的水库面积（52.9％）和回水距离（49.4％）缺氧减至全库无缺氧。在情景3条件下，8月大黑汀水库缺氧区的分布面积和延伸长度分别由7.74km²、10.68km下降至0.85km²、0.75km，在所占比例方面，缺氧区占全库面积比例由52.9％下降至5.8％，缺氧区延伸长度占比由49.4％下降至3.47％。图5.4－19和图5.4－20为情景2、情景3条件下缺氧区分布面积及延伸长度变化情况。

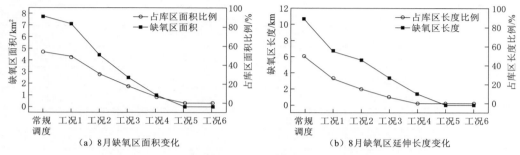

（a）8月缺氧区面积变化　　　　　　（b）8月缺氧区延伸长度变化

图5.4－19　情景2条件下缺氧区分布面积及延伸长度变化情况

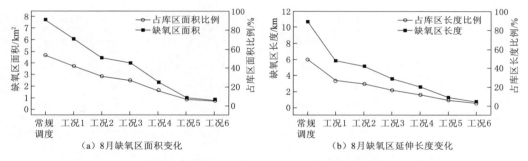

（a）8月缺氧区面积变化　　　　　　（b）8月缺氧区延伸长度变化

图5.4－20　情景3条件下水库各月缺氧区分布面积及延伸长度变化情况

与情景1相比，情景2、情景3条件下大黑汀水库缺氧区的分布也因调度方式的不同产生了相应的变化，表5.4－10、图5.4－21和图5.4－22给出了8月各工况缺氧区分布面积及延伸长度。根据图表数据分析，情景1的调度过程对大黑汀水库缺氧区库区分布的抑制作用最为彻底和明显；在各种不同日均流量级别的调度工况中，情景1的缺氧区分布面积及延伸长度在大部分情况下均为最小；情景3由于调度过程时间段、总体径流量较低，因此对缺氧区的抑制效果相对最弱，在大部分情况下分布面积及延伸长度相对均较大（个别工况下面积和距离的次序差异主要是由于水库地形条件及水库缺氧区分布差异造成的）。

表5.4－10　　各情景条件下大黑汀水库8月缺氧区分布面积及延伸长度变化情况

工况	缺氧区分布	情景1	情景2	情景3
常规调度	分布面积/km²	7.740	7.740	7.740
	延伸长度/km	10.68	10.68	10.68

工况	缺氧区分布	情景 1	情景 2	情景 3
工况 1	分布面积/km²	4.608	7.092	6.048
	延伸长度/km	7.05	6.67	5.80
工况 2	分布面积/km²	2.448	4.446	4.482
	延伸长度/km	3.21	5.68	5.10
工况 3	分布面积/km²	1.782	2.520	3.978
	延伸长度/km	2.27	3.32	3.61
工况 4	分布面积/km²	0.846	1.044	2.376
	延伸长度/km	0.75	1.36	2.56
工况 5	分布面积/km²	0	0	1.044
	延伸长度/km	0	0	1.36
工况 6	分布面积/km²	0	0	0.846
	延伸长度/km	0	0	0.75

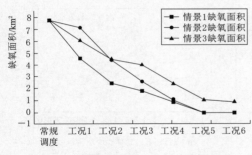

图 5.4 - 21　各情景条件下大黑汀水库
8 月缺氧区分布面积对比

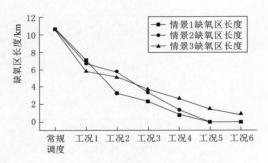

图 5.4 - 22　各情景条件下大黑汀水库
8 月缺氧区延伸长度对比

5.4.3　抑制大黑汀水库缺氧区的调度原则及阈值

通过以上对采取大流量调度措施后，各情景条件下大黑汀水库缺氧区变化情况的分析可以看出，在不同的调度时段、调度时长及调度水量情景下，大黑汀水库的缺氧现象均会受到明显的抑制。本节将通过对上述计算的相关结果进行研究和分析，得到抑制大黑汀水库缺氧区的阈值条件。

从情景 1 计算得出的库区缺氧区的空间分布情况可以看出，在大流量调度的各个流量级别条件下，水库缺氧区的分布状况均会有较为明显的改善。根据前文对水库坝前溶解氧结构的分析可以看出，当调度日均流量超过 500m³/s 且持续 30 天时，可彻底消除全库的缺氧状态。这样的效果当然是最为理想的，但是考虑到北方地区的来水条件，水库并非每年都能够达到如此大规模的调度水平，因此需从缺氧区的空间变化特征来进一步分析。

通过情景 1 条件下各工况缺氧区分布特征可以看出，随着调度流量的逐渐增加，缺氧期分布面积及延伸长度均明显减小，在这里特别注意到工况 3（日均流量 $300 \text{m}^3/\text{s}$、持续 30 天）条件下的缺氧区分布情况，根据模拟计算结果，该工况 8 月全库缺氧区分布面积已降低到 1.78km^2，延伸长度也缩减至 2.27km，相较常规调度情景下的缺氧区分布面积（7.74km^2）及延伸长度（10.68km），近 80% 的库区缺氧状态已得到明显缓解，而这时的缺氧区面积相对于全库面积及回水范围也仅占到约 10%（见图 5.4-23、表 5.4-11）的比例，这说明在此调度条件下，大黑汀水库的缺氧状态已受到较好的抑制，调度措施已取得了明显的预期效果。

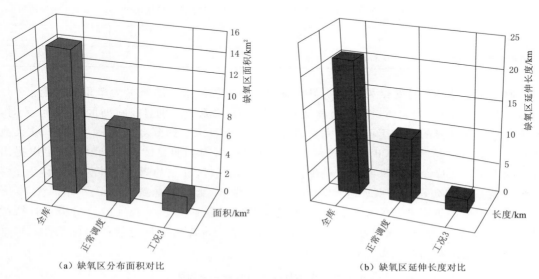

（a）缺氧区分布面积对比　　　　　　　　　（b）缺氧区延伸长度对比

图 5.4-23　工况 3 条件下 8 月水库缺氧区面积及延伸长度与全库及常规调度对比

表 5.4-11　　　　　　情景 1 工况 3 条件下 8 月水库缺氧区面积及延伸长度分析

项　目	常规调度	情景 1 工况 3	占常规调度缺氧区比例	缺氧区缓解比例
缺氧区面积分析	7.74km^2	1.78km^2	22.9%	77.1%
缺氧延伸长度分析	10.68km	2.27km	21.2%	78.8%

　　情景 2 条件下，当调度规模达到 $500 \text{m}^3/\text{s}$ 流量级别时，库区缺氧区也得到了完全的抑制，与情景 1 结果相同；当日均下泄流量达到 $300 \text{m}^3/\text{s}$ 时，库区缺氧区分布面积及延伸长度较情景 1 有所增加，但总体而言，仍然有大比例的缺氧区得到了有效抑制（约 70%，见表 5.4-12），调度对缺氧区的抑制效果依然明显。

表 5.4-12　　　　　　情景 2 工况 3 条件下 8 月水库缺氧区面积及延伸长度分析

项　目	常规调度缺氧区	情景 2 工况 3	占常规调度缺氧区比例	缺氧区缓解比例
缺氧区面积分析	7.74km^2	2.52km^2	32.5%	67.5%
缺氧延伸长度分析	10.68km	3.32km	31.3%	68.7%

情景 3 条件下，由于大流量调度过程持续时间过短，下泄总径流量无法达到情景 1 及情景 2 在 $500m^3/s$ 时的总径流水平，因此无法彻底消除水库缺氧现象，但在该情景 $600m^3/s$ 工况条件下（持续 15 天，与情景 1 及情景 2 的 $300m^3/s$ 流量级别总径流量相同），此时水库缺氧区的分布区域及延伸长度均明显降低（表 5.4-13），缺氧区面积及距离的改善比例已达到或接近 90%，也取得了十分明显的缺氧区抑制效果。

表 5.4-13　　　　　情景 3 工况 6 条件下 8 月水库缺氧区面积及延伸长度分析

项　目	常规调度缺氧区	情景 3 工况 6	占常规调度缺氧区比例	缺氧区缓解比例
缺氧区面积分析	$7.74km^2$	$0.864km^2$	10.8%	89.1%
缺氧延伸长度分析	10.68km	0.75km	7.02%	92.98%

通过对上述情景计算结果的分析可以看出，在大黑汀水库缺氧最为严重的时期（7 月中旬至 8 月下旬），当大流量调度过程达到 $500m^3/s$ 的流量级别且持续时间达到 30 天时，大黑汀水库在 8 月的缺氧区可得到完全消除，而当流量水平达到 $300m^3/s$ 并持续 30 天或达到 $600m^3/s$ 并持续 15 天时，大黑汀水库的缺氧区可得到明显的抑制。因此，可以提出分级的大黑汀水库缺氧区抑制阈值条件。即将水库缺氧区抑制的阈值条件分为良好及完善两级（表 5.4-14），流量水平达到 $300m^3/s$ 并持续 30 天，或达到 $600m^3/s$ 并持续 15 天为大黑汀水库缺氧区抑制的良好阈值，大规模调度过程达到 $500m^3/s$ 的流量级别且持续时间达到 30 天为大黑汀水库缺氧区抑制的完善阈值。水库可按照分级的阈值条件，根据水库来水情况采取适当的调度措施。

表 5.4-14　　　　　　　大黑汀水库缺氧区抑制调度分级阈值

阈值分级	调度推荐时段	日均流量/（m^3/s）	持续时间/天
良好	7 月中旬至 8 月下旬	300	30
		600	15
完善		500	30

通过模拟计算可以看出，通过大流量调度手段抑制水库缺氧问题是可行的，可以在不同程度上对库区缺氧区的缺氧程度、分布面积及延伸长度产生明显的抑制作用。调度措施实施后，库区的溶解氧状况得到了明显的好转。因此大黑汀水库可结合流域产流条件、上游水库泄水条件及工程供水需求，在不影响水库常规调度及兴利功能的前提下，采用调度手段来抑制水库缺氧区的发生。

通过模拟计算可知，大黑汀水库缺氧区的完全消除是存在一定的阈值条件的。本节提出了良好及完善两级的大黑汀水库缺氧区抑制分级阈值条件：当满足良好阈值条件时，可有效缓解大黑汀水库缺氧现象，明显降低缺氧区的面积和延伸长度；当满足完善条件时，可在全库范围内彻底消除水体缺氧现象。当调度径流量超过完善阈值条件时，调度过程将不会再继续对库区的溶解氧分布情况有更进一步的改善作用，因此调度总径流量也不宜超过这一阈值。

总之，大流量调度是大黑汀水库可行并且有效的抑制缺氧区的技术手段，采取该措施可对库区水体的缺氧程度、缺氧面积及延伸长度产生明显的抑制效果，水库可结合自身的调度过程应用该手段对库区的溶解氧状况进行改善。

5.5 本章小结

（1）通过数学模型手段，构建了大黑汀水库三维水动力学水质模型，用实测数据对模型参数进行了率定。率定结果表明，模型对库区水温、溶解氧模拟效果良好，计算结果符合实测数据分布状况，能够准确反应库区热分层、氧分层及缺氧区演化规律特征。

（2）根据模拟计算结果，对大黑汀水库缺氧区在时间及空间方面的连续演化过程进行了分析。通过分析可知，大黑汀水库缺氧区自年内 6 月中旬开始出现至 10 月上旬基本消失，总共经历时间约 5 个月。在库区热分层、水质状况、气象条件等的共同作用下，水库在年内的缺氧现象较为严重。不论是缺氧区的延伸长度还是发生缺氧的库区面积，在稳定期（8 月）均达到了 60% 左右，大黑汀全库约有 2/3 的区域出现了缺氧现象。库区缺氧区横向空间差异相对较小，大黑汀水库缺氧区的空间分布特征主要表现为随着库尾至坝前水体水深的增加，缺氧水体厚度及缺氧程度也逐渐加强。

（3）通过数学模型得出三种不同情景共 18 种调度工况的大流量调度过程对水库缺氧区的抑制效果并进行了定量分析，同时根据计算结果给出了抑制大黑汀水库缺氧区的分级阈值条件。认为在大黑汀水库缺氧最为严重的时期（7 月中旬至 8 月下旬），大流量调度过程达到 300m³/s 并持续 30 天或达到 600m³/s 并持续 15 天为大黑汀水库缺氧区抑制的良好阈值，大规模调度过程达到 500m³/s 的流量级别且持续时间达到 30 天为大黑汀水库缺氧区抑制的完善阈值。

（4）大流量调度是大黑汀水库可行并且有效的抑制缺氧区的技术手段，不同的调度过程及规模均可以有效缓解库区的缺氧状况，当调度过程达到一定的阈值要求后，可达到完全消除库区缺氧区分布的良好效果。

第6章 大黑汀水库缺氧区曝气改善与优化设计

大黑汀水库缺氧现象主要发生在 6—10 月，根据本书第 4 章和第 5 章研究内容可知，通过分时、分级调度手段，对水库缺氧区的形成可以达到良好的抑制效果；但受到水资源条件的限制，水库并非在所有的时段均具备利用大流量泄水过程开展抑制缺氧区调度的条件。在这种情况下，库区滞温层水体内的曝气增氧设备就成为改善库区局部区域水体水质状况的有效手段。为此，国内外研究人员开展了大量的研究工作，并研发出多种为水体充氧、促使水体混合的曝气设备。曝气增氧技术通过人工辅助措施增强水体复氧，提升污染水体溶解氧含量，具有处理效果好、投资低、见效快等优势。本章节列举了目前国内外应用较多的几种曝气充氧设备，介绍了本研究项目自主设计并研发的原位定点曝气增氧设备，以大黑汀水库为研究区域进行了原位试验，对该装置的增氧效果进行了评估，同时构建了大黑汀水库立面二维数学模型，利用模型模拟还原了曝气充氧过程，并进一步对曝气参数进行了优化设计。

6.1 曝气充氧技术研究现状

国内外湖库通过曝气充氧、人工循环等方式进行湖库水质改善和缺氧区修复的原位修复技术主要有：滞温层曝气技术、扬水筒混合、机械混合、空气管充氧（air bubble plume）、扬水曝气混合充氧（water lifting and aeration）。

6.1.1 滞温层曝气

滞温层曝气（也称深水曝气系统）是直接向下层水体充氧，而不搅动水体、上下水层不产生混合，不破坏分层结构，见图 6.1 - 1。该方法对水体的循环范围较小，不利于充氧水体向四周扩散。

国外对于深水曝气应用较多，且取得了良好的效果，如德国的 Tegel 湖和 Wahnbach 水库，美国的 Prince 湖、Western Branch 湖和 Calhoun 湖等。对于曝气效果及气液两相流运动规律也开展了较多研究，Little 研究了同温层气泡动力学，建立了同温层曝气器充氧能力模型和扩散模型[248]；Buscaglia 等于 2002 年综合两相流模型和氧传质模型建立了气泡混合过程的 CFD 模型，模拟研究了气泡直径、气体容积速率、提水性能等，并结合美国芝加哥 McCook 水库进行了试验与模型验证，取得较好效果；Schierholz 等于 2006 年采用 DeMoyer 提出的传质模型，通过大量现场试验，建立了气量、曝气深度、截面积和水的体积等多参数的氧传质系数特征方程，进一步完善了大水深湖库曝气系统的设计计算方法。

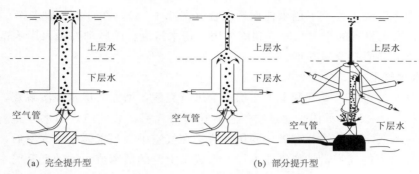

(a) 完全提升型   (b) 部分提升型

图 6.1-1 深层曝气装置示意图

6.1.2 空气管充氧

空气管混合是在水底水平敷设开孔的气管，通入压缩空气从孔眼释放到水中，气泡上升时将上下层水体混合，见图 6.1-2。在荷兰 Nieuwe Meer 湖、英国 Hanningfield 水库、马拉维的 Mudi 水库等应用。该方法混合能力相对有限，在深水型湖库中应用难度很大。

6.1.3 机械混合

采用射流、表面螺旋桨、轴流泵等机械方法对水库进行混合，见图 6.1-3。机械混合不具备直接向水体充氧的功能，且主要是用于体积较小、水深较浅的水库湖泊。

图 6.1-2 空气管装置示意图

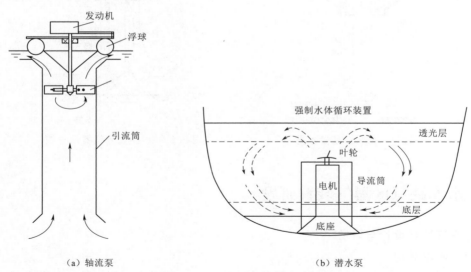

(a) 轴流泵   (b) 潜水泵

图 6.1-3 机械扰动装置示意图

6.1.4 扬水筒混合

扬水筒为垂直安装于水中的直筒，它利用压缩空气间歇性地向直筒中释放大气弹，推

179

动下层水体向上流动，使上下层水体循环混合（图6.1-4），在日本釜房水库、韩国Dae-chung湖、我国贵州省的小关水库等湖库采用。扬水筒混合的脉动性强，影响范围大，但其本身基本不具备直接充氧功能。

6.1.5　扬水曝气混合

　　扬水曝气是通过直接曝气和上下水层混合进行充氧，增加底层水体溶解氧，破坏水体分层结构（图6.1-5），具体是通过空气管微孔向曝气室释放气泡，向水体充氧，充氧水流从回流室进入到下层水体，充氧后的尾气收集在气室中。当气体充满气室后，瞬间向上升筒释放并形成大的气弹，气弹迅速上浮，形成了上升的活塞流，推动上升筒中的水体加速上升，直至气弹冲出上升筒出口。上升筒不断从下端吸入水体输送到表层，被提升的底层水与表层水混合后向四周扩散，形成了上、下水层间的循环混合。扬水曝气技术不仅增加了水体DO浓度，而且提升了垂向水体的流动性和交换性，扰乱了水体的密度层，打破了水体分层结构。该设备在我国黑河水库、金盆水库等成功应用。

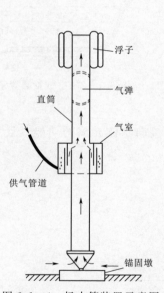

图6.1-4　扬水筒装置示意图

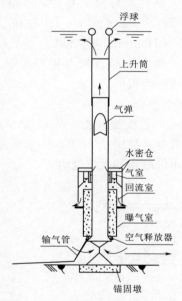

图6.1-5　扬水曝气器示意图

6.2　水库缺氧区曝气装置研发

6.2.1　曝气装置设计与研发

6.2.1.1　基本原理

　　曝气（包括深水曝气和分层曝气等）和人工循环（扰动上下层水体）是两种最直接和最常用的湖库水质修复方法，尤其在治理富营养化水体以及藻华控制方面有明显效果。该技术在国外从20世纪60年代中叶开始就广泛应用于湖库以提升水质。曝气设备分为深层氧注入、全空气提升、部分空气提升、双气泡管等。常用人工曝气设备原理示意见图6.2-1。

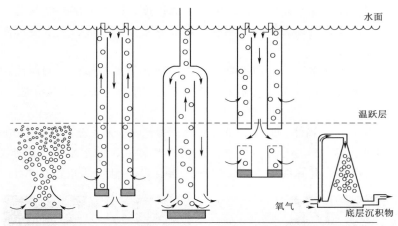

深氧注入系统　全空气提升装置　半空气提升装置　分层曝气装置　双气泡接触系统

图 6.2-1　人工曝气设备原理示意图

　　深水曝气主要用于提高湖库底部缺氧区的溶解氧含量，同时较小程度地改变水库分层状况。分层曝气是在温跃层部位进行充氧，提高该层位的溶解氧浓度。该方式对于水库分层结构的影响较大。人工循环主要是破坏水库分层状况，加大上下层水体垂向交换，从而达到改善底部缺氧的目的。

　　通过曝气和人工循环手段，可有效提升水缺氧区的溶解氧含量，减小铁、锰、氨氮等浓度，一般还可起到抑制沉积物中磷释放的作用。而且，随着水体的上下混合，表层藻类被迁移到下层水体，由于缺少可见光而衰亡，呈现出蓝藻向硅藻、绿藻转化的态势。有研究人员调查统计了多个湖库布置深水曝气和人工循环装置的应用效果，深入分析了曝气和人工循环对于湖库水质改善和浮游藻类控制的有利作用，见图 6.2-2。

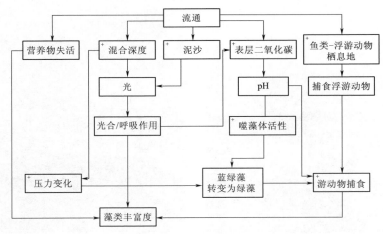

注：带"+"的表示响应参数增加；不带"+"的表示响应参数减少。

图 6.2-2　曝气及人工循环扰动对于控制湖库浮游藻类的潜在有利影响

6.2.1.2　装置总体设计

（1）装置功能。增加深水湖库水体中的溶解氧浓度，改善下层缺氧状态；扰动和破坏分层，混合上下层水体；自动和实时监测垂向溶氧分布；进气量、进水量可人为控制，放置深度可方便调节。

（2）装置优点：①便携性，方便携带、简易安装、傻瓜操作；②调控性，方便布置于不同深度和位置，进气、进水量可控制；③组合性，集成充氧、破坏分层、实时监测等功能。

（3）装置结构及组成部件。装置由水上浮动平台、曝气系统和动力供电系统等组成（图6.2-3），组件包括气液混合罐、空气压缩机、制氧机、供水水泵、进水管、进气管、电气控制柜、水上浮台、升降缆车、固定锚等。所有设备组件都布置在水上浮动平台上，

岸上组装

吊车入水

船舶牵引

浮台工作

图6.2-3　水库缺氧区曝气装置及安装现场

装置供电电压为220V，由岸上接入并通过防水电缆连接到平台上的电气控制柜。曝气系统主要由气液混合灌、供水水泵、空气压缩机或制氧机等组成。气液混合灌见图6.2-4，为封闭钢制罐体，可最大承受50m深度水压，罐体容积18L，供水和供气在罐体内充分掺混后，由出水口排出高溶解氧的水流。供水水泵可为气液混合罐提供可调节的供水量，进出水量为1.5～3.0m³/h，见图6.2-5。空气压缩机或制氧机，可为气液混合罐提供可调节的供气量，进气规模在0～6m³/h，见图6.2-6。

图6.2-4　气液混合罐

图6.2-5　供水水泵

图6.2-6　空压机和制氧机

（4）装置的主要参数。水库缺氧区曝气水质改善装置可通过水上浮台的平面移动、升降缆车的垂向运动气液混合灌，可实现不同水域部位、垂向不同水深位置的定点曝气，以改变和增加水库不同垂向深度的溶解氧含量。该装置的主要技术参数见表6.2-1。

表6.2-1　　　　　　　　水库缺氧区曝气水质改善装置的技术参数

技术参数	单位	参数值	技术参数	单位	参数值
气液混合罐容积	L	28	电压	V	220
出水量	m³/h	1.5～3.0	运行深度	m	0～50
进气量	m³/h	1～6			

6.2.2 水库原位曝气增氧试验研究

以大黑汀水库为示范，利用自行研制的水库缺氧区曝气水质改善装置，在大黑汀水库开展原位曝气增氧试验研究。试验平台布置在大黑汀水库坝前500m，距离右岸2000m、左岸1000m的位置（图6.2-7），为坝前水流微弱区。两个水上浮台相距200m，其中一个浮台安装装置进行曝气试验，并监测增氧效果；另一个用于监测背景水质状况。

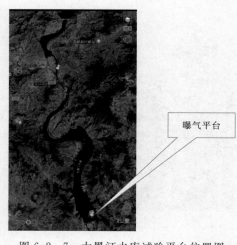

曝气平台

图6.2-7 大黑汀水库试验平台位置图

试验目的包括增氧效果监测评估和温度分层的破坏情况，试验内容包括不同深度曝气的增氧效果和不同进气量的增氧效果。监测设备采用YSI多参数水质监测仪器，用于监测随水深变化的溶解氧、水温和叶绿素等数据；HOBO自动在线连续监测探头，用于在线连续监测指定水深（0.5m、2m、4m、10m、16m、20m等）的温度和溶解氧数据。

2019年6月至2020年10月，成功进行了10次曝气增氧试验，各次试验方案见表6.2-2，曝气充氧位置都位于水库库底的滞温层，放置在15～20m水深位置，充入气体分别为空气和氧气，进气量为0.5～6.0m³/h，出水流量为1.5～3.0m³/h。

表6.2-2　　　　　　　　　　　　大黑汀水库原位曝气试验方案统计表

方案编号	年份	试验时间	曝气深度/m	气体种类	进气量/（m³/h）	出水量/（m³/h）
1		6月22日—7月16日	15	空气	6.0	3.0
2		7月18日—7月28日	16	空气	1.5	3.0
3		8月9日—8月15日	16	空气	0.5	3.0
4	2019年	8月26日—9月3日	20	空气	0.75	3.0
5		9月12日—9月17日	20	氧气	1.44	3.0
6		10月9日—10月19日	18	氧气	1.44	1.5
7		10月20日—10月26日	16	氧气	1.44	1.5
8		6月3日—7月29日	13	空气	0.3	3.0
9	2020年	8月31日—9月10日	13	空气	3.0	3.0
10		9月24日—10月15日	16	空气	3.0	0

6.2.3 定点曝气增氧效果分析

6.2.3.1 设备出口的溶解氧浓度分析

装置将气和水在气液混合罐内充分混合后，通过排水口排出溶解氧浓度较高的水流。

通入气体分别为空气和氧气情况下的设备出口处的溶解氧浓度见图 6.2-8，通入空气的设备出口处溶解氧浓度平均值为 5mg/L，通入氧气的设备出口处溶解氧浓度平均值为 20mg/L，采用纯氧供气的设备出口溶解氧浓度明显更高。

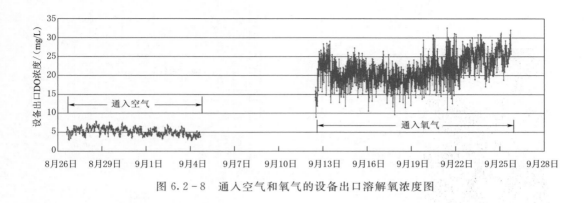

图 6.2-8　通入空气和氧气的设备出口溶解氧浓度图

6.2.3.2　不同试验方案的水库增氧效果分析

选择距离设备平面距离 2m 处的垂线，对比曝气前、后的垂向溶解氧和水温的变化，图 6.2-9 为 10 个试验方案的增氧效果对比图。可见，水库不同深度位置的定点曝气引起曝气点附近水域溶解氧浓度增加，10 次试验的增氧效果在 0.1~0.7mg/L 范围内，曝气造成曝气点以上 3~6m 厚度水体的溶解氧浓度增加，各次试验的溶解氧浓度增加值统计见表 6.2-3。试验表明，定点曝气可增加周边水体溶氧含量，曝气位置以上 3~6m 厚度水体的溶解氧浓度增加。

表 6.2-3　　　　　　　　　　　　大黑汀水库原位曝气试验方案统计

方案编号	年份	试验时间	气体种类	进气量/(m³/h)	出水量/(m³/h)	曝气深度/m	背景溶氧浓度/(mg/L)	溶氧浓度增加值/(mg/L)	增氧的水深范围/m
1		6月22日—7月16日	空气	6	3	15	6.6~6.8	0.2~0.3	11~14
2		7月18日—7月28日	空气	1.5	3	16	5.4~5.7	0.1~0.4	6~13
3		8月9日—8月15日	空气	0.5	3	16	3.4~5.6	0.2~0.7	7~16
4	2019	8月26日—9月3日	空气	0.75	3	20	0.9~1.8	0.1~0.5	16~19
5		9月12日—9月17日	氧气	1.44	3	20	0.8~1.4	0.1~0.7	15.5~20
6		10月9日—10月19日	氧气	1.44	1.5	18	1.1~3.3	0.1~0.6	13~18.5
7		10月20日—10月26日	氧气	1.44	1.5	18	3.5~8	0.1~0.6	10~16.5
8		6月3日—7月29日	空气	0.3	3	13	1.5	0.3~0.8	11~13
9	2020	8月31日—9月10日	空气	3	3	13	0.5	0.3~2	9.5~13
10		9月24日—10月15日	空气	3	1.5	16	0.9	0.2~11	9~14

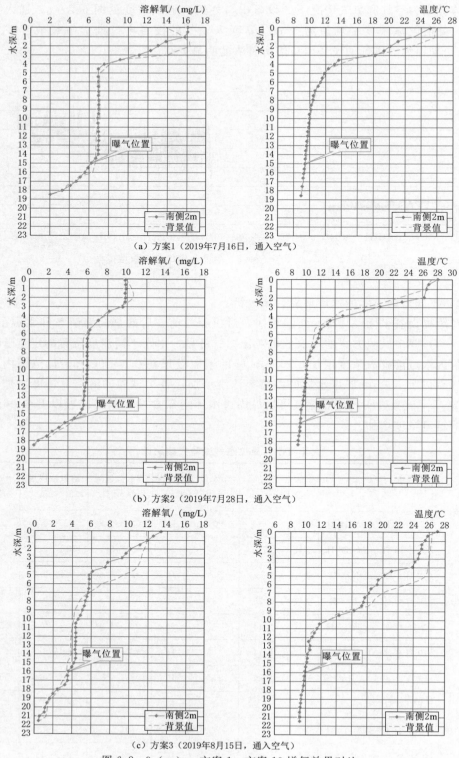

（a）方案1（2019年7月16日，通入空气）

（b）方案2（2019年7月28日，通入空气）

（c）方案3（2019年8月15日，通入空气）

图 6.2-9（一）　方案 1～方案 10 增氧效果对比

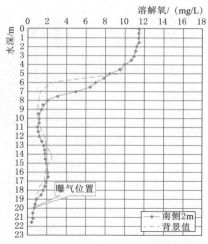

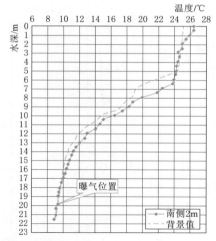

（d）方案4（2019年9月3日，通入空气）

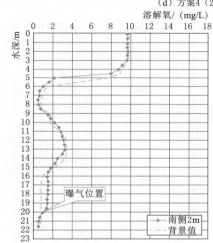

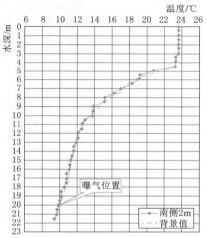

（e）方案5（2019年9月17日，通入氧气）

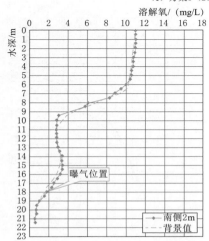

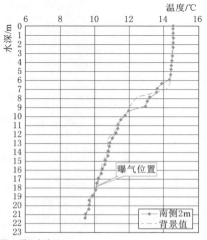

（f）方案6（2019年10月19日，通入氧气）

图6.2-9（二） 方案1～方案10增氧效果对比

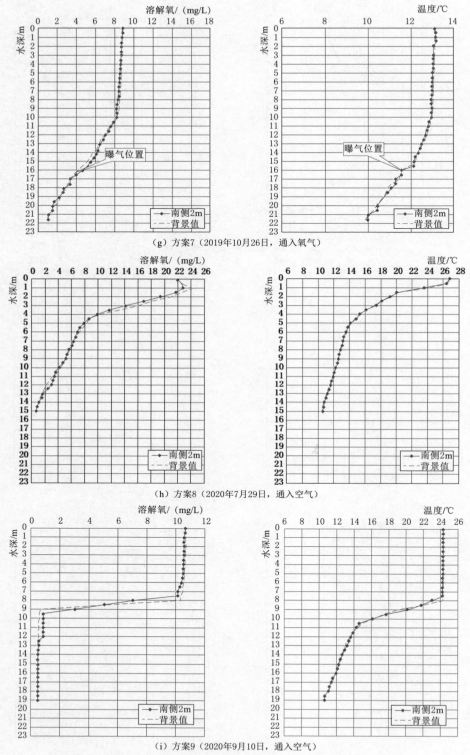

（g）方案7（2019年10月26日，通入氧气）

（h）方案8（2020年7月29日，通入空气）

（i）方案9（2020年9月10日，通入空气）

图 6.2-9（三） 方案1～方案10增氧效果对比

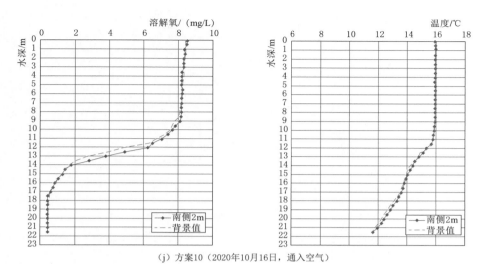

(j) 方案10（2020年10月16日，通入空气）

图 6.2-9（四）　方案1～方案10增氧效果对比

6.2.3.3　平面不同距离的溶氧浓度变化分析

试验表明，定点曝气的注入氧气沿水平方向和垂向方向以圆柱状向周边扩散，引起曝气点位置的平面不同距离、垂向不同深度的水中溶解氧浓度增加。以下以方案3和方案6不同位置、进气量及出水量数据说明。

方案3（曝气位置水下16m、空气进气量0.5m³/h、出水量3.0m³/h）距离设备位置水平距离2m的东南西北4个方向的垂向溶解氧和水温分布对比见图6.2-10。曝气装置的出水和出气呈四周喷射状，引起设备周边各个方向的溶解氧同步增加，距离设备相同距离处的垂线的垂向溶解氧、水温分布基本接近。试验表明，定点曝气可增加周边水体溶氧含量，增氧水域以设备为中心呈圆形向四周逐渐扩大。

方案6（曝气位置水下18m、纯氧进气量1.44m³/h、出水量1.5m³/h）距离设备位置分别为0m（即设备所在点）、2m、3m、4m、6m、8m、10m位置的垂向溶解氧和水温分布对比见图6.2-11，可见，距离曝气装置约6m范围内的水体溶解氧浓度增加。试验表明，定点曝气可增加周边水体溶解氧含量，设备位置水平方向约6m范围内水体的溶解氧浓度增加。

6.2.3.4　水库缺氧区曝气水质改善装置的增氧效果评估

应用自行研制开发的水库缺氧区曝气水质改善装置，在大黑汀水库进行设备的安装、调试和原型试验，试验结果表明，在水库滞温层和深层缺氧区进行定点曝气，注入空气或氧气后，可一定程度提高曝气点位置的水中溶解氧浓度。试验数据表明，采用水气混合罐体容积28L的曝气装置，在进气量1～6m³/h、出水量1.5～3m³/h的条件下，可在曝气点以上形成一个半径约6m、高度约5m的圆柱形水柱增氧区，溶解氧浓度增加值为0.1～0.7mg/L。

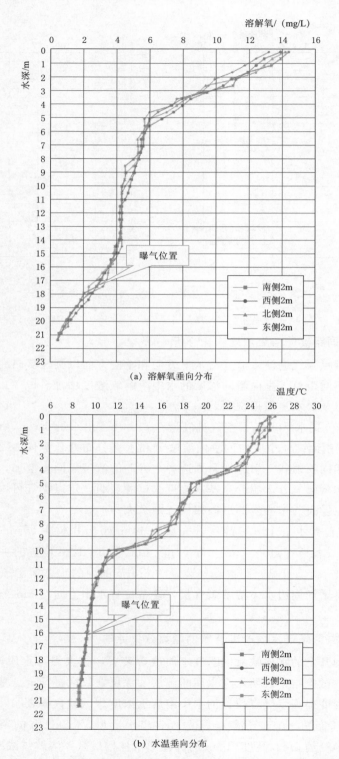

图 6.2-10　方案 3 距离设备 2m 的四个方向的垂向溶解氧和水温分布对比图

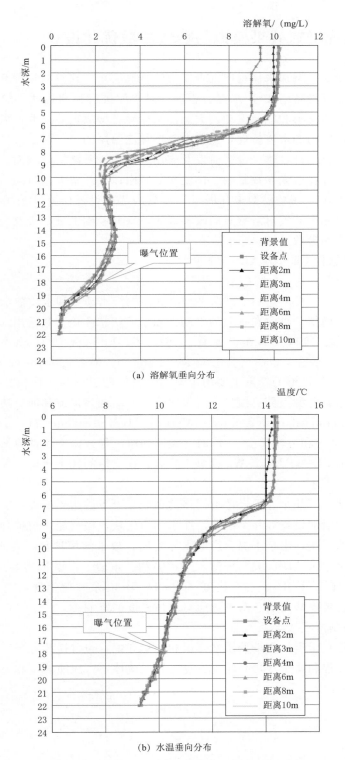

(a) 溶解氧垂向分布

(b) 水温垂向分布

图 6.2-11 方案 6 的距离设备不同距离的垂向溶解氧和水温分布对比图

6.3　曝气系统增氧效果模拟与曝气参数优化设计

滞温层曝气增氧是增加水体垂向混合以及改善底层水体缺氧的一种有效手段，混合充氧曝气系统通过曝气设备增加气-水混合程度，对水库进行强制扰动，加强水流在垂向上的流动性，增强物质交换和能量流动。大黑汀水库曝气增氧试验证明，混合充氧曝气系统改变了周围一定范围内的水流特性，能够有效增加滞温层的含氧量。

曝气参数的优化设计是曝气设备研发及应用的重要过程之一，然而，现场曝气试验具有一定的局限性，存在改变参数复杂、试验次数有限以及耗费大量时间与人力等问题，因此，利用 CE-QUAL-W2 模型来开展曝气参数的优化设计研究，采用该模型的曝气模块来模拟还原曝气充氧装置对溶解氧的改善效果，在此基础上进一步改变曝气水深和进气量参数，得出最优的参数设计。

6.3.1　模拟计算软件 CE-QUAL-W2 介绍

6.3.1.1　模型简介

CE-QUAL-W2 模型是一个横向平均的立面二维水动力和水质数学模型。模型多用于相对狭长水体，模拟其纵向和垂向的水动力和水质状态变化，其适用水体类型主要包括河流、湖泊、水库、河口及其组合水体。1975 年，Edinger 和 Buchak 共同开发 CE-QUAL-W2 模型，原始模型命名为 LARM（Laterally Averaged Reservoir Model，横向平均水库模型）。原始模型的开发主要用于无支流水库的纵向和垂向模拟，之后为适应更加复杂的水体类型，开发人员对模型进行多次修改，增加多河流和河口边界条件，并改名为 GLVHT（Generalized Longitudinal-Vertical Hydrodynamics and Transport Model，整体纵向-垂向水动力和传输模型）。同时，美国陆军工程兵团河道试验站的水质模型组加入水质算法后形成 CE-QUAL-W2 模型 1.0 版。在之后的几十年里，模型不断发展完善以适应水质模拟的需求。

模型建立包括以下几个方面：地形网格的划分、上下游边界的设定、水工建筑物的设定、点源和面源的附加设置等几个部分。在水动力模块，模型能够模拟预测各断面水面高程、流速和水温的变化，由于水温会影响水体密度，故水温模拟包括在水动力模拟之中。水质模块可模拟保守示踪质、大肠杆菌、总污染物、水龄、浮游植物等 20 余种指标，以及 pH 值、总有机磷（TOP）、总有机氮（TON）等 60 余种衍生物，模型设定只有水质模块开启时，才会考虑盐度或总溶解物质对水体密度的影响。

6.3.1.2　模型控制方程

模型控制方程基于流体力学的质量守恒和能量守恒，包含连续方程、动量方程、状态方程、自由水面方程和质量（热）输运方程，满足流体不可压缩假定和 Boussinesq 近似。

（1）连续方程：

$$\frac{\partial BU}{\partial X} + \frac{\partial BW}{\partial Z} = qB \tag{6.3-1}$$

（2）动量方程。

X 方向：

$$\frac{\partial UB}{\partial t} + \frac{\partial UUB}{\partial X} + \frac{\partial WUB}{\partial Z} = gB\sin\alpha + g\cos\alpha B\frac{\partial \eta}{\partial X} - \frac{g\cos\alpha B}{\rho}\int_{\eta}^{Z}\frac{\partial \rho}{\partial X}\mathrm{d}Z$$

$$+ \frac{1}{\rho}\frac{\partial B\tau_{XX}}{\partial X} + \frac{1}{\rho}\frac{\partial B\tau_{XZ}}{\partial Z} + qBU_x \qquad (6.3-2)$$

Z 方向：

$$0 = g\cos\alpha - \frac{1}{\rho}\frac{\partial p}{\partial Z} \qquad (6.3-3)$$

（3）状态方程：

$$\rho = f(T_w, \Phi_{TDS}\Phi_{SS}) \qquad (6.3-4)$$

（4）自由水面方程：

$$B\eta\frac{\partial \eta}{\partial t} = \frac{\partial}{\partial X}\int_{\eta}^{h}BU\mathrm{d}Z + \int_{\eta}^{h}qB\mathrm{d}Z \qquad (6.3-5)$$

（5）质量（热）输运方程：

$$\frac{\partial B\Phi}{\partial t} + \frac{\partial UB\Phi}{\partial X} + \frac{\partial WB\Phi}{\partial Z} - \frac{\partial\left(BD_X\frac{\partial \Phi}{\partial X}\right)}{\partial X} - \frac{\partial\left(BD_Z\frac{\partial \Phi}{\partial Z}\right)}{\partial Z} = q_{\Phi}B + S_{\Phi}B \qquad (6.3-6)$$

以上式中：U 和 W 分别为 X 和 Z 方向的流速，m/s；q 为单位体积旁侧净入库流量，L/s；B 为水面宽，m；η 为水面高程，m；α 为河道与水平线之间的夹角，rad；ρ 为水体密度，kg/m³；τ_{XX} 为控制体 X 面 X 方向的湍流剪切应力，N/m²；τ_{XZ} 为单元体 Z 面 X 方向的湍流剪切应力，N/m²；$\rho = f(T_w, \Phi_{TDS}, \Phi_{SS})$ 为水体密度函数，与温度、盐度和悬浮物的浓度有关；Φ 为横向平均的某种组分浓度，g/m³；D_X 和 D_Z 分别为组分的纵向和垂向扩散系数，m²/s；q_{Φ} 为控制体单位体积内物质横向流入或流出的量，g/(m³·s)；S_{Φ} 为源汇项。

6.3.2 大黑汀水库立面二维水动力学水质模型构建

6.3.2.1 模型计算区域与网格划分

大黑汀水库全长约 19km，平均水面宽约 1km，模型的计算区域包含全部的水面面积。CE-QUAL-W2 模型计算网格选取矩形网格，对水体内每一个分支（branch）纵向上进行单元段（segment）划分，每一个单元段垂向上进行层数（layer）划分，以断面的平均宽度代替每一层的宽度。网格大小由三个参数确定：纵向网格间距（DLX）、垂向每层的厚度（h）、断面平均宽度（b）和水面坡度（SLOPE）。模型为了表示组合水体和支流之间的连接形式，在每一个分支的开始和结束各设置一个虚拟网格，在每一层的开始和结束也各设置一个虚拟网格，虚拟网格不参与模型计算。

由于大黑汀水库为典型的峡谷河道型水库，库区内无较大的支流汇入，故只有一个分支（branch），考虑到研究需求以及模型的计算效率，设置 DLX＝300m，划分为 66 个断面，加上两个虚拟断面，共 68 个断面，设置垂向每层厚度 H 为 1m，模型底部高程 101m，顶部高程 133m，共 35 层，包含了水位的日常波动范围。由于库区水面波动较小，因此设置水面坡降为 0。图 6.3-1～图 6.3-3 为水库计算网格的平面图、横剖面图和纵剖面图。

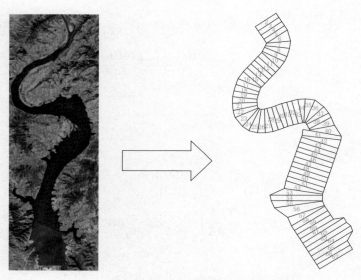

图 6.3-1　大黑汀水库计算网格平面图

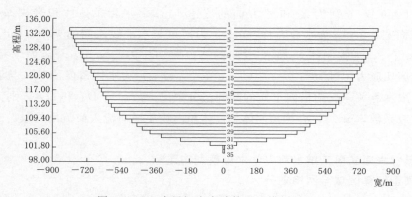

图 6.3-2　大黑汀水库计算网格横剖面图

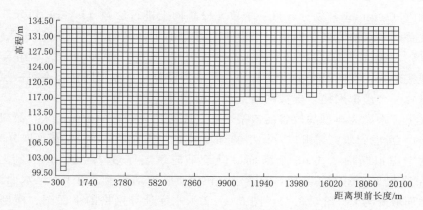

图 6.3-3　大黑汀水库计算网格纵剖面图

6.3.2.2 模型边界条件设置

（1）水动力学边界条件。水动力学边界条件主要包含上下游边界。上下游边界均采用流量边界，以入库流量过程线作为模型上游边界，出库流量过程线作为下游边界（图 6.3-4）。选取模拟时段为 2018 年 1 月 1 日—12 月 30 日，时间序列数据均为 2018 年全年数据，设定 2018 年 1 月 1 日 0 时为儒略日 0，每过 24 小时增加 1。

（2）水温及水质边界。水温及水质边界为实测入库水温及水质数据，未监测的天数采用线性插值代替（图 6.3-5）。水质模块中各物质组分的种类和数量可以自由选定，本研究根据需求重点模拟溶解氧的浓度变化过程，模拟过程中所涉及的组分包括溶解氧（DO）、有机物（溶解态和颗粒态）、磷酸盐、氨氮、硝酸盐及亚硝酸盐、生化需氧量（BOD）、藻类（algae）、总溶解性固体（TDS），图 6.3-6 为水质边界。

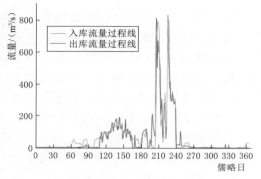

图 6.3-4 流量边界

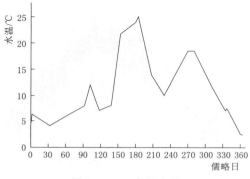

图 6.3-5 水温边界

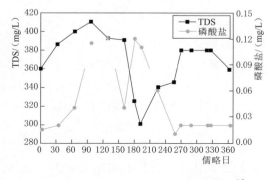

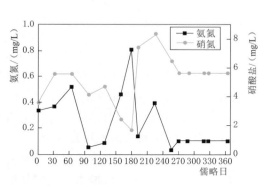

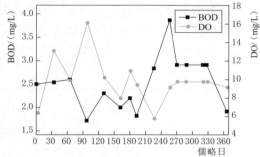

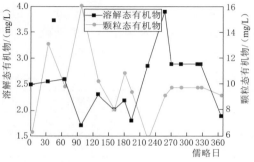

图 6.3-6（一） 水质边界

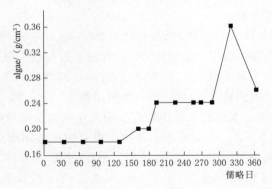

图 6.3-6（二）　水质边界

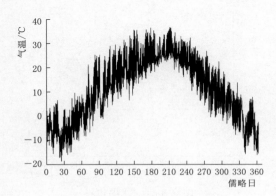

图 6.3-7　气温边界

（3）气象边界。气象数据主要包含风速、风向、气温、露点温度、云遮挡系数和太阳辐射等对水-气界面的热交换产生影响的参数。其中，太阳辐射主要是以短波形式传播，故以短波辐射代替太阳辐射。云遮挡系数反映云量对太阳辐射的遮挡程度，从无遮挡到全部遮挡取值为 $0\sim10$，无量纲。图 6.3-7 为气温边界。露点温度 T_{dp} 可以反映空气相对湿度，计算方法如下：

$$\gamma(T, \text{RH}) = \ln(\text{RH}) + \frac{bT}{c+T} \qquad (6.3-7)$$

$$T_{dp} = \frac{c\gamma(T, \text{RH})}{b - \gamma(T, \text{RH})} \qquad (6.3-8)$$

式中：$\gamma(T, \text{RH})$ 为中间变量；RH 为空气的相对湿度，%；T 为空气温度，℃；T_{dp} 为露点温度，℃；b、c 为 b 取 17.271℃，c 取 237.7℃。

（4）底部边界。水动力模块设置为无滑移边界，水库底部切向速度设置为 0。

6.3.2.3　模型水温及溶解氧率定结果

（1）模型参数取值。部分率定后的水动力和水质参数取值见表 6.3-1 和表 6.3-2。

（2）水温率定结果。模型水温模拟是研究水库热分层特征及其水质响应的关键步骤，水温的垂直分布形式直接影响热分层结构形式，直接影响水体内部的生化反应、物质循环和能量流动。为使水温率定更加准确，本研究选取大黑汀水库从坝前至库尾的八个典型断面（Seg67、Seg61、Seg54、Seg47、Seg40、Seg35、Seg26、Seg21），采用三个代表性时

表 6.3-1　部分水动力参数取值

参　数	变量名	取值	参　数	变量名	取值
纵向涡黏系数	AX	1m²/s	风遮蔽系数	WSC	0.8
纵向扩散系数	DX	1m²/s	动态遮蔽系数	Shade	0.9
曼宁系数	FRICT	0.025	水体表面太阳辐射吸收率	BETA	0.45

表 6.3 – 2　　　　　　　　　　　部 分 水 质 参 数 取 值

参　　数	变量名	取值	参　　数	变量名	取值
藻类最大生长率	AG	1.5/d	藻类死亡率	AR	0.1/d
藻类排泄率	AE	0.04/d	藻类暗呼吸率	AM	0.1/d
藻类沉积率	AS	0.1/d	饱和光强	ASAT	100W/m²
藻类生长温度下限	AT1	10℃	最低温度下藻类产量占比	AK1	0.01
最适藻类生长温度下限	AT2	25℃	最适下限温度藻类产量占比	AK2	0.9
最适藻类生长温度上限	AT3	30℃	最适上限温度藻类产量占比	AK3	0.99
藻类生长温度上限	AT4	40℃	最高温度下藻类产量占比	AK4	0.001
溶解态有机物降解率	LDOMDK	0.3/d	颗粒态有机物降解率	LPOMDK	0.1/d
有机物沉降率	POMS	1m/d	有机物降解的温度下限	OMT1	5℃
有机物降解的温度上限	OMT2	35℃	BOD 降解率	KBOD	0.2/d
BOD 降解温度系数	TBOD	1.01	磷的沉积物释放率	PO4R	0.03
氨氮的沉积物释放率	NH4R	0.03	氨氮降解率	NH4DK	0.12/d
氨氮降解的温度下限	NH4T1	5℃	氨氮降解的温度上限	NH4T2	35℃
硝酸盐的沉积物释放率	NO3DK	0.05	硝酸盐的沉积物扩散率	NO3S	0.01
硝酸盐降解的温度下限	NO3T1	5℃	硝酸盐降解的温度上限	NO3T2	35℃

间点，分别为夏季初（5 月 19 日），夏季中（8 月 17 日），冬季初（11 月 30 日），率定结果及误差统计分析见图 6.3 - 8～图 6.3 - 10，各率定断面平均误差统计见表 6.3 - 3。可以看出：各断面水温模拟值与实测值较为吻合，说明模型能够较好地反映库区水温变化过程。

表 6.3 – 3　　　　　　　　　　　水 温 误 差 统 计 表

时　　间	相对误差/%	绝对平均误差 AME/℃	均方根误差 RMSE/℃
5 月 19 日	6.65	1.35	1.52
8 月 17 日	7.62	1.62	1.81
11 月 30 日	2.36	0.35	0.54

（3）溶解氧率定结果。水质模型的参数率定是一个极其复杂的过程，水体中各种物质之间彼此交错、互相影响，形成复杂的生化反应。研究人员往往把溶解氧视为联系各组分之间相互转化的桥梁，溶解氧成为衡量水质最重要的指标，而溶解氧的源汇项较为复杂，涉及多种组分的物质交换、大气复氧、沉积物的吸收与释放等（图 6.3 - 11），故溶解氧率定的成功与否成为水质模型是否能够准确反映水化学因子迁移转化的关键。本研究建立的溶解氧模型涉及的模块包括大气复氧、藻类模块、沉积物模块、营养盐、有机物、CBOD（碳化生化需氧量）。

溶解氧的浓度变化受多种组分共同影响，本研究经过多次参数率定，使模拟值与实测值达到了较好的吻合程度，各率定断面平均误差统计见表 6.3 - 4。本次率定过程采用与水温相同的断面和时间，图 6.3 - 12～图 6.3 - 14 分别为 2018 年 5 月 19 日、8 月 17 日、11 月 30 日各断面率定结果。在一定程度上认为模型对溶解氧的模拟可以反映实际溶解氧的变化过程，可信度较高。

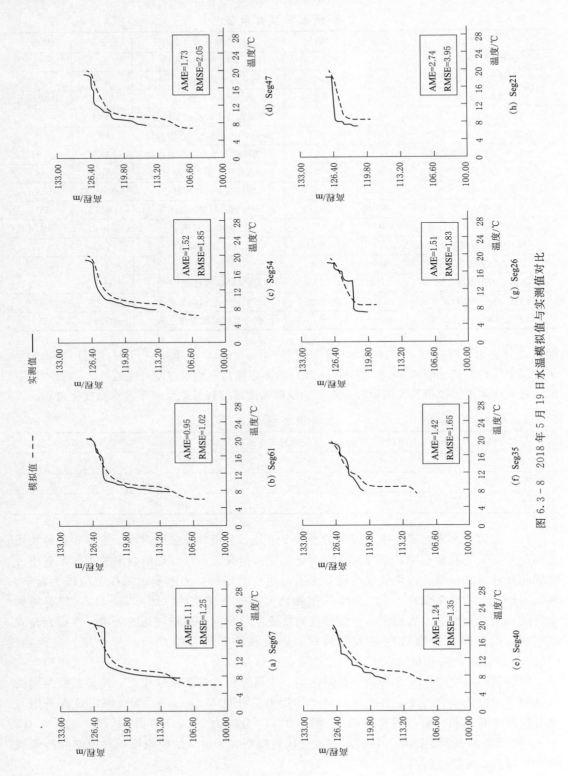

图 6.3-8　2018 年 5 月 19 日水温模拟值与实测值对比

198

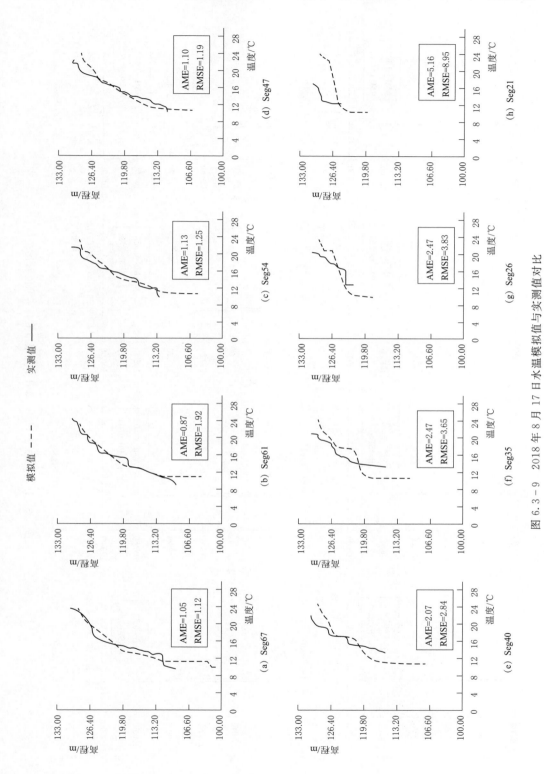

图 6.3 - 9 2018 年 8 月 17 日水温模拟值与实测值对比

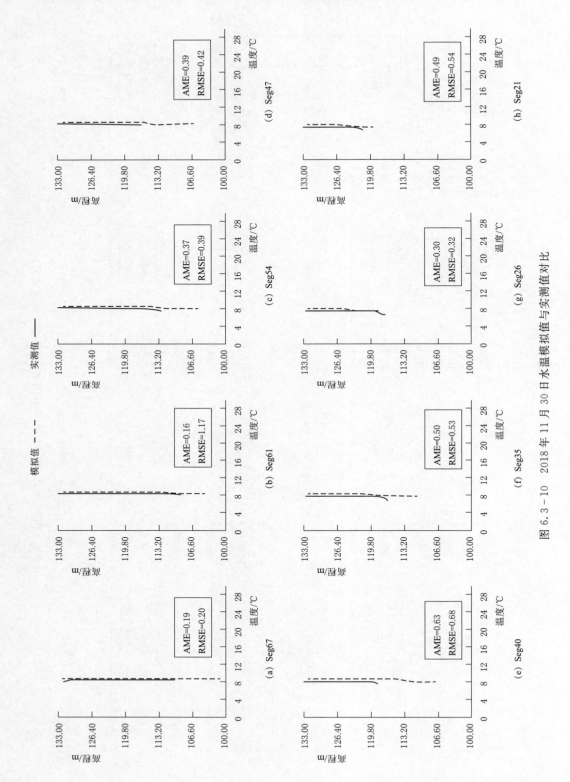

图 6.3-10　2018 年 11 月 30 日水温模拟值与实测值对比

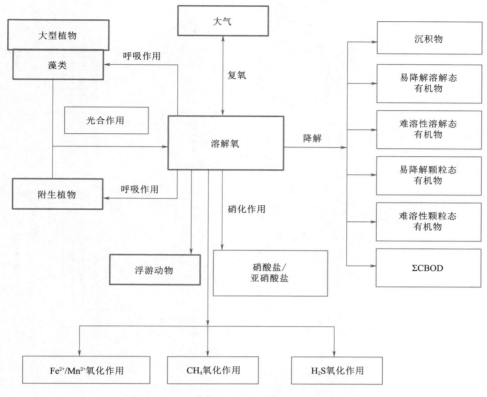

图 6.3-11 水体中溶解氧的迁移转化示意图

表 6.3-4		溶 解 氧 误 差 统 计 表	
时 间	相对误差/%	绝对平均误差 AME/(mg/L)	均方根误差 RMSE/(mg/L)
5 月 19 日	8.33	0.76	0.81
8 月 17 日	12.26	1.02	1.11
11 月 30 日	7.62	0.65	0.74

6.3.3 滞温层曝气系统增氧效果模拟

CE-QUAL-W2 模型中的曝气模块可用于模拟人工混合充氧装置对溶解氧的改善效果，是水质模型的重点应用之一。控制曝气模拟的参数主要有：曝气装置的位置、输入氧气的速率、混合效率和曝气起止时间等。由于实测曝气影响范围约为 6m，因此需要对长度为 300m 的网格进行加密，本次模拟对模型网格做如下处理：对第 66 个单元网格加密，使曝气装置位于加密后的第 71 个单元内，单元宽度为 5m。曝气模拟选取的时段为 2018 年 9 月 7 日—9 月 17 日（儒略日 250~260），通入氧气，进气速率为 1.44m³/h，曝气位置水深 22m。对应模型参数见表 6.3-5。曝气设备在计算区域内的位置见图 6.3-15。

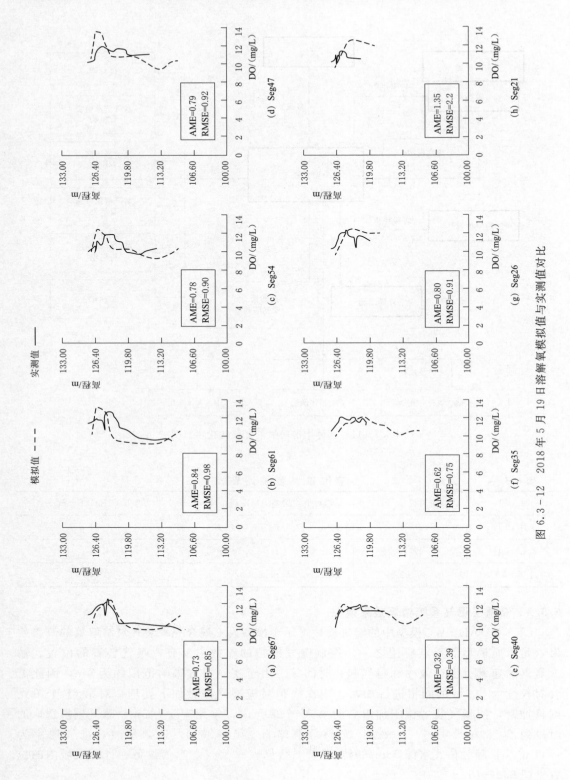

图 6.3-12　2018 年 5 月 19 日溶解氧模拟值与实测值对比

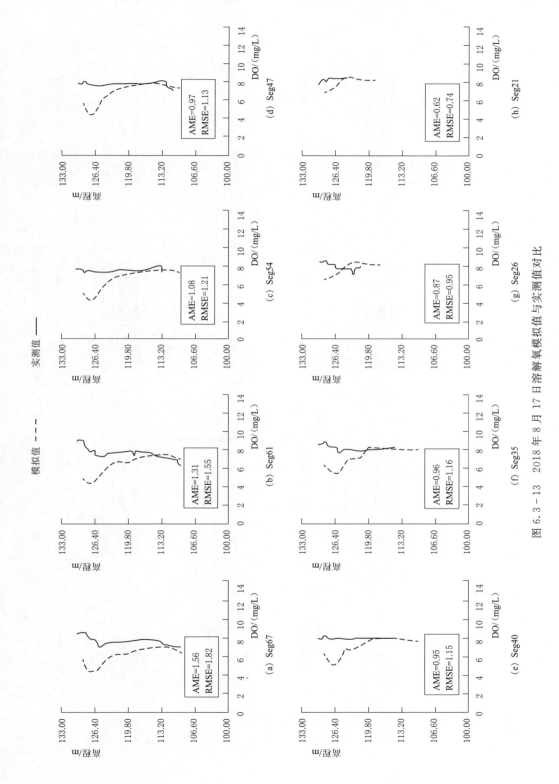

图 6.3 - 13　2018 年 8 月 17 日溶解氧模拟值与实测值对比

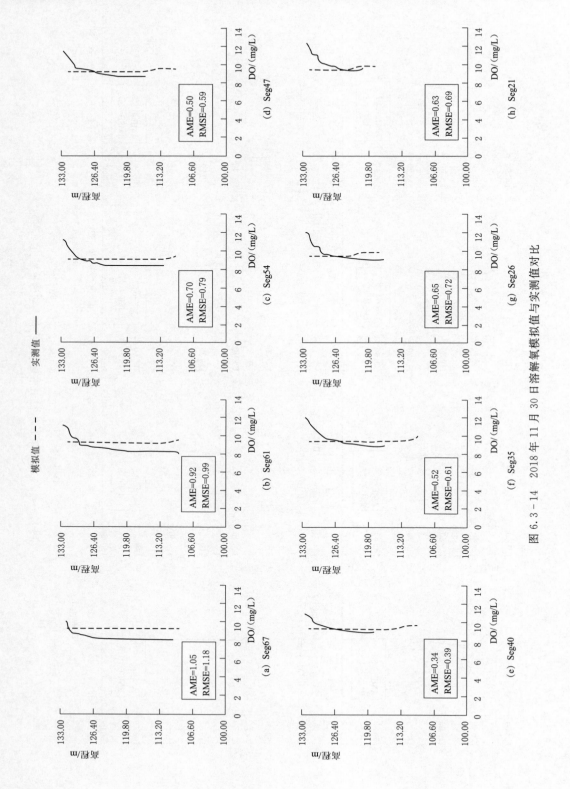

图 6.3-14　2018 年 11 月 30 日溶解氧模拟值与实测值对比

204

表 6.3-5   曝气模拟参数取值表

单元数	曝气装置顶层	曝气装置底层	氧气速率/（kg/d）	开始时间	结束时间	混合效率	氧气测点开始时间（儒略日）	氧气测点结束时间（儒略日）	氧气测点单元数	氧气测点层数
71	22	23	45	250	260	50	250	260	71	20

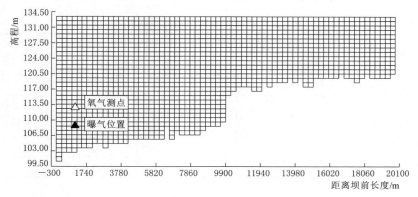

图 6.3-15 曝气位置示意图

    图 6.3-16 为曝气前后溶解氧浓度的垂向变化对比，溶解氧的输出结果表明，滞温层曝气使曝气点上方约 5m 范围内溶解氧浓度值增加，平均增加量为 0.3mg/L，增氧率为 6%。2019 年曝气试验表明：增氧水域厚度为 3～6m，增氧量为 0.1～0.7mg/L，增氧率为 3%～12.5%，模拟效果与实测效果基本一致，说明模型对实际曝气过程的模拟准确度较高。

    图 6.3-17 为溶解氧监测点浓度和累计量逐日变化对比图，其中溶解氧监测点位于曝气装置上方 2m 处。由图中可以看出，当溶解氧的总输入量呈线性增加时，曝气点上方 2m 处也在逐渐增加，3 天后达到峰值，之后呈现波动状态，溶解氧浓度增加量为 0.1～0.4mg/L。溶解氧浓度取决于溶解氧的混合速率和消耗速率的相对强弱，波动状态表明溶解氧的补充和消耗速率达到相对平衡。

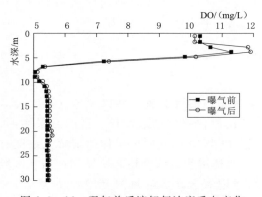

图 6.3-16 曝气前后溶解氧浓度垂向变化

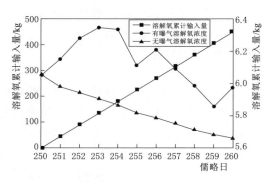

图 6.3-17 溶解氧监测点浓度和累计量逐日变化

6.3.4　曝气参数优化设计

　　曝气参数的优化设计是曝气模块的重点应用之一，对原位曝气试验有重要的借鉴意义。本次模拟实验重点研究曝气深度和进气量对曝气效果的影响，参数设计以水库的原位曝气试验为基础，以曝气深度和进气量为试验变量，设计出三种工况，分别评估每种工况增氧的水深范围和平均增氧率，进而计算出最优的参数设计。每种参数取值及增氧效果见表 6.3-6，同时做出了曝气断面溶解氧垂向分布图（图 6.3-18）。

表 6.3-6　　　　　　　　　　模拟工况参数取值及增氧效果统计表

工况	说　明	曝气深度/m	进气量/（kg/d）	增氧水深范围/m	平均增氧率/%
C0	无曝气				
C1	曝气深度减小	16	50	12～16	4.2
C2	曝气深度加大	22	50	17～23	8.5
C3	C2 基础上增加进气量	22	72	17～23	12.8
C4	C3 基础上增加进气量	22	100	17～23	14.2
C5	进气量增加至 200kg/d	22	200	17～24	20.2

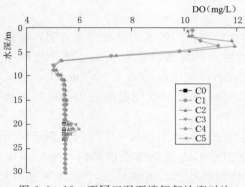

图 6.3-18　不同工况下溶解氧浓度对比

　　模拟结果表明：①曝气深度越靠近库底，增氧效果越好，曝气深度增加 6m 后，平均增氧率增加了 12%；②进气量增加，可明显提升增氧效果，当进气量增加至 72kg/d 和 100kg/d 时，平均增氧率分别为 12.8% 和 14.2%，说明当进气量超过 72kg/d 时，溶解氧的提升幅度逐渐减小。

　　此外，从经济成本方面看，进气量增加导致制氧成本加大。综合考虑曝气效果及经济成本后，本次模型试验对大黑汀水库原位曝气试验优化参数设计如下：曝气装置安置深度 22m，进气量 2～3m³/h，可在曝气点上方约 7m、水平方向约 6m 的范围内形成圆柱形增氧区域，区域内平均增氧率为 8%～15%。相对于参数优化前，增氧水深范围增加了 1m，平均增氧率增加了 3%。

6.4　本章小结

　　（1）本研究团队自行设计并研发了水库缺氧区定点曝气装置，并以大黑汀水库为示范，在 2019 年 6 月至 2020 年 10 月期间进行了 7 次原位曝气增氧试验。试验结果表明，通过曝气装置的定点曝气作用，在垂向上，曝气点以上 3～6m 厚度水体的溶解氧浓度有所增加；在水平方向上，曝气点周围约 6m 范围内水体溶解氧浓度均有所增加；增氧区域大致为一个半径约 6m、高度约 5m 的圆柱体水柱增氧区，溶解氧浓度增加值为 0.1～0.7mg/L。

（2）运用 CE - QUAL - W2 模型构建了大黑汀水库立面二维水动力学水质模型，根据 2018 年实测数据对模型进行了率定，结果表明，CE - QUAL - W2 能够较好地呈现大黑汀水库水温和溶解氧在垂向上的分布特征，准确还原了水体热分层和缺氧区的演变规律。

（3）立面二维水动力学水质模型能够准确地模拟出实际曝气过程产生的增氧效果。同时，利用数学模型曝气模块计算了 5 种工况下曝气增氧效果，对曝气参数进行优化设计，结果表明，曝气深度和进气量增加均会提升增氧效果。

参 考 文 献

［1］ 尹上岗，马志飞，黄萍，等. 中国水资源利用的时空分布格局探究［J］. 华中师范大学学报（自然科学版），2017，51（6）：841-848.

［2］ 赵良仕，孙才志，郑德凤. 中国省际水资源利用效率与空间溢出效应测度［J］. 地理学报，2014，69（1）：121-133.

［3］ 赵晨，王远，谷学明，等. 基于数据包络分析的江苏省水资源利用效率［J］. 生态学报，2013，33（5）：1636-1644.

［4］ 孙金华. 我国水库大坝安全管理成就及面临的挑战［J］. 中国水利，2018（20）：1-6.

［5］ 武慧君. 湖泊流域社会经济系统磷流分析与优化调控［D］. 南京：南京大学，2012.

［6］ 中华人民共和国生态环境部. 2017年中国生态环境状况公报［EB/OL］. ［2018-05-31］. https：//www. mee. gov. cn/hjzl/zghjzkgb/lnzghjzkgb/

［7］ 中华人民共和国水利部. 中国水资源公报2017［M］. 北京：中国水利水电出版社，2018.

［8］ 黄廷林. 水源水库水质污染原位控制与改善是饮用水水质安全保障的首要前提［J］. 给水排水，2017，53（1）：1-3，69.

［9］ 杨杰军，王琳，王成见，等. 中国北方河流环境容量核算方法研究［J］. 水利学报，2009，40（2）：194-200.

［10］ 马振晶. 概评网箱养鱼对水体环境影响［J］. 黑龙江水利科技，2012，40（1）：253-254.

［11］ 王敬富，陈敬安，杨永琼，等. 红枫湖季节性热分层消亡期水体的理化特征［J］. 环境科学研究，2012，25（8）：845-851.

［12］ 贺冉冉，罗潋葱，朱广伟，等. 天目湖溶解氧变化特征及对内源氮释放的影响［J］. 生态与农村环境学报，2010，26：344-349.

［13］ 王煜，戴会超. 大型水库水温分层影响及防治措施［J］. 三峡大学学报（自然科学版），2009，31（6）：11-14，28.

［14］ BEUTEL M W. Hypolimnetic anoxia and sediment oxygen demand in California drinking water reservoirs［J］. Lake and Reservoir Management，2003，19（3）：208-221.

［15］ BOSTRÖM B，ANDERSEN J M，FLEISCHER S，et al. Exchange of phosphorus across the sediment-water interface［M］//Phosphorus in freshwater ecosystems. Springer，Dordrecht，1988：229-244.

［16］ AHLGREN I，SÖRENSSON F，WAARA T，et al. Nitrogen budgets in relation to microbial . transformations in lakes［J］. Ambio，1994，23（6）：367-377.

［17］ SARTORIS J J，BOEHMKE J R. Limnological effects of artificial aeration at Lake Cachuma，California，1980-1984. US Bureau of Reclamation［R］. REC-ERC-87-10：56，1987.

［18］ BOEHRER B，SCHULTZE M. Stratification of lakes［J］. Reviews of Geophysics，2008，46（2）：620-628.

［19］ DOKULIL M T，TEUBNER K. Steady state phytoplankton assemblages during thermal stratification in deep alpine lakes. Do they occur？［J］. Hydrobiologia，2003，502（1）：65-72.

［20］ HUI Y，TSUNO H，HIDAKA T，et al. Chemical and thermal stratification in lakes［J］. Limnology，2010，11（3）：251-257.

［21］ SCHMIDT W. Über Die Temperatur-Und Stabili-Tätsverhältnisse Von Seen［J］. Geografiska

Annaler, 1928, 10 (1 - 2): 145 - 177.

[22] FEE E J, HECKY R E, KASIAN S, et al. Effects of lake size, water clarity, and climatic variability on mixing depths in Canadian Shield lakes [J]. Limnology & Oceanography, 1996, 41 (5): 912 - 920.

[23] LEWIS W M. A Revised Classification of Lakes Based on Mixing [J]. NRC Research Press Ottawa, Canada, 1983, 40 (10): 1779 - 1787.

[24] HUTCHINSON G E, EDMONDSON Y H. A Treatise on Limnology [J]. New York, 1957, 59 (2): 169 - 176.

[25] HAN B P, ARMENGOL J, GARCIA J C, et al. The thermal structure of Sau Reservoir (NE: Spain): a simulation approach [J]. Ecological Modelling, 2000, 125 (2 - 3): 109 - 122.

[26] CHAPMAN P J, KAY P, MITCHELL G, et al. Surface water quality [A] // Holden J (Ed) . Water Resources: An Integrated Approach [C]. London, United Kingdom: Routledge, 2014: 79 - 122.

[27] THORNTON K, KIMMEL C B, PAYNE F E, et al. Reservoir limnology: ecological perspectives [M]. New York: John Wiley & Sons, 1990: 15 - 41.

[28] FREY D G, ACKERMANN W C, WHITE G F, et al. Man - made lakes: their problems and environmental effects [J]. Washington Dc American Geophysical Union Geophysical Monograph, 1973, 17 (12): 517 - 535.

[29] RIERA J L, JAUME D, DE MANUEL J, et al. Patterns of variation in the limnology of Spanish reservoirs: a regional study [J]. Limnetica, 1992, 8: 111 - 123.

[30] STRAKRABA M, TUNDISI J G, DUNCAN A. A comparative reservoir limnology and water quality management [M]. Dordrecht: Springer, 1993.

[31] ARMENGOL J, CRESPO M, MORGUI J A, et al. Phosphorus budgets and forms of phosphorus in the Sau reservoir sediment: An interpretation of the limnological record [J]. Hydrobiologia, 1986, 143 (1): 331 - 336.

[32] HOCKING G, STRASKRABA M. An analysis of the effect of an upstream reservoir by means of a mathematical model of reservoir hydrodynamics [J]. Water Science & Technology, 1994, 30 (2): 91 - 98.

[33] HORNE A J, GOLDMAN C R. Limnology [M]. New York: McGraw—Hill 1994.

[34] IMBERGER J, HAMBLIN P F. Dynamics of Lakes, Reservoirs, and Cooling Ponds [J]. Annual Review of Fluid Mechanics, 2003, 14 (1): 153 - 187.

[35] IMBERGER J, PATTERSON J C. Physical Limnology [J]. Advances in Applied Mechanics, 1990, 27: 303 - 455.

[36] HONDZO M, STEFAN H G. Long - term lake water quality predictors [J]. Water Research, 1996, 30 (12): 2835 - 2852.

[37] IDSO S B. Concept of lake stability [J]. Limnology and Oceanography, 1973, 18 (4): 681 - 683.

[38] GORHAM E, BOYCE F M. Influence of Lake Surface Area and Depth Upon Thermal Stratification and the Depth of the Summer Thermocline [J]. Journal of Great Lakes Research, 1989, 15 (2): 233 - 245.

[39] MAZUMDER A, TAYLOR W D, MCQUEEN D J, et al. Effects of fish and plankton and lake temperature and mixing depth [J]. Science, 1990, 247 (4940): 312 - 315.

[40] FEE E J, HECKY R E, KASIAN S, et al. Effects of lake size, water clarity, and climatic variability on mixing depths in Canadian Shield lakes [J]. Limnology & Oceanography, 1996, 41 (5): 912 - 920.

[41] ARAI T. Climatic and geomorphological influences on lake temperature [J]. Verh Int Ver Limnol，1981，21：130－134.

[42] PATALAS K. Mid－summer mixing depths of lakes of different latitudes [J]. Verh Int Ver Limnol，1984，22：97－102.

[43] KING J R，SHUTER B J，ZIMMERMAN A P. The response of the thermal stratification of South Bay (Lake Huron) to climatic variability [J]. Canadian Journal of Fisheries and Aquatic Sciences，1997，54 (8)：1873－1882.

[44] SCHINDLER D W，BEATY K G，FEE E J，et al. Effects of climatic warming on lakes of the central boreal forest [J]. Science，1990，250 (4983)：967－970.

[45] KING J R，SHUTER B J，ZIMMERMAN A P. Signals of climate trends and extreme events in the thermal stratification pattern of multibasin Lake Opeongo，Ontario [J]. Journal Canadien Des Sciences Halieutiques Et Aquatiques，1999，56 (5)：847－852.

[46] SNUCINS E，GUNN J. Interannual variation in the thermal structure of clear and colored lakes [J]. Limnology & Oceanography，2000，45 (7)：1639－1646.

[47] 中国科学院水利电力部水利水电科学研究院.水库温度观测 [M].北京：中国科学院水利电力部水利水电科学研究院，1959.

[48] 丁宝瑛，王国秉，黄淑萍.水库水温的调查研究 [A] // 水利水电科学研究院科学研究论文集第19集 (结构，材料) [C].北京：水利电力出版社，1984：37－50.

[49] 张士杰，彭文启.二滩水库水温结构及其影响因素研究 [J].水利学报，2009，40 (10)：1254－1258.

[50] 王琳杰，余辉，牛勇，等.抚仙湖夏季热分层时期水温及水质分布特征 [J].环境科学，2017，38 (4)：1384－1392.

[51] 王雨春，朱俊，马梅，等.西南峡谷型水库的季节性分层与水质的突发性恶化 [J].湖泊科学，2005 (1)：54－60.

[52] 易仲强，刘德富，杨正健，等.三峡水库香溪河库湾水温结构及其对春季水华的影响 [J].水生态学杂志，2009，30 (5)：6－11.

[53] 高志芹，吴余生，赵洪明，等.糯扎渡水电站进水口叠梁门分层取水研究 [J].云南水力发电，2012，28 (4)：15－19.

[54] 陈栋为，陈国柱，赵再兴，等.贵州光照水电站叠梁门分层取水效果监测 [J].环境影响评价，2016，38 (3)：45－48＋52.

[55] 练继建，杜慧超，马超.隔水幕布改善深水水库下泄低温水效果研究 [J].水利学报，2016，47 (7)：942－948.

[56] HAO W，HE Y，LI Q，et al. Summer hypoxia adjacent to the Changjiang Estuary [J]. Journal of Marine Systems，2007，67 (3－4)：292－303.

[57] 甘晶.化学海洋学 [J].海洋环境科学，1982 (1)：152－152.

[58] TURNER R E，RABALAIS N N. Coastal Eutrophication Near the Mississippi River Delta [J]. Nature，1994，368 (6472)：619－621.

[59] RABALAIS N N，TURNER R E，WISEMAN Jr W J. Gulf of Mexico hypoxia，aka "The dead zone" [J]. Annual Review of ecology and Systematics，2002，33 (1)：235－263.

[60] VAQUER－SUNYER R，DUARTE C M. Thresholds of hypoxia for marine biodiversity [J]. Proceedings of the National Academy of Sciences，2008，105 (40)：15452－15457.

[61] OBENOUR D R，SCAVIA D，RABALAIS N N，et al. Retrospective analysis of midsummer hypoxic area and volume in the northern Gulf of Mexico，1985－2011. [J]. Environmental Science & Technology，2013，47 (17)：9808－9815.

[62] CONLEY D，BJÖRCK S，BONSDORFF E，et al. Hypoxia－related processesin the baltic sea [J]. Environmental Science & Technology，2009，43（10）：3412－3420.

[63] FRILIGOS N，PSILIDOU R，XATZIGEWRGIOU E，et al. Seasonal variationson nutrients and dissolved oxygen [A] // Tsiavos. C. Oceanographic Study of the Amvrakikos Gulf. Chemical Oceanography FinalReport 3 [C]. Athens，Greece：Hellenic Centre of Marine Research（HCMR），1989 (in Greek).

[64] KOUNTOURA K，ZACHARIAS I. Temporal and spatial distribution of hypoxic/seasonal anoxic zone in Amvrakikos Gulf，Western Greece [J]. Estuarine，Coastal and Shelf Science，2011，94 (2)：123－128.

[65] NEIRA C，SELLANES J，LEVIN L A，et al. Meiofaunal distributions on the Peru margin：relationship to oxygen and organic matter availability [J]. Deep Sea Research Part I：Oceanographic Research Papers，2001，48（11）：2453－2472.

[66] GLENN S，ARNONE R，BERGMANN T，et al. Biogeochemical impact of summertime coastal upwelling on the New Jersey Shelf [J]. Journal of Geophysical Research：Oceans，2004，109（C12）：1－15.

[67] MURPHY R R，KEMP W M，BALL W P. Long－Term Trends in Chesapeake Bay Seasonal Hypoxia，Stratification，and Nutrient Loading [J]. Estuaries & Coasts，2011，34（6）：1293－1309.

[68] SMITH V H，JOYE S B，HOWARTH R W. Eutrophication of freshwater and marine ecosystems [J]. Limnology & Oceanography，2006，51（1_part_2）：351－355.

[69] LIM H S，DIAZ R J，HONG J S，et al. Hypoxia and benthiccommunity recovery in Korean coastal waters [J]. MarinePollution Bulletin，2006，52（11）：1517－1526.

[70] 蒋国昌，王玉衡，唐仁友. 东海溶解氧垂直分布和季节变化 [J]. 海洋学报（中文版），1991（3）：348－355.

[71] 王保栋，刘峰，王桂云. 南黄海溶解氧的平面分布及其季节变化 [J]. 海洋学报（中文版），1999 (4)：47－53.

[72] 杨庆霄，董娅婕，蒋岳文，等. 黄海和东海海域溶解氧的分布特征 [J]. 海洋环境科学，2001（3）：9－13.

[73] 宋国栋，石晓勇，祝陈坚. 春季黄海溶解氧的平面分布特征及主要影响因素初探 [J]. 海洋环境科学，2007（6）：534－536.

[74] 张莹莹，张经，吴莹，等. 长江口溶解氧的分布特征及影响因素研究 [J]. 环境科学，2007（8）：1649－1654.

[75] 韦钦胜，战闰，魏修华，等. 夏季长江口东北部海域 DO 的分布及低氧特征 [J]. 海洋科学进展，2010，28（1）：32－40.

[76] 柴小平，魏娜，母清林，等. 浙江近岸海域春季表层溶解氧饱和度分布及影响因素 [J]. 中国环境监测，2015，31（5）：140－144.

[77] VOLLENWEIDER R A. The Scientific Basis of Lake Eutrophication，with Particular Reference to Phosphorus and Nitrogen as Eutrophication Factors [R]. Paris：Organisation for Economic Cooperation and Development（OECD），1968：159.

[78] RIPPEY B，MCSORLEY C. Oxygen depletion in lake hypolimnia [J]. Limnology and oceanography，2009，54（3）：905－916.

[79] CORNETT R J，RIGLER F H. Hypolinimetic oxygen deficits：their prediction and interpretation. [J]. Science，1979，205（4406）：580－581.

[80] CHARLTON M N . Hypolimnion Oxygen Consumption in Lakes：Discussion of Productivity and Morphometry Effects [J]. Journal Canadien Des Sciences Halieutiques Et Aquatiques，1980，37

（10）：1531 - 1539.

［81］ ZHOU Y, OBENOUR D R, SCAVIA D, et al. Spatial and temporal trends in Lake Erie hypoxia, 1987 - 2007. ［J］. Environmental Science & Technology, 2013, 47（2）：899 - 905.

［82］ THIENEMANN A. Die Binnengewässer in Natur und Kultur ［M］. Berlin：Springer—Verlay, 1955.

［83］ THIENEMANN A. Der Sauerstoff im Eutrophen und Oligotrophen See ［M］. Stuttgart：Schweizerbart Science Publishers, 1928.

［84］ CORNETT R J, RIGLER F H. The areal hypolimnetic oxygen deficit：An empirical test of the model 1 ［J］. Limnology and Oceanography, 1980, 25（4）：672 - 679.

［85］ STRØM K M. Feforvatn：A physiographic and biological study of a mountain lake ［J］. Arch. Iiydrobiol. 1931. 22：491 - 536.

［86］ HUTCHINSON G E. On the relation between the oxygen deficit and the productivity and typology of lakes ［J］. Internationale Revue der gesamten Hydrobiologie und Hydrographie, 1938, 36（2）：336 - 355.

［87］ XIAO L J, WANG T, HUR, et al. Succession of phytoplankton functional groups regulated by monsoonal hydrology in a large canyon - shaped reservoir ［J］. Water Research, 2011, 45（16）：5099 - 5109.

［88］ 卡尔夫. 湖沼学 ［M］. 古滨河, 刘正文, 李宽意, 译. 北京：高等教育出版社, 2011.

［89］ DEEVEY E S. Limnological studies in Connecticut：Part V, A contribution to regional limnology ［J］. American Journal of Science, 1940, 238（10）：717 - 741.

［90］ OHLE W. Bioactivity, Production, and Energy Utilization of Lakes ［J］. Limnology & Oceanography, 1956, 1（3）：139 - 149.

［91］ LASENBY D C. Development of oxygen deficits in 14 southern Ontario lakes 1 ［J］. Limnology and oceanography, 1975, 20（6）：993 - 999.

［92］ RAST W, LEE G F. Summary Analysis Of The North American（US Portion）OCED Eutrophication Project：Nutrient Loading - Lake Response Relationships And Trophic State Indices ［M］. Virginia, National Technical Information Service, 1978, 454.

［93］ WALKER Jr W W. Use of hypolimnetic oxygen depletion rate as a trophic state index for lakes ［J］. Water Resources Research, 1979, 15（6）：1463 - 1470.

［94］ GLIWICZ Z M. Metalimnetic gradients and trophic state of lake epilimnia ［J］. Mem. Ist. Ital. Idrobiol. 1979. 37：121 - 143

［95］ BREZONIK P L. Chemical kinetics and process dynamics in aquatic systems ［M］. Lewis Publishers. 1994.

［96］ STAUFFER R E. Effects of oxygen transport on the areal hypolimnetic oxygen deficit ［J］. Water Resources Research, 1987, 23（10）：1887 - 1892.

［97］ VOLLENWELDER R A, JANUS L L. OECD Cooperative Programme On Eutrophication ［R］, 1981.

［98］ 王颖, 王保栋, 韦钦胜, 等. 东印度洋中部缺氧区的季节变化特征 ［J］. 海洋科学进展, 2018, 36（2）：262 - 271.

［99］ 龚松柏, 高爱国, 倪冠韬, 等. 中国部分河口及其近海水域缺氧现象研究 ［J］. 水资源保护, 2017, 33（4）：62 - 69.

［100］ 郑静静, 刘桂梅, 高姗. 海洋缺氧现象的研究进展 ［J］. 海洋预报, 2016, 33（4）：88 - 97.

［101］ 吴宜东. 水库养殖水体低溶氧分析与防范措施 ［J］. 科学养鱼, 2015（11）：18 - 20.

［102］ 柳幼花, 陈仁收. 街面水库大田库区网箱养殖鱼类大面积缺氧死亡原因分析 ［J］. 科学养鱼, 2015（5）：62 - 63.

［103］ 范林君, 杜宗君, 李志琼, 等. 养殖鱼类缺氧的原因分析及对策 ［J］. 农村养殖技术, 2003（14）：

13 – 14.

[104] 赵海超，王圣瑞，赵明，等. 洱海水体溶解氧及其与环境因子的关系 [J]. 环境科学，2011，32 (7)：1952 – 1959.

[105] 柏钦玺，李志军，冯恩民，等. 封冻期高纬度湖泊底层溶解氧浓度的变化特征分析 [J]. 数学的实践与认识，2018，48 (1)：109 – 115.

[106] 袁琳娜，杨常亮，李晓铭，等. 高原深水湖泊水温日成层对溶解氧、酸碱度、总磷浓度和藻类密度的影响：以云南阳宗海为例 [J]. 湖泊科学，2014，26 (1)：161 – 168.

[107] 张运林. 气候变暖对湖泊热力及溶解氧分层影响研究进展 [J]. 水科学进展，2015，26 (1)：130 – 139.

[108] 殷燕，吴志旭，刘明亮，等. 千岛湖溶解氧的动态分布特征及其影响因素分析 [J]. 环境科学，2014，35 (7)：2539 – 2546.

[109] WETZEL R G. Limnology：Lake and river ecosystems [M]. New York：Academic Press. 2001.

[110] PENA M A, KATSEV S, OGUZ T, et al. Modeling dissolved oxygen dynamics and hypoxia [J]. Biogeosciences，2010，7 (66)：933 – 957.

[111] BASTVIKEN D, COLE J, PACE M, et al. Methane emissions from lakes：Dependence of lake characteristics, two regional assessments, and a global estimate [J]. Global biogeochemical cycles, 2004，18 (4)：GB4009.

[112] CARLSON A R, BLOCHER J, HERMAN L J. Growth and survival of channel catfish and yellow perch exposed to lowered constant and diurnally fluctuating dissolved oxygen concentrations [J]. The Progressive Fish – Culturist, 1980, 42 (2)：73 – 78.

[113] ROBERTS J J, HÖÖK T O, LUDSIN S A, et al. Effects of hypolimnetic hypoxia on foraging and distributions of Lake Erie yellow perch [J]. Journal of Experimental Marine Biology and Ecology, 2009，381：S132 – S142.

[114] VANDERPLOEG H A, LUDSIN S A, RUBERG S A, et al. Hypoxia affects spatial distributions and overlap of pelagic fish, zooplankton, and phytoplankton in Lake Erie [J]. Journal of Experimental Marine Biology and Ecology, 2009, 381：S92 – S107.

[115] AREND K K, BELETSKY D, DePINTO J V, et al. Seasonal and interannual effects of hypoxia on fish habitat quality in central Lake Erie [J]. Freshwater Biology, 2011, 56 (2)：366 – 383.

[116] ROBERTS J J, BRANDT S B, FANSLOW D, et al. Effects of hypoxia on consumption, growth, and RNA：DNA ratios of young yellow perch [J]. Transactions of the American Fisheries Society, 2011, 140 (6)：1574 – 1586.

[117] DINSMORE W P, PREPAS E E. Impact of hypolimnetic oxygenation on profundal macroinvertebrates in a eutrophic lake in central Alberta. II. Changes in Chironomus spp. abundance and biomass [J]. Canadian Journal of Fisheries and Aquatic Sciences, 1997, 54 (9)：2170 – 2181.

[118] EVANS D O, NICHOLLS K H, ALLEN Y C, et al. Historical land use, phosphorus loading, and loss of fish habitat in Lake Simcoe, Canada [J]. Canadian Journal of Fisheries and Aquatic Sciences, 1996, 53 (S1)：194 – 218.

[119] NÜRNBERG G K. The prediction of internal phosphorus load in lakes with anoxic hypolimnia [J]. Limnology and oceanography, 1984, 29 (1)：111 – 124.

[120] DAVISON W. Iron and manganese in lakes [J]. Elsevier, 1993, 34 (2)：119 – 163.

[121] TUNDISI J G, TUNDISI T M. Limnology [M]. Boca Raton：CRC Press, 2019.

[122] DUNNIVANT F M. An integrated limnology, microbiology & chemistry exercise [J]. The American Biology Teacher, 2006, 68 (7)：424 – 427.

[123] RIMMER A, AOTA Y, KUMAGAI M, et al. Chemical stratification in thermally stratified lakes：

A chloride mass balance model [J]. Limnology and oceanography, 2005, 50 (1): 147 - 157.

[124] TALLING J F. Interrelated seasonal shifts in acid - base and oxidation - reduction systems that determine chemical stratification in three dissimilar English Lake Basins [J]. Hydrobiologia, 2006, 568 (1): 275 - 286.

[125] CHIMNEY M J, WENKERT L, PIETRO K C. Patterns of vertical stratification in a subtropical constructed wetland in south Florida (USA) [J]. Ecological Engineering, 2006, 27 (4): 322 - 330.

[126] LARSON G L, HOFFMAN R L, MCLNTIRE D C, et al. Thermal, chemical, and optical properties of Crater Lake, Oregon [J]. Hydrobiologia, 2007, 574 (1): 69 - 84.

[127] ELÇI Ş. Effects of thermal stratification and mixing on reservoir water quality [J]. Limnology, 2008, 9 (2): 135 - 142.

[128] MÜLLER B, BRYANT L D, MATZINGER A, et al. Hypolimnetic oxygen depletion in eutrophic lakes [J]. Environmental Science & Technology, 2012, 46 (18): 9964 - 9971.

[129] KRAEMER B M, ANNEVILLE O, CHANDRA S, et al. Morphometry andaverage temperature affect lake stratification responses to climatechange [J]. Geophysical Research Letters, 2015, 42 (12): 4981 - 4988.

[130] LEE Y G, KANG J H, KI S J, et al. Factors dominating stratification cycle and seasonal water quality variation in a Korean estuarine reservoir [J]. Journal of Environmental Monitoring, 2010, 12 (5): 1072 - 1081.

[131] 贺冉冉, 罗潋葱, 朱广伟, 等. 天目湖溶解氧变化特征及对内源氮释放的影响 [J]. 生态与农村环境学报, 2010, 26 (4): 344 - 349.

[132] 杨艳, 邓伟明, 何佳, 等. 溶解氧对滇池沉积物氮磷释放特征影响研究 [J]. 环境保护科学, 2018, 44 (5): 36 - 41.

[133] 徐毓荣, 徐钟际, 向申, 等. 季节性缺氧水库铁、锰垂直分布规律及优化分层取水研究 [J]. 环境科学学报, 1999 (2): 37 - 42.

[134] 范成新, 相崎守弘. 好氧和厌氧条件对霞浦湖沉积物—水界面氮磷交换的影响 [J]. 湖泊科学, 1997 (4): 337 - 342.

[135] 杨赵. 湖泊沉积物中氮磷源-汇现象影响因素研究进展 [J]. 环境科学导刊, 2017, 36 (增1): 16 - 19, 29.

[136] 国家环境保护总局环境影响评价管理司编. 水利水电开发项目生态环境保护研究与实践 [M]. 北京: 中国环境科学出版社, 2006.

[137] ORLOB G T, SELNA L G. Temperature variations in deep reservoirs [J]. Journal of the Hydraulics Division, 1970, 96: 391 - 410.

[138] ORLOB G T. Mathematical modeling of water quality: Streams, lakes and reservoirs [M]. New York: John Wiley & Sons, 1983.

[139] HUBER W C, HARLEMAN D, RYAN P J. Temperature prediction in stratified reservoirs [J]. American Society of Civil Engineers, 1972, 98 (4): 645 - 666.

[140] HARLEMAN D. Hydrothermal analysis of lakes and reservoirs [J]. American Society of Civil Engineers, 1982, 108 (3): 301 - 325.

[141] STEFAN H, FORD D E. Temperature Dynamics in Dimictic Lakes [J]. Journal of the Hydraulics Division, 1975, 101 (5): 97 - 114.

[142] JIRKA G H, WATANABE M, OCTAVIO K H, et al. Mathematical Predictive Models for Cooling Ponds and Lakes, Part A: Model Development and Design Considerations [R]. R. M. Parson Lab. Report No. 238, MIT, 1978.

[143] OCTAVIO K H, ADAMS E E, KOUSSIS A D. Mathematical predictive models for cooling ponds

and lakes. Part B, User's manual and applications of MITEMP. Part C. A transient analytical model for shallow cooling ponds [R]. MIT Energy Laboratory, 1979.

[144] 范乐年，柳新之. 湖泊、水库和深冷却池水温预报通用数学模型 [M]. 北京：水利电力出版社，1984.

[145] 李怀恩，沈晋. 一维垂向水库水温数学模型研究与黑河水库水温预测 [J]. 陕西机械学院学报，1990 (4)：236 - 243.

[146] 李怀恩. 分层型水库的垂向水温分布公式 [J]. 水利学报，1993 (2)：43 - 49，56.

[147] 陈永灿，张宝旭，李玉梁. 密云水库垂向水温模型研究 [J]. 水利学报，1998 (9)：15 - 21.

[148] 李勇，王超，彭隆，等. 龙滩水电站库区蓄水后垂向水温水质分布预测 [J]. 水利水电技术，2004 (5)：15 - 18.

[149] 戚琪，彭虹，张万顺，等. 丹江口水库垂向水温模型研究 [J]. 人民长江，2007 (2)：51 - 53，154.

[150] EDINGER J E, BUCHAK E M. A Hydrodynamic Two - dimensional Reservoir Model：the Computational Basis [R]. Prepared for U. S. Army Engineer, Ohio River Division, Cicinnati, Ohio, 1975.

[151] COLE T M, BUCHAK E M. CE - QUAL - W2：A Two - dimension Laterally Averaged Hydrodynamic and Water Quality Model, Version 1. 0 [R]. Technical Report EI - 86 - 1, U. S. Army Engineer Waterways Experiment Station, Vicksburg, MS, 1986.

[152] KUO J T, WU J H, CHU W S. Water Quality Simulation of TE - CHI Reservior Using Two - Dimensional Models [J]. Water Science & Technology, 1994, 30 (2)：63 - 72.

[153] COLE T M, BUCHAK E M. CE - QUAL - W2：A Two - dimension Laterally Averaged Hydrodynamic and Water Quality Model, Version 2. 0 [R]. Technical Report EI - 95 - 1, U. S. Army Engineer Waterways Experiment Station, Vicksburg, MS, 1995.

[154] COLE T M, WELLS S A. CE - QUAL - W2：A Two - dimension Laterally Averaged Hydrodynamic and Water Quality Model, Version 3. 1 [R]. Instruction Report EI - 2002 - 1, U. S. Army Engineer and Research Development Center, Vicksburg, MS, 2002.

[155] KARPIK S R, RAITHBY G D. Laterally averaged hydrodynamics model for reservoir predictions [J]. Journal of Hydraulic Engineering, 1990, 116 (6)：783 - 798.

[156] HUANG P, DILORENZO J L, NAJARIAN T O. Mixed - layer hydrothermal reservoir model [J]. Journal of Hydraulic Engineering, 1994, 120 (7)：846 - 862.

[157] 陈小红. 分层型水库水温水质模拟预测研究 [D]. 武汉：武汉水利电力学院，1991.

[158] 陈小红. 湖泊水库垂向二维水温分布预测 [J]. 武汉水利电力学院学报，1992 (4)：376 - 383.

[159] 周志军. 水库水环境数学模型研究 [D]. 武汉：武汉水利电力大学，1997.

[160] 张仙娥. 大型水库纵竖向二维水温，水质数值模拟—以糯扎渡水库为例 [D]. 西安：西安理工大学，2004.

[161] 张文平. 亭子口水库水温的预测研究 [D]. 南京：河海大学，2007.

[162] 邓云，李嘉，李克锋，等. 紫坪铺水库水温预测研究 [J]. 水利水电技术，2003 (9)：50 - 52.

[163] POLITANO M, HAQUE MD M, WEBER L J. A numerical study of the temperature dynamics at McNary Dam [J]. Ecological Modelling, 2008, 212 (3 - 4)：408 - 421.

[164] PAPADIMITRAKIS I A, KARALIS S. 3 - D water quality simulations in Mornos reservoir [J]. Global nest. The international journal, 2009, 11 (3)：298 - 307.

[165] YANG J. Full 3 - D numerical simulation of hydrothermal fluid flow in faulted sedimentary basins：example of the McArthur Basin, Northern Australia [J]. Journal of Geochemical Exploration, 2006, 89 (1 - 3)：440 - 444.

[166] 李亚农. 水库水温三维数值模拟与预测的应用 [D]. 武汉：武汉大学，2003.

[167] 邓云，李嘉，罗麟，等. 水库温差异重流模型的研究 [J]. 水利学报，2003 (7)：7 - 11.

[168] 马方凯,江春波,李凯. 三峡水库近坝区三维流场及温度场的数值模拟 [J]. 水利水电科技进展,2007 (3):17-20.

[169] 马腾,刘文洪,宋策,等. 基于 MIKE3 的水库水温结构模拟研究 [J]. 电网与清洁能源,2009,25 (2):68-71.

[170] LU Q, Duckett F, Nairn R, et al. 3-D Eutrophication Modeling for Lake Simcoe, Canada [C] // Proceedings of the AGU Fall Meeting,2006.

[171] 刘兰芬,张士杰,刘畅,等. 漫湾水电站水库水温分布观测与数学模型计算研究 [J]. 中国水利水电科学研究院学报,2007 (2):87-94.

[172] 谷照升. 水库湖泊水质分析、模拟与预测的综合数学方法及其应用 [D]. 长春:吉林大学,2006.

[173] STREETER H W, PHELPS E B. A Study of the Pollution and Natural Purification of the Ohio River [R]. Washington D C:Public Health Bulletin, No. 146,1925.

[174] MASCH F D, et al. Simulation of Water Quality in Stream and Canals [R]. Theory and Description of Qual I Mathematical Modeling System,Rep. 128. Texas Water Development Board, 1971.

[175] CORNETT R J. Predicting changes in hypolimnetic oxygen concentrations with phosphorus retention, temperature, and morphometry [J]. Limnology and Oceanography,1989,34 (7):1359-1366.

[176] MOLOT L A, DILLON P J, CLARK B J, et al. Predicting end-of-summer oxygen profiles in stratified lakes [J]. Canadian Journal of Fisheries and Aquatic Sciences,1992,49 (11):2363-2372.

[177] CLARK B J, DILLON P J, MOLOT L A, et al. Application of a hypolimnetic oxygen profile model to lakes in Ontario [J]. Lake and Reservoir Management,2002,18 (1):32-43.

[178] NÜENBERG G K. Quantifying anoxia in lakes [J]. Limnology and oceanography,1995,40 (6):1100-1111.

[179] LIVINGSTONE D M, IMBODEN D M. The prediction of hypolimnetic oxygen profiles:a plea for a deductive approach [J]. Canadian Journal of Fisheries and Aquatic Sciences,1996,53 (4):924-932.

[180] RIPPEY B, MCSORLEY C. Oxygen depletion in lake hypolimnia [J]. Limnology and Oceanography,2009,54 (3):905-916.

[181] PATTERSON J C, ALLANSON B R, IVEY G N. A dissolved oxygen budget model for Lake Erie in summer [J]. Freshwater Biology,1985,15 (6):683-694.

[182] KEMP P F, FALKOWSKI P G, FLAGG C N, et al. Modeling vertical oxygen and carbon flux during stratified spring and summer conditions on the continental shelf, Middle Atlantic Bight, eastern U. S. A [J]. Deep Sea Research Part Ⅱ:Topical Studies in Oceanography,1994,41 (2-3):629-655.

[183] STEFAN H G, FANG X. Model simulations of dissolved oxygen characteristics of Minnesota lakes:past and future [J]. Environmental Management,1994,18 (1):73-92.

[184] 郑静静,刘桂梅,高姗,等. 风和径流量对长江口缺氧影响的数值模拟 [J]. 海洋学报,2018,40 (9):1-17.

[185] 张恒,李适宇. 基于改进的 RCA 水质模型对珠江口夏季缺氧及初级生产力的数值模拟研究 [J]. 热带海洋学报,2010,29 (1):20-31.

[186] 白乙拉,李慧莹,李志军. 寒区结冰湖冰盖下溶解氧垂直分布数值模型 [J]. 水利学报,2017,48 (3):373-377.

[187] 肖志强. 基于 DYRESM-CAEDYM 模型对千岛湖水环境的数值模拟研究 [D]. 广州:暨南大

学，2018.

[188]　周红玉，刘操. 基于 MIKE 21 的密云水库二维水质模拟 [J]. 北京水务，2017 (5)：15－18.

[189]　代政，祁艳丽，唐永杰，等. 上覆水环境因子对滨海水库沉积物氮磷释放的影响 [J]. 环境科学研究，2016，29 (12)：1766－1772.

[190]　袁文权，张锡辉，张丽萍. 不同供氧方式对水库底泥氮磷释放的影响 [J]. 湖泊科学，2004 (1)：28－34.

[191]　黄廷林，谭欣林，李扬，等. 金盆水库热分层特性及扬水曝气系统运行效果研究 [J]. 西安建筑科技大学学报（自然科学版），2018，50 (2)：270－276，284.

[192]　史建超. 分层型水源水库水质变化特征与水质原位改善技术研究 [D]. 西安：西安建筑科技大学，2016.

[193]　LINDENSCHMIDT K E，HAMBLIN P F. Hypolimnetic aeration in Lake Tegel，Berlin [J]. Water Research，1997，31 (7)：1619－1628.

[194]　BURRIS V L，MCGINNIS D F，LITTLE J C. Predicting oxygen transfer and water flow rate in airlift aerators [J]. Water Research，2002，36 (18)：4605－4615.

[195]　SEO D，JANG D S，KWON O H. The evaluation of effects of artificial circulation on Daechung Lake，Korea [C] // Proceedings. 1995，1：336－339.

[196]　VISSER P M，KETELAARS H A M，MUR L R. Reduced growth of the cyanobacterium Microcystis in an artificially mixed lake and reservoir [J]. Water Science and Technology，1995，32 (4)：53－54.

[197]　SIMMONS J. Algal control and destratification at Hanningfield Reservoir [J]. Water Science and Technology，1998，37 (2)：309－316.

[198]　CHIPOFYA V H，MATAPA E J. Destratification of an impounding reservoir using compressed air－case of Mudi reservoir，Blantyre，Malawi [J]. Physics and Chemistry of the Earth，Parts A/B/C，2003，28 (20－27)：1161－1164.

[199]　UPADHYAY S，BIERLEIN K A，LITTLE J C，et al. Mixing potential of a surface－mounted solar－powered water mixer (SWM) for controlling cyanobacterial blooms [J]. Ecological Engineering，2013，61：245－250.

[200]　LITTLE J C. Hypolimnetic aerators：Predicting oxygen transfer and hydrodynamics [J]. Water Research，1995，29 (11)：2475－2482.

[201]　BURRIS V L，LITTLE J C. Bubble dynamics and oxygen transfer in a hypolimnetic aerator [J]. Water Science and Technology，1998，37 (2)：293－300.

[202]　IMTEAZL M A，ASAEDA T. Artificial mixing of lake water by bubble plume and effects of bubbling operations on algal bloom [J]. Water Research，2000，34 (6)：1919－1929.

[203]　NAUMANN E. Nagra synpunker angaende planktons okologi. Med sarskild hansyn till fytoplankton [J]. Svensk Bot. Tidskr，1919，13：129－163.

[204]　BIRGE E A，JUDAY C. Penetration of solar radiation into lakes，as measured by the thermopile [J]. Eos，Transactions American Geophysical Union，1928，9 (1)：61－76.

[205]　PIERSON D C，PETTERSSON K，ISTVANOVICS V. Temporal changes in biomass specific photosynthesis during the summer：regulation by environmental factors and the importance of phytoplankton succession [M] //The Dynamics and Use of Lacustrine Ecosystems. Springer，Dordrecht，1992：119－135.

[206]　VALLENTYNE J R. Principles of modern limnology [J]. American Scientist，1957，45 (3)：218－244.

[207]　HENSON E B，BRADSHAW A S，DC Chandler. The physical limnology of Cayuga Lake，New

York [J]. New York State Coll. of Ag. Memoir 378, 1961.

[208] 张大发. 水库水温分析及估算 [J]. 水文, 1984 (1): 19 – 27.

[209] 朱伯芳. 库水温度估算 [J]. 水利学报, 1985 (2): 12 – 21.

[210] READ J S, HAMILTON D P, JONES I D, et al. Derivation of lake mixing and stratification indi-ces from high – resolution lake buoy data [J]. Environmental Modelling & Software, 2011, 26 (11): 1325 – 1336.

[211] IMBERGER J. Physical Processes in Lakes and Oceans [M]. American Geophysical Union: 1998 – 01 – 01.

[212] KUMAGAI M, NAKANO S, JIAO C, et al. Effect of cyanobacterial blooms on thermal stratifica-tion [J]. Limnology, 2000, 1 (3): 191 – 195.

[213] PADISÁK J, SCHEFFLER W, KASPRZAK P, et al. Interannual variability in the phytoplankton composition of Lake Stechlin (1994 – 2000) [J]. Arch. Hydrobiol. Spec. Issues Advanc. Limnol, 2003, 58: 101 – 133.

[214] 张佳磊, 郑丙辉, 刘德富, 等. 三峡水库大宁河支流浮游植物演变过程及其驱动因素 [J]. 环境科学, 2017, 38 (2): 535 – 546.

[215] 曾明正, 黄廷林, 邱晓鹏, 等. 我国北方温带水库—周村水库季节性热分层现象及其水质响应特性 [J]. 环境科学, 2016, 37 (4): 1337 – 1344.

[216] THOMPSON R. Response of a numerical model of a stratified lake to wind stress [C] //Proc. Second Int. Symp. Stratified Flows, IAHR, 1980.

[217] THORNTON J A. A review of some unique aspects of the limnology of shallow Southern African man – made lakes [J]. Geojournal, 1987, 14 (3): 339 – 352.

[218] NISHRI A, BEN – YAAKOV S. Solubility of oxygen in the Dead Sea brine [M] //Saline Lakes. Springer, Dordrecht, 1990: 99 – 104.

[219] SPIGEL R H, IMBERGER J. Mixing processes relevant to phytoplankton dynamics in lakes [J]. New Zealand Journal of Marine and Freshwater Research, 1987, 21 (3): 361 – 377.

[220] QUAY P D, BROECKER W S, HESSLEIN R H, et al. Vertical diffusion rates determined by trit-ium tracer experiments in the thermocline and hypolimnion of two lakes [J]. Limnology and Ocea-nography, 1980, 25 (2): 201 – 218.

[221] MADENJIAN C P. Patterns of oxygen production and consumption in intensively managed marine shrimp ponds [J]. Aquaculture Research, 1990, 21 (4): 407 – 417.

[222] GARCIA M. Sedimentation engineering: processes, measurements, modeling, and practice [C]. American Society of Civil Engineers, 2008.

[223] 邓思思, 朱志伟. 河流底泥耗氧量测量方法及耗氧量影响因素 [J]. 水利水运工程学报, 2013 (4): 60 – 66.

[224] WYLIE G D, Jones J R. Diel and Seasonal Changes of Dissolved Oxygen and pH in Relation to Community Metabolism of a Shallow Reservoir in Southeast Missouri [J]. Journal of Freshwater E-cology, 1987, 4 (1): 115 – 125.

[225] MELACK J M, KILHAM P. Photosynthetic rates of phytoplankton in East African alkaline, saline lakes [J]. Limnology and Oceanography, 1974, 19 (5): 743 – 755.

[226] FINDENEGG I. Die Verschmutzung Osterreichischer Alpenseen aus biologisch – chemischer Sicht [J]. Berichte Raumforschung und Raumplanung (Wien), 1967, 11: 3 – 12.

[227] NÜRNBERG G K. Quantified hypoxia and anoxia in lakes and reservoirs [J]. The ScientificWorld-JOURNAL, 2004, 4: 42 – 54.

[228] OHLE W. Chemische und physikalische Untersuchungen norddeutscher Seen [J]. Arch. Hydrobiol.

1934，26：386－464.

[229] MORI S, SAIJO Y, MIZUNO T. Limnology of Japanese Lakes and Ponds [A] // F. B. Taub Ec-osystems of the World, Vol. 23：Lakes smd Reservoirs [C]. Amsterdam：Elsevier, 1984：303－329.

[230] CORNETT R J, RIGLER F H. Decomposition of seston in the hyolimnion [J]. Canadian Journal of Fisheries and Aquatic Sciences, 1987, 44 (1)：146－151.

[231] BURNS N M. Using hypolimnetic dissolved oxygen depletion rates for monitoring lakes [J]. New Zealand Journal of Marine and Freshwater Research, 1995, 29 (1)：1－11.

[232] MATTHEWS D A, EFFLER S W. Long － term changes in the areal hypolimnetic oxygen deficit (AHOD) of Onondaga Lake：Evidence of sediment feedback [J]. Limnology and Oceanography, 2006, 51 (1part2)：702－714.

[233] VOLLENWEIDER R A, MUNAWAR M, STADELMANN P. A comparative review of phyto-plankton and primary production in the Laurentian Great Lakes [J]. Journal of the Fisheries Board of Canada, 1974, 31 (5)：739－762.

[234] CHAPRA S C. Surface water－quality modeling [M]. Waveland Press, 2008.

[235] 刘家寿，崔奕波，刘建康. 网箱养鱼对环境影响的研究进展 [J]. 水生生物学报, 1997 (2)：174－184.

[236] 林永泰，张庆，杨汉运，等. 黑龙滩水库网箱养鱼对水环境的影响 [J]. 水利渔业, 1995 (6)：6－10.

[237] 王佰梅，王潜，张睿昊. 网箱养鱼清理对潘大水库水质影响分析 [J]. 海河水利, 2017 (5)：14－15, 26.

[238] 翟卫东，王少明. 潘家口、大黑汀水库水源地保护探讨 [J]. 水利技术监督, 2018 (6)：15－17, 51.

[239] HASLER A D, EINSELE W G. Fertilization for increasing productivity of natural inland waters [C] //Trans. N. Am. Wildl. Conf., 1948, 13：527－555.

[240] JENSEN H S, KRISTENSEN P, JEPPESEN E, et al. Iron：phosphorus ratio in surface sediment as an indicator of phosphate release from aerobic sediments in shallow lakes [M] //Sediment/Water Interactions. Springer, Dordrecht, 1992：731－743.

[241] 尹大强，覃秋荣，阎航. 环境因子对五里湖沉积物磷释放的影响 [J]. 湖泊科学, 1994 (3)：240－244.

[242] 步青云. 浅水湖泊溶解氧变化对沉积物磷、氮的影响 [D]. 北京：中国环境科学研究院, 2006.

[243] 孙晓杭，张昱，张斌亮，等. 微生物作用对太湖沉积物磷释放影响的模拟实验研究 [J]. 环境化学, 2006 (1)：24－27.

[244] PROSSER J I. Nitrification [M]. Oxford：IRL Press, 1986.

[245] DOWNES M T. Aquatic nitrogen transformations at low oxygen concentrations [J]. Applied and Environmental Microbiology, 1988, 54 (1)：172－175.

[246] COOK R B. Distributions of ferrous iron and sulfide in an anoxic hypolimnion [J]. Canadian Journal of Fisheries and Aquatic Sciences, 1984, 41 (2)：286－293.

[247] BALISTRIERI L S, MURRAY J W, PAUL B. The cycling of iron and manganese in the water col-umn of Lake Sammamish, Washington [J]. Limnology and Oceanography, 1992, 37 (3)：510－528.

[248] LITTLE J C. Hypolimnetic aerators：Predicting oxygen transfer and hydrodynamics [J]. Water Research, 1995, 29 (11)：2475－2482.

[249] BUSCAGLIA G C, BOMBARDELLI F A, GARCÍA M H. Numerical modeling of large － scale

bubble plumes accounting for mass transfer effects [J]. International Journal of Multiphase Flow, 2002, 28 (11): 1763 – 1785.

[250] SCHIERHOLZ E L, GULLIVER J S, WILHELMS S C, et al. Gas transfer from air diffusers [J]. Water Research, 2006, 40 (5): 1018 – 1026.